DAS BLÜTENMUSEUM

WO KUNST UND WISSENSCHAFT SICH ZAUBERHAFT VEREINEN

Ein Buch der Partner GEO und FREDERKING & THALER

Die Deutsche Bibliothek – CIP-Einheitsaufnahme
Ein Titeldatensatz für diese Publikation ist bei Der Deutschen Bibliothek erhältlich

Erstmals veröffentlicht von Scriptum Editions, London
Englischer Originaltitel: »Potted Histories. An Artistic Voyage Through Plant Exploration«

Konzeption Co & Bear Productions (UK) Ltd.

Texte: Sandra Knapp für Co & Bear Productions (UK) Ltd.
Geleitwort: Peter Raven, Patricia Raven für Co & Bear Productions (UK) Ltd
Vorwort: Sandra Knapp, Judith Magee für Co & Bear Productions (UK) Ltd. & The Natural History Museum, London
Biografien: Judith Magee für Co & Bear Productions (UK) Ltd. & The Natural History Museum, London

Übersetzung: Eva Dempewolf, Starnberg, und Christian Kennerknecht, München
Lektorat: Irene Rumler, München
Fachberatung für die dt. Ausgabe: Prof. Dr. Jürke Grau, Direktor des Botanischen Gartens München-Nymphenburg
Schutzumschlag: Katharina Steinmetz, München
Herstellung und Satz: Büro Caroline Sieveking, München

Reproduktion: Bright Arts Graphics, Singapur
Druck und Bindung: Officine Grafiche DeAgostini, Novara

Printed in Italy

ISBN 3-89405-477-8

SANDRA KNAPP

DAS BLÜTENMUSEUM

WO KUNST UND WISSENSCHAFT SICH ZAUBERHAFT VEREINEN

Aus dem Englischen von Eva Dempewolf und Christian Kennerknecht

GEO
FREDERKING & THALER

Ipomoea aquatica, Wasserspinat, ca. 1820–1830, Sammlung Reeves

GELEITWORT

Peter H. Raven und Patricia D. Raven

MISSOURI BOTANICAL GARDEN, ST. LOUIS, MISSOURI, USA

Seit es Menschen gibt, haben Blumen, die in Wäldern, Graslandschaften und Feuchtgebieten wie Sterne funkeln, diese angelockt, ihre Neugierde geweckt und ihre Fantasie beflügelt. Künstlerische Abbildungen von Blütenpflanzen zählen zu den ältesten Bilddarstellungen überhaupt, und unsere Vorfahren haben Blumen über Jahrhunderte hinweg studiert und ihren Zauber im Bild festgehalten. Beeindruckt von der symbolischen Bedeutung, die um sie herum entstanden ist, und hingerissen von ihrer Schönheit, stehen wir heute noch ähnlich staunend vor ihnen. Blumen zu kultivieren, um ihren Duft und Formenreichtum, ihr exotisches Laub und ihre Anmut zu genießen, war nahe liegend. Und so überrascht es eigentlich nicht, dass der Gartenbau – die Kultur von Zierpflanzen – zu einem der bedeutendsten Zweige der Landwirtschaft wurde.

In diesem zum Schwelgen schönen Buch schöpft Sandra Knapp aus dem reichhaltigen Archiv des Londoner Natural History Museum und zeigt uns zwanzig Gruppen von Kulturpflanzen, die aus aller Herren Länder den Weg in unsere Gärten und Gewächshäuser gefunden haben. Die meisten Bilder werden hier zum ersten Mal veröffentlicht; sie bieten einen wunderbaren Einblick in die Arbeit einiger bedeutender Künstler. In den Begleittexten hat Sandra Knapp wissenschaftliche und historische Fakten, kulturell und künstlerisch Wissenswertes zu einer facettenreichen Pflanzenkunde verwoben, die uns selbst die »gewöhnlichsten« unserer Gartenbewohner mit neuer Freude und Wertschätzung betrachten lässt. Gewürzt mit aktuellen wissenschaftlichen Erkenntnissen, ergänzen diese packenden Texte die Botschaft der Abbildungen auf oft überraschende Weise. Und nimmt man das Abenteuer der Jagd hinzu, der weltweiten Suche nach neuen, einzigartigen Pflanzen, gewinnt das Erforschen und Sammeln noch einmal ein neues Gesicht.

Die moderne Pflanzenzucht, zu der Selektion (Zuchtwahl) und Hybridisierung (Kreuzung) gehören, blickt auf eine 200-jährige Geschichte zurück. Doch die Auswahl bestimmter Einzelpflanzen mit besonders wünschenswerten Eigenschaften zu Kulturzwecken ist viele Jahrtausende alt. Dieses Buch enthält fesselnde und wenig bekannte Geschichten darüber, wie die Ziersorten, die wir heute kennen und lieben, entstanden sind. Deshalb sind die hier gezeigten Illustrationen von Gartenblumen zugleich wertvolle Dokumente über den Entwicklungsstand einzelner Pflanzen zu einem bestimmten Zeitpunkt in der Geschichte.

Heute bedrohen Bevölkerungsexplosion, die immer stärkere Ausbeutung der Ressourcen und der Einsatz oft unangemessener Technologien das Überleben vieler Blütenpflanzen – wenngleich rund ein Drittel der schätzungsweise über 300 000 beschriebenen Arten bereits in botanischen Gärten oder vergleichbaren Einrichtungen kultiviert werden. Weitere 50 000 bis 100 000 Arten dürften noch der Entdeckung harren, und es ist von größter Bedeutung, dass die Erkundungen weltweit fortgesetzt werden – vor allem in wenig bekannten Gebieten wie den Anden und Amazonien, den Feuchtwäldern Südostasiens und Neuguineas –, damit man dort heimische Pflanzen kennen lernen und erhalten kann, bevor sie für immer verschwinden. Unsere Bemühungen sind ein Wettlauf mit der Zeit, denn bis zu zwei Drittel aller Pflanzen-, Tier-, Pilz- und Mikroorganismenarten könnten noch in diesem Jahrhundert verschwinden, wenn wir nicht rasch handeln.

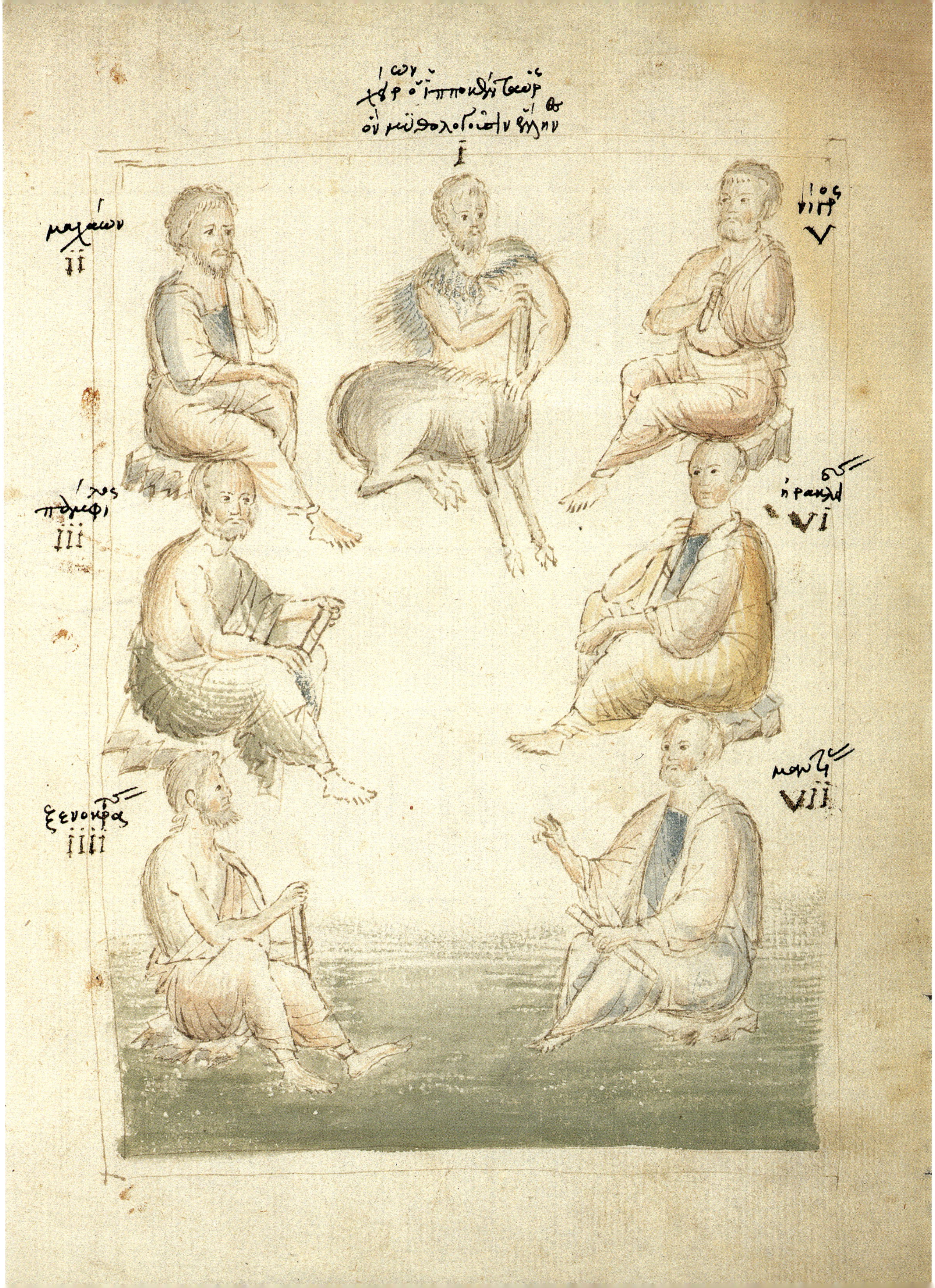

Personifizierte Darstellung der Geschichte und Methoden der Medizin, Dioskurides, ca. 1458

Rosa gallica, Essigrose, Dioskurides, ca. 1458

VORWORT

Sandra Knapp

Die Idee zu diesem Buch entstand vor ungefähr zehn Jahren, als ich zum ersten Mal die *Magnolia grandiflora* sah, die Georg Dionys Ehret auf Pergament gemalt hat. Ich kam gerade von einer Reise nach Mississippi zurück, wo diese stattlichen Bäume die Auffahrten zu den Herrenhäusern des alten Südens säumen, und hatte sie noch deutlich vor Augen. Doch dieses Bild strahlte eine Leuchtkraft und Schönheit aus, die mir buchstäblich den Atem raubte. Anlass war ein Frühstück für potenzielle Sponsoren, zu dem das Museum einige Kostbarkeiten aus seinem Magazin geholt hatte. Da ich damals erst kurze Zeit dort arbeitete, hatte ich keine Ahnung, wie groß die Sammlung an botanischer Kunst war. Ihren gewaltigen Umfang und die herausragende Qualität der Bilder zu entdecken war eine echte Überraschung. Und weil sich dafür bestimmt eine ganze Menge Menschen interessieren, überlegte ich mir, wie wir zumindest einen Teil dieser Schätze möglichst vielen Leuten zugänglich machen könnten.

Gleichzeitig wollte ich die Beziehung aufzeigen zwischen der Kunst, die ich so sehr bewundere, und der Wissenschaft, die mein Beruf ist. Die botanische Kunst ist eine besondere Kunstform. Ihre Anfänge liegen im Abbilden von Dingen, die man mit Worten allein nicht beschreiben kann. Fotografie vor der Erfindung der Kamera sozusagen. Wenn ich heute zum Pflanzensammeln gehe, nehme ich meine Kamera mit, um einzufangen, was ich finde. Insbesondere mache ich Nahaufnahmen von Blüten und Früchten, anhand deren ich dann später die Pflanze beschreibe; und wenn sie bislang nicht bekannt ist, sind die Aufnahmen ganz besonders wichtig. Als Joseph Banks sich aufmachte, an Bord von Captain Cooks Schiff *Endeavour* die Schätze unbekannter Welten zu erkunden, hatte er keine Kamera. Er nahm Sydney Parkinson mit, damit dieser im Bild festhielt, was sie fanden. Für mich ist botanische Kunst untrennbar mit Entdeckungsreisen verbunden, bei denen es nicht nur darum geht, unbekannte Landstriche zu erkunden, sondern auch die Morphologie von Pflanzen – ihr Aussehen in all ihrer Vielfalt und der Fülle faszinierender Details.

In diesem Buch versuche ich, diesen Zusammenhang aufzuzeigen, indem ich ein paar von den Geschichten erzähle, die sich um Pflanzen und ihre Entdeckung ranken. Dabei habe ich eine Menge mir Neues entdeckt, und das ist natürlich besonders spannend. Denn eigentlich bin ich Spezialistin für die Familie der Nachtschattengewächse (Solanaceae), obwohl keine einzige ihrer Arten hier erscheint. Freilich gibt es noch sehr viele andere Geschichten, die ich hier nicht erzähle, und unzählige weitere, die noch darauf warten, entdeckt (und aufgeschrieben) zu werden.

Dieses Buch will dem Leser nicht beibringen, wie man Pflanzen bestimmt. Es ist keine Geschichte der Botanik und erhebt auch nicht den Anspruch, eine vollständige Abhandlung über botanische Kunst und Blumenmalerei zu sein. Vielmehr ist es eine Reise durch die Geschichte meiner Wissenschaft, der Taxonomie, die viele Jahrhunderte lang auf Pflanzenillustrationen angewiesen war. Die hier abgebildeten Darstellungen machen nur einen Bruchteil der Kunstsammlungen des Londoner Natural History Museum aus. Wir haben Pflanzen ausgewählt, zu denen es zahlreiche Abbildungen gibt, und unter diesen wiederum solche, die die Vielfältigkeit der Sammlung illustrieren. Es ist also, sowohl was die Pflanzen angeht als auch die Illustrationen, eine sehr eklektische Mischung – und keineswegs kein Standardwerk.

EINFÜHRUNG

Sandra Knapp & Judith Magee

Der Eingang zum Londoner Natural History Museum gleicht mit seinen beiden Türmen und dem Bogenportal fast dem einer Kathedrale, und tatsächlich verbirgt sich dahinter ein riesiger kirchenschiffartiger Raum. Zusammen mit den hübschen Details, mit denen Alfred Waterhouse die Terrakottafassade seines imposanten Gebäudes auflockerte, sowie der gefälligen romano-byzantinischen Architektur bildet es einen wahrhaft passenden Rahmen für die staunenswerte Vielgesichtigkeit der Natur.

Den Grundstock der Sammlungen, die das Museum heute beherbergt, trug der Londoner Arzt Sir Hans Sloane Ende des 17. und Anfang des 18. Jahrhunderts zusammen. 1753 vermachte er seine umfangreiche Privatsammlung dem Staat – mit der Auflage, dafür ein Nationalmuseum zu errichten. Das war die Geburtsstunde des British Museum. Sloanes umfassende naturkundliche Sammlungen bildeten die Abteilung »Natural History«, den Vorläufer des jetzigen Natural History Museum, das, inzwischen eine eigenständige Institution, im Laufe der Jahrhunderte ständig weiterwuchs und heute rund 68 Millionen Tiere, Pflanzen, Fossilien und Mineralien umfasst. Doch Sammlungen sind weit mehr als in Vitrinen ausgestellte Objekte: Damit sie wirklich von Bedeutung sind, müssen Menschen mit ihnen arbeiten, um auf diese Weise immer neue Einsichten zu gewinnen.

Ein Museum ist ein wissenschaftliches Forschungszentrum für die vielfältigen Bereiche des Lebens auf unserem Planeten. Es trägt dazu bei, dass wir nicht nur die individuellen Ausprägungen der Organismen besser verstehen, mit denen wir uns die Erde teilen, sondern auch die Art und Weise, wie sie miteinander verbunden sind, und wie sie gelebt haben und leben. Hier werden Vergangenheit, Gegenwart und Zukunft zusammengeführt.

Die Sammlungen an Fossilien, in Herbarien aufbewahrten Pflanzen und Insekten werden zuweilen im Rahmen einer Ausstellung gezeigt. Ergänzt werden sie durch rund eine halbe Million Kunstwerke – Originalzeichnungen, Aquarelle, Stiche und Drucke aus der Zeit zwischen frühem 15. Jahrhundert und heute –, eine der schönsten und umfangreichsten Sammlungen botanischer Illustrationen weltweit. Die Grundlage dafür stammt aus der Bibliothek von Sir Joseph Banks, der 41 Jahre lang Präsident der Royal Society war (er starb 1820) und seine Bibliothek dem British Museum vermachte. Sie ist, genau wie Banks' naturhistorische Sammlungen, der europaweiten Naturkunde-Begeisterung im 17. und 18. Jahrhundert zu verdanken, die gefördert wurde durch die Geschichten, Artefakte, Pflanzen, Tiere und Mineralien, die Matrosen, Kaufleute, Naturforscher und Sammler von Entdeckungs- und Handelsfahrten aus aller Welt mit nach Hause brachten. Doch vor Ort ge-

Clianthus puniceus, Ruhmesblume, Pflanze gesammelt von Joseph Banks, 1769

Clianthus puniceus, Ruhmesblume, Darstellung nach dem gesammelten Exemplar, 1775

sammelte Pflanzen überstanden häufig die Fahrt nicht, und getrocknete oder gepresste Pflanzen sehen bekanntlich meist ganz anders aus als lebende. Daher spielte die naturgeschichtliche Kunst – vor allem botanische Illustrationen – eine wichtige Rolle für die Wissenschaftler, die zuvor anhand eines getrockneten Exemplars den gesamten Organismus bestimmen und rekonstruieren mussten. Und das gilt noch heute.

Ein weiterer Zweck botanischer Illustrationen besteht darin, das Verständnis für die Wissenschaft zu fördern und dem Botaniker, Apotheker und Gärtner eine Bestimmungshilfe an die Hand zu geben. Die Schönheit, die viele der Darstellungen auszeichnet, stand immer erst an zweiter Stelle hinter der eigentlichen Funktion, nämlich das Wesen, den Charakter einer Pflanze einzufangen und dadurch Kenntnisse über die Pflanze als Ganzes zu vermitteln. Zum Bestimmen einer Pflanze ist eine umfassende Beschreibung unumgänglich. Steht zudem eine detailgenaue Illustration zur Verfügung, erhöht dies den Informationswert. George Edwards, ein Naturforscher und

Mancragora officinarum, Alraunwurzel, Dioskurides, ca. 1458

Maler des 18. Jahrhunderts, formulierte es so: »Kunst und Natur sollten, zwei Schwestern gleich, stets Hand in Hand gehen, auf dass sie sich gegenseitig zu unterstützen und einander beizustehen vermögen.« (G. Edwards, *A Natural History of Uncommon Birds*, Teil I, 1743)

Die bildliche Darstellung von Pflanzen ist so alt wie die Menschheit. Schon in den frühesten Kulturen schmückten die Menschen damit Gefäße, bemalten Felswände oder ritzten Pflanzenmotive in Stein. Die alten Griechen waren die Ersten, die einen Katalog mit Nutz- und Heilpflanzen mit Abbildungen illustrierten. Das älteste bekannte bebilderte Kräuterbuch ist *De materia medica* von Dioskurides, mit Illustrationen von Krateuas. Beide waren Ärzte und lebten im 1. nachchristlichen Jahrhundert. Das früheste erhaltene Exemplar ihres Werkes stammt aus dem 6. Jahrhundert und ist heute als *Codex Vindobonensis* bekannt. Immer und immer wieder von Hand kopiert, schmückten die 400 recht ungelenk und unnatürlich wirkenden Abbildungen des *Codex* über Jahrhunderte hinweg die verschiedensten europäischen Kräuterbücher.

Erst in der zweiten Hälfte des 15. Jahrhunderts begannen Renaissancekünstler, angeregt durch humanistische Studien, die Natur wirklichkeitsgetreuer darzustellen. Zu den Malern, die sich von der Natur inspirieren ließen, gehörte auch Leonardo da Vinci; in seinem *Codex Atlanticus* vermerkte er, er habe »viele Blumen nach der Natur gemalet« sowie Pflanzen in verschiedenen Blühstadien abgebildet. Seine detaillierten Baumdarstellungen belegen eine fundierte Kenntnis der Pflanzenstruktur und nehmen die Theorien des 20. Jahrhunderts über den Aufbau der Bäume und deren Entwicklung um Jahrhunderte vorweg. In Nürnberg zeichnete Albrecht Dürer Pflanzen in einem ebenfalls sehr naturgetreuen, realistischen Stil. Sein Aquarell *Das große Rasenstück* (1503) gilt als herausragendes Beispiel naturalistischer Darstellung. Der Kunsthistoriker Wilfrid Blunt nannte es gar das erste ökologische Bild überhaupt.

Während die Renaissancemaler hinsichtlich Technik und Detailtreue auch auf dem Gebiet der Pflanzendarstellung große Fortschritte machten, blieben die Abbildungen in den Kräuterbüchern – meist Holzschnitte – recht grob und unbeholfen. Gute Reproduktionen, von denen eine weitere Vervielfältigung möglich gewesen wäre, waren technisch diffizil und extrem teuer. Das änderte sich schlagartig, als 1530 Otto Brunfels' *Herbarum vivae eicones* und 1542 Leonhard Fuchs' Kräuterbuch *De historia stirpium commentarii insignes* veröffentlicht wurden. Die Illustrationen dieser beiden in Deutschland erschienenen Werke nach der lebenden Natur übertrafen alles bisher Bekannte. Sie setzten Maßstäbe für die Bebilderung der Kräuterbücher der nächsten hundert Jahre. Andere Künstler kopierten diese Abbildungen, wie schon zuvor die Illustrationen aus Dioskurides' *Codex*, häufig für ihre eigenen Werke. Nach wie vor bediente man sich hauptsächlich des Holzschnitts, einer Ende des 14. Jahrhunderts in Europa erfundenen Drucktechnik, die gerade bei Kräuterbüchern auch nach der Einführung des Kupferstichs Mitte des 15. Jahrhunderts noch eine ganze Weile beibehalten wurde. Erst mit dem Niedergang des Kräuterbuchs, 150 bis 200 Jahre nach der Entwicklung des Kupferstichs, verschwand der Holzschnitt aus dem Buchdruck. Inzwischen beschränkte sich das Interesse an Botanik nicht mehr auf Nutz- und Heilpflanzen, sondern hatte sich auf das Studium der Natur als Ganzes ausgedehnt, unabhängig vom Nutzen für den Menschen.

Die wissenschaftliche Untersuchung potenziell nützlicher Pflanzen wird bis zum heutigen Tage fortgesetzt. Ethnobotanik blieb ein beliebtes Forschungsgebiet, war jedoch bereits im 18. Jahrhundert längst nicht mehr der einzige Beweggrund für botanische Erkundungsreisen und Pflanzenzucht. Mit dem wachsenden Wohlstand der Europäer, hervorgerufen durch den mit der kolonialen Ausdehnung zunehmenden Handel, stieg auch das Interesse an exotischen Pflanzen, und es kam immer mehr in Mode, aufregende und die Sinne betörende Pflanzen zu kultivieren. Bald genossen ausgefallene Pflanzen einen ähn-

»Asphalatus Acacia altera Mauk«, Dioskurides, ca. 1458

lichen Stellenwert wie reine Nutzpflanzen. Die Fortschritte der Niederländer und Briten auf dem Gebiet der Seefahrt und die damit zunehmende Erkundung der Welt im 16. Jahrhundert legten den Grundstein für ein weltweites Handelssystem, über das – in bislang ungekanntem Ausmaß und Tempo – immer mehr exotische Pflanzen in europäische Gärten und Gewächshäuser gelangten. Dies gab den Anstoß für die großartigen holländischen und französischen Schulen der Blumenmalerei, lieferte aber auch das Material für profunde neue Erkenntnisse. Auf einmal sahen sich die Wissenschaftler mit einer Vielzahl von Arten konfrontiert, die allesamt beschrieben und klassifiziert werden wollten, sich aber nicht in die gängigen klassischen Kompendien fügten. Wenn man die Grenzen der Wissenschaft ausweiten und vorankommen wollte, waren neue, universell einsetzbare Verfahren und Normen der Klassifikation unerlässlich. Botanische Illustrationen wurden damit wichtiger denn je, und die Kunst musste sich, um den Anforderungen der Forscher gerecht zu werden, weiterentwickeln. Zusammen mit einer neuen Sicht auf die Natur entstanden folglich neue Wege, diese abzubilden.

Als man im 18. Jahrhundert immer mehr Pflanzen entdeckte, wurde der Informationsaustausch via Illustrationen ebenso wichtig wie der über das geschriebene Wort. Mark Catesby, Verfasser eines der bekanntesten englischsprachigen naturgeschichtlichen Werke des frühen 18. Jahrhunderts, formulierte es folgendermaßen: »Die Illuminierung der Naturgeschichte ist von solch herausragender Bedeutung für das vollkommene Verständnis derselben, dass man aus den Abbildungen von Tieren und Pflanzen in ihren wahren Farben eine klarere Vorstellung gewinnen kann denn aus den präzisesten Beschreibungen ohne dieselben.« (M. Catesby, *The Natural History of Carolinas*, 1730)

Mit der schwindenden Bedeutung des Kräuterbuchs und dem wachsenden Interesse an Pflanzen als Schmuck gewann eine neue Publikationsform, das so genannte Florilegium (»Blütenlese«), an Bedeutung. In den Botanischen Gärten

Strauß aus Chrysanthemen, Fritillarien und einer Tulpe, A. M. S. Merian, 1680 sowie in den Parks und Gewächshäusern der Reichen wurden exotische Pflanzen gehegt, und manch wohlhabender Sammler beauftragte einen Maler mit dem Abbilden seiner Schätze. 1613 schuf Basilius Besler den *Hortus Eystettensis* – 367 Stiche von Pflanzen aus dem Garten des Bischofs von Eichstätt, darunter viele Importe aus dem Orient. Dabei handelte es sich zum Teil um die ersten europäischen Darstellungen hier kultivierter asiatischer Pflanzen. Ein Jahrhundert später (1720) vollendete Johann Gottfried Simula seine *Flora Exotica*, ein Florilegium der Pflanzen aus dem Garten des Reichsgrafen Johann Georg von Dernath in Ostholstein; einige der Abbildungen sind in diesem Buch abgedruckt.

Andere Künstler begannen, neben den Pflanzen auch Insekten und Vögel abzubilden, die sich von diesen ernährten, und schufen so ein etwas vollständigeres, abgerundeteres Bild der Natur. Wohl am bekanntesten in diesem Zusammenhang ist Anna Maria Sibylla Merian, die 1705 ein herrliches Buch mit dem Titel *Metamorphosis* veröffentlichte – das Ergebnis einer zweijährigen Forschungsreise durch Suriname. Merian war eine der Ersten einer Reihe gebildeter Künstlerinnen, die einen wesentlichen Beitrag zur botanischen Kunst leisteten. Alle diese frühen botanischen Künstler arbeiteten nach lebenden Motiven; ihr Ziel war die möglichst naturgetreue Wiedergabe, sei es als Stich, Zeichnung oder Gemälde (Abb. S. 267).

Mit der ständig steigenden Zahl bekannter Pflanzen wurde die Klassifizierung und Benennung der vielen neuen Arten zunehmend verworrener, bis der schwedische Naturforscher und Arzt Carl von Linné Ordnung in dieses Chaos brachte. 1737 veröffentlichte er seine Abhandlung *Systema naturae*, in der er den Lesern eine Klassifikation vorschlug, die auf den Geschlechtsorganen der Pflanzen basiert. Dies führte in der botanischen Darstellung sofort zu einem neuen Stil. Linnés System ist einfach, raffiniert und arithmetisch; es basiert auf der Anzahl der männlichen (Staubblätter) und weiblichen (Fruchtblätter) Blütenteile. Zahl und Anordnung dieser Bestandteile der »Fruchtbildung« einer Pflanze dienen zur Bestimmung ihrer Stellung im künstlichen System der Botanik, und durch detailgenaue Darstellung dieser Teile und ihres Aufbaus wurde die Illustration wichtiges Hilfsmittel zur Einordnung. Viele betrachteten diesen neuen Stil der botanischen Illustration als so wichtig, dass ihnen allein eine Abbildung zur Übermittlung von Informationen ausreichte. In einer Lobrede auf den Künstler Franz Bauer konstatierte Sir Joseph Banks: »... jede Abbildung soll alle nur denkbaren Fragen beantworten, die einem Botaniker hinsichtlich des Aufbaus der dargestellten Pflanze einfallen ... somit bleibt wohl nichts zu wünschen übrig.« (Banks, J., *Delineation of exotick plants cultivated in the Royal Botanic Garden at Kew*, 1769)

Der Schritt zu einer größeren Ordnung innerhalb der Wissenschaft hatte gewaltigen Einfluss auf künstlerische botanische Darstellungen; der bekannteste Vertreter des Linné'schen Zeichnungsstils war Georg Dionys Ehret (1708–1770). Ehret war Deutscher, ließ sich aber Mitte des 18. Jahrhunderts in London nieder – damals das Zentrum der botanischen Kunst – und wurde zum führenden Künstler seines Fachs. Die Jahre zwischen 1750 und frühem 19. Jahrhundert waren das goldene Zeitalter der botanischen Illustration, das Ehret zeitlebens unangefochten beherrschte. Dass er so einflussreich wurde, lag an seinen fundierten botanischen Kenntnissen, die mit einem herausragenden Zeichentalent und einem wunderbaren Blick für Bildkomposition einhergingen. Dies zeigt sich nicht nur in seinen herrlichen, detailliert ausgeführten Umsetzungen auf Pergament, sondern bereits in seinen Skizzen, die von einem umfassenden Wissen über Morphologie und botanische Formen zeugen. Unter Ehret gedieh eine ganze Schule botanischer Künstler, der unter anderem Peter Brown, Simon Taylor, William King und der junge Sydney Parkinson angehörten.

Der Linné'sche Zeichenstil erforderte eine akkuratere, fast klinisch genaue Darstellung der Pflanzen, doch diese Künstler schafften es, ihren Arbeiten eine neue Schönheit zu verleihen, und erweiterten das Spektrum der Materialien und Malmittel. Viele arbeiteten mit Aquarell- und Gouachefarben auf Perga-

Erysimum cheiri, Goldlack, aus *Herbarum vivae eicones*, Hans Weiditz, 1530

ment und benutzten reichlich Gummiarabikum, um das Bild üppiger erscheinen zu lassen und ihm mehr Tiefe zu verleihen. Neue Stilrichtungen und Techniken kamen auf und verbreiteten sich in ganz Europa. Eine dieser Techniken wurde durch die Nürnberger Familie Dietzsch berühmt, die ihre Pflanzenmotive in opaken Farben auf schwarzem oder dunkelbraunem Untergrund präsentierte. (Abb. S. 18). Auch die niederländischen Schulen brachten nach wie vor Blumenmaler hervor, doch viele – darunter M. J. Barbiers, Vincent und Jan van der Vinne, D. J. H. Joosten und Gerard van Spaendonck – spezialisierten sich zunehmend auf Botanik. Spaendonck ging 1770 nach Paris, wo er für Ludwig XV. Zeichner am Jardin des Plantes und königlicher Miniaturenmaler wurde. Seine Blumenstücke (Abb. S. 109) verschafften ihm Weltruhm, und in späteren Jahren bildete er den bekanntesten Blumenmaler aller Zeiten aus, den Belgier Pierre-Joseph Redouté.

Mitte des 18. Jahrhunderts gab es in Deutschland, insbesondere in Nürnberg, die gleich nach London meisten botanischen Künstler, die Illustrationen von sehr hoher Qualität schufen. Viele Deutsche reisten nach England; manche ließen sich zum Teil auf Dauer dort nieder, während andere nach einigen Jahren in ihre Heimat zurückkehrten. Zu diesen zählten Gertrude Metz und Johann Miller mit seinen beiden Söhnen John und James. Die Gebrüder Miller gehörten, zusammen mit Frederick Polydore Nodder und John Cleaveley, einer Künstlergruppe an, die mit der Ausarbeitung von Sydney Parkinsons Zeichnungen betraut war, die Sir Joseph Banks von seinen Reisen auf der HMS *Endeavour* und Captain Cooks erster großer Reise um die Welt mitgebracht hatte.

Mitte des 18. Jahrhunderts waren die Gärten Europas zum Bersten voll mit Pflanzen aus aller Welt, und ihre Eigentümer wünschten sich oft Abbildungen ihrer Lieblingspflanzen in voller Blüte. Auch der berühmte Quäker-Arzt John Fothergill beauftragte Künstler, die Schönheit von Pflanzen aus seinem Besitz auf Papier festzuhalten. Fothergill war Eigentümer des damals größten privaten botanischen Gartens, der sich in

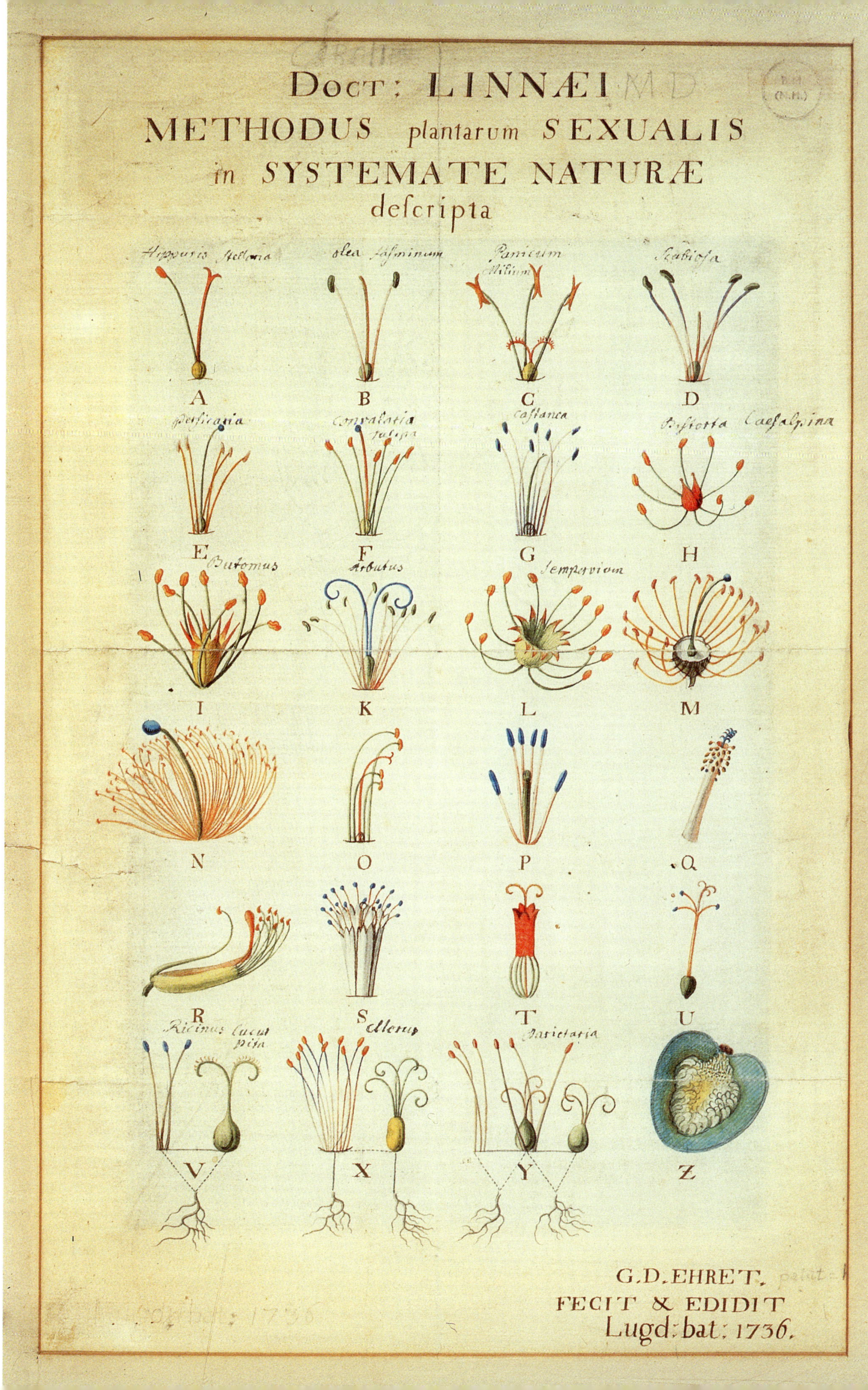

Methodus plantarum sexualis in sistemate naturae descripta, Linnés Sexualsystem, G. D. Ehret, 1736

Lilium candidum, Madonnenlilie, J. C. Dietzsch, ca. 1750

Upton in Essex befand. »Auf dass der Wissenschaft kein Verlust entstehe, falls eine der von ihm kultivierten Pflanzen eingehen sollte, kam er großzügig für den besten Künstler auf, den das Land zu bieten hatte; dieser zeichnete die neuen Pflanzen, wenn sie zur Vollkommenheit heranwuchsen, und am Ende waren diese so zahlreich, dass er es für notwendig erachtete, mehr als einen Künstler zu beschäftigen«, notierte Banks.

Doch nicht nur Forscher, Botaniker und wohlhabende Gartenbesitzer engagierten Künstler, um die entdeckten Pflanzen malen zu lassen, auch Gärtner gaben oft den Auftrag, die von ihnen angebotenen Pflanzen zu zeichnen. So waren viele der holländischen Tulpengemälde aus dem 17. Jahrhundert nichts anderes als Werbung für den Verkauf der Zwiebeln. Ende des 18. Jahrhunderts wurde es üblich, von den Werken der Künstler Stiche anzufertigen; daraufhin entstanden Zeitschriften und andere Serienpublikationen, die handkolorierte Drucke enthielten. Das 1787 von dem Londoner William Curtis gegründete *Botanical Magazine* (auch *Curtis's Botanical Magazine* genannt) ermöglichte auch dem weniger begüterten Haushalt, in den Besitz dekorativer Pflanzenabbildungen zu gelangen, wie sie sich bis dahin nur Wohlhabende hatten leisten können. Abgesehen von wenigen Unterbrechungen erscheint das *Magazine* bis heute und stellt Porträts jüngst in Kultur genommener Pflanzen aus aller Welt vor. Unter den namhaften Künstlern, die viele Jahre lang Beiträge für solche Journale lieferten, waren William Kilburn, Walter Hood Fitch (Abb. S. 124) und (später) Lillian Snelling (Abb. S. 20).

Die Glanzzeit der botanischen Illustration war wohl mit den aus Österreich stammenden Brüdern Franz und Ferdinand Bauer erreicht, die diese Kunst fast zur Vollkommenheit erhoben. Sie fingen das Wesen des jeweiligen Organismus naturgetreu ein, und ihre Arbeiten gehören bis heute zu den wissenschaftlich genauesten und künstlerisch ausgereiftesten. Beide arbeiteten technisch perfekt und zeigten zugleich Gespür für die Natur; unübertroffen sind die fast mikroskopisch genauen Arbeiten Franz Bauers, der mit einer wachsenden Anzahl von Botanikern in den späteren Kew Gardens zusammenarbeitete. Seine Werke sind nicht nur in botanischer Hinsicht bemerkenswert, sie informieren auch darüber, welche Pflanzen man zu jener Zeit kultivierte. Ferdinand Bauers Abbildungen australischer Pflanzen gehören zu den besten überhaupt und sind den Werken des viel gepriesenen Blumenmalers Redouté zumindest ebenbürtig. Seine in Zusammenarbeit mit Robert Brown (Botaniker an Bord der *Investigator* und später Kustos der Botanikabteilung des British Museum) entstandenen Gemälde von Blütendetails, auf denen u. a. sogar Pollenkörner abgebildet sind, enthalten als Erste genaue Einzelheiten des Blütenaufbaus. Diese gehören heute zum

Primula vulgaris, Kissenprimel, William Kilburn, ca. 1770

L. myriophyllum
Elwes Monograph Supplement
Part VI Plate 21

Lilium sulphureum, Lilie, Lillian Snelling, 1936

Standard, doch damals waren sie neu für die Klassifikation von Pflanzen. Und Ferdinand Bauers Begabung beschränkte sich nicht auf die Flora. Er war auch ein hervorragender Darsteller von Tieren und im Anschluss an eine Australienreise der Erste, der Anfang des 19. Jahrhunderts die dortige Fauna detailliert abbildete. Er verwendete ein (möglicherweise von beiden Brüdern gemeinsam in Deutschland entwickeltes) auf Ziffern beruhendes Farbkodierungssystem, in dem 140 Farben durch Zahlen dargestellt wurden. Damit konnte er vor Ort gefertigte Skizzen mit fast fotografischer Farbgenauigkeit wiedergeben, wenn er (manchmal Jahre später) das Bild vollendete.

Während Sydney Parkinson und Ferdinand Bauer auf Motivsuche um die halbe Welt segelten, beauftragten andere, im Ausland lebende, aber künstlerisch weniger begabte Pflanzenfreunde, ortsansässige Künstler damit, Abbildungen der heimischen Flora anzufertigen. Das galt vor allem für Indien und China, wo die britische Ostindienkompanie gegen Ende des 18. Jahrhunderts in mehreren Staaten Indiens und im chinesischen Kanton kräftig Fuß gefasst hatte. In Kalkutta, Madras und Saharunpore ließ sie botanische Gärten anlegen – hauptsächlich, um Heilpflanzen zu kultivieren. Jeder wurde von einem Arzt oder Botaniker geleitet, die es zumeist für sinnvoll erachteten, die in ihren Gärten wachsenden Pflanzen zu dokumentieren. Sie beschäftigten einheimische, ursprünglich im Mogul-Stil (einer im heutigen Nordindien und Pakistan heimischen höfisch-islamischen Stilrichtung) ausgebildete Künstler, um die Sammlungen zeichnen zu lassen. Die meisten dieser namentlich nicht bekannten Künstler wurden auf den europäischen Malstil umgeschult, doch in vielen Bildern bleibt der Mogul-Einfluss deutlich erkennbar. Ähnlich war es in China: In Kanton und Macao war John Reeves (ein Teeinspektor der Ostindienkompanie) zuständig für den Aufbau einer umfangreichen, von einheimischen Künstlern angefertigten Sammlung von Abbildungen der chinesischen Flora und Fauna. Auch hier ist bei vielen Auftragszeichnungen der spezifisch chinesische Stil zu bemerken. Einige der hier

Phlox paniculata, Staudenphlox, A. H. Church, 1909

gezeigten Abbildungen enthalten auch die gängigen kantonesischen Namen der Pflanzen; dadurch erinnert die Bildkomposition an chinesische Rollenmalerei. Von Reeves in Auftrag gegebene Zeichnungen fanden ihren Weg in eine Vielzahl von Sammlungen, vornehmlich in die des Natural History Museum und der Royal Horticultural Society in London.

Natürlich spielte die botanische Illustration das gesamte 19. und 20. Jahrhundert hindurch eine Rolle, erlebte im Viktorianischen Zeitalter jedoch eine Verlagerung hin zu den dekorativen Künsten und verlor mit der Erfindung der Fotografie ihre Bedeutung als wichtiges Verfahren zur Abbildung von Pflanzen zu wissenschaftlichen Zwecken. Auch die Anzahl der Künstler wurde kleiner, und einen Namen gemacht haben sich nur einige wenige, die sich dadurch auszeichnen, dass sie Wissenschaft und Kunst als Einheit ansahen. Die wohl bekanntesten dieser Epoche waren John Lindley und Walter Hood Fitch, deren Arbeiten sich durch große Ausdruckskraft auszeichnen, im Vergleich zu denen früherer Künstler aber dennoch schwerfällig wirken. Lindley, der in erster Linie Botaniker war, konnte sich nie als genialer Zeichner profilieren. Gegen Ende des 19. Jahrhunderts schuf Arthur Harry Church, ein an der Universität Oxford tätiger Botaniker, für sein Buch *Types of Floral Mechanism* (1907) eine Reihe von Illustrationen. Ihre brillanten Farben bilden einen faszinierenden Kontrast zu seinen unglaublich genauen, mit Feder und Tusche gezeichneten Pflanzenquerschnitten. Church war durch Ferdinand Bauers Farbgebrauch beeinflusst und in seiner Wiedergabe der Pflanzenanatomie wahrhaft revolutionär. Seine Abbildungen wirken absolut lebendig und in ihrer Detailtreue überwältigend. Weitere erwähnenswerte Künstler des frühen 20. Jahrhunderts sind Lillian Snelling, sicherlich eine der fähigsten Künstlergestalten ihrer Zeit, und Frank Round, der als Lehrer arbeitete und für N. C. Rothschild und W. R. Dykes eine umfangreiche Sammlung von Iris-Zeichnungen schuf (Abb. 270ff.).

Mit der Geschichte der botanischen Kunst eng verwoben ist die Geschichte der Forschungsreisen, denn ohne Entdecker wäre keine dieser Pflanzen je bis zu den Künstlern gelangt. Nun hat die botanische Forschung viele Gesichter: von den großen, staatlich finanzierten Expeditionen (wie der der *Endeavour* oder der *Investigator* nach Australien) über Reisen von Mitgliedern der Royal Horticultural Society, die auf der Suche nach Gartenneuheiten waren, bis hin zu den kleineren, individuellen Unternehmungen einzelner Botaniker. Ungeachtet der unterschiedlichen Größenordnung ist all diesen Reisen eines gemein: der Reiz des Entdeckens – und zwar nicht nur einer bislang unbekannten Art oder eines neuen Ortes, sondern neuer Erkenntnisse über die eigene Stellung im umfassenden Kontext der Natur. Doch je mehr man herausfindet, desto stärker wird einem bewusst, wie wenig man im Grunde weiß. Diese Reise hat kein Ende. Genau wie beim Entdecken tun sich auch durch die wissenschaftliche Arbeit neue Grenzen auf, deren bloße Vielfalt oft schon überwältigend ist. Mit der Entwicklung der Fotografie waren botanische Illustrationen zur Darstellung der lebenden Pflanze nicht mehr erforderlich, doch zur Beschreibung neuer Arten nutzen Botaniker in ihren Veröffentlichungen meist weiterhin Federzeichnungen, um Einzelheiten der Morphologie von Blüten, Früchten und Blättern wiederzugeben. Diese Zeichnungen sind direkte Abkömmlinge der wunderbaren Kunstwerke der Gebrüder Bauer, dienen jedoch einem etwas anderen Zweck. Heutzutage werden botanische Illustrationen immer beliebter, und zwar nicht nur bei Leuten, die sich von jeher dafür interessieren, sondern auch bei einer wachsenden Anzahl von Künstlern, die sich mit der Darstellung aller Aspekte pflanzlichen Lebens befassen. Ständig wird mit neuen Verfahren experimentiert; ein Beispiel ist die schöne Magnolie von Olga Makruschenko (Abb. S. 132), einer zeitgenössischen russischen Künstlerin, die moderne Techniken wie Airbrush nutzt, ohne den traditionellen Anspruch der botanischen Illustration aufzugeben.

Sämtliche in diesem Buch abgebildeten Illustrationen stammen aus der Sammlung der botanischen Bibliothek des Natural History Museum – mit Ausnahme von zwei Stichen (Abb. S. 285 und S. 288), beides Enzian-Darstellungen von Andreas Friedrich Happe (1733–1802). Sie umfassen einen Zeitraum von fast vier Jahrhunderten – vom frühen 17. bis Ende des 20. Jahrhunderts – und repräsentieren einige der vielfältigen Stilarten und Techniken, die botanische Künstler dieser Epochen verwendet haben. Manche wurden bereits in anderen Kunst- oder Pflanzenbüchern abgedruckt, doch wir haben sie nach botanischen Gesichtspunkten geordnet und hoffen, damit die Synthese zwischen Kunst und Wissenschaft aus einer neuen Perspektive zu zeigen. Die vielgestaltigen Illustrationen veranschaulichen, wie es Künstlern über die Jahrhunderte hinweg gelungen ist, exakte wissenschaftliche Beobachtung mit meisterlicher Kunst zu verschmelzen und so bleibende Abbilder der Vielfalt des Lebens auf Erden zu schaffen.

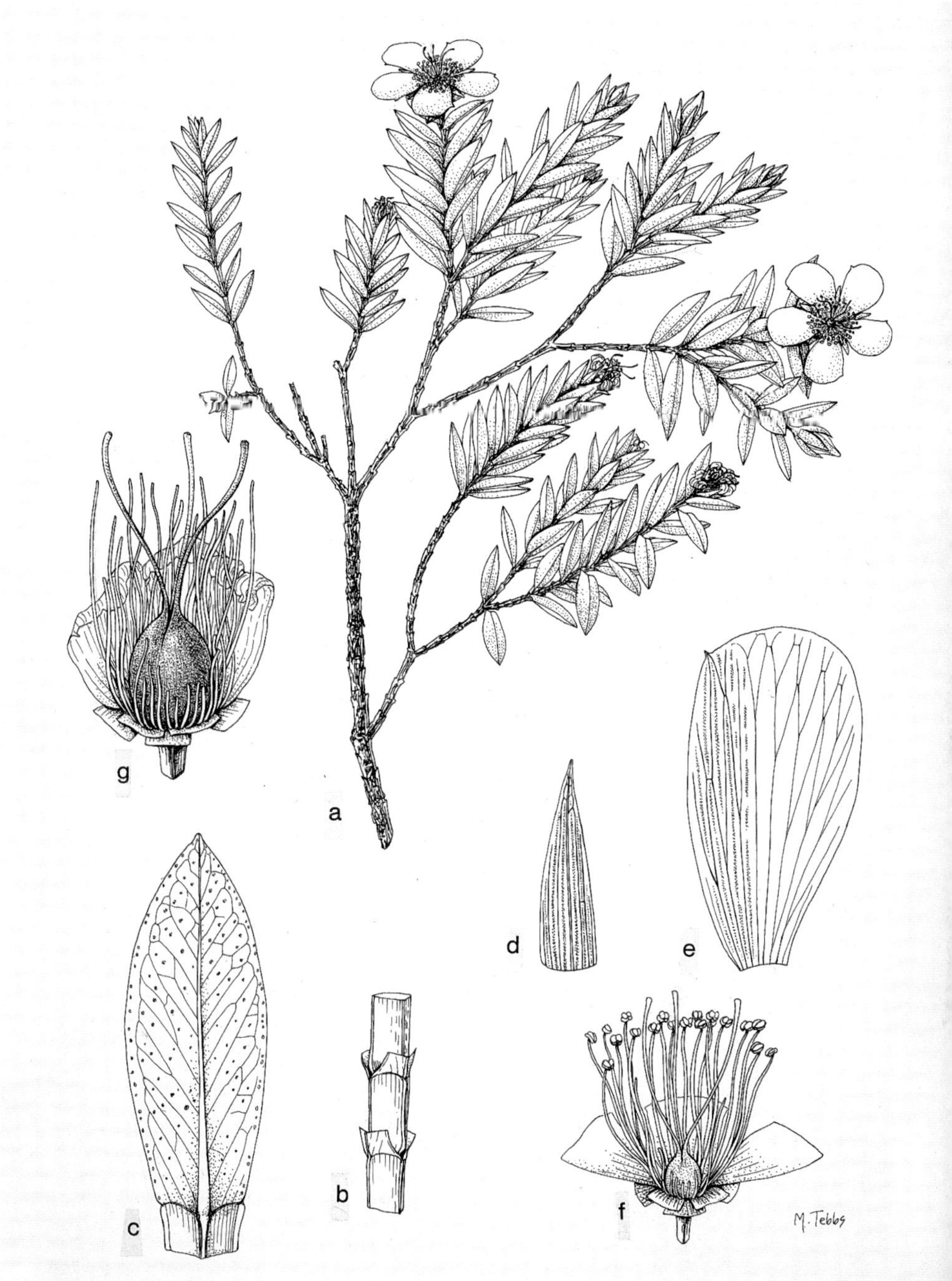

Hypericum paramitanum, Margaret Tebbs, 1990

Tagetes erecta, Crispijn van de Passe, *Hortus Floridus*, 1614

Exzentrisch ist nicht unbedingt ein Adjektiv, bei dem man an eine Pflanze denkt; auf Aronstabgewächse jedoch trifft es absolut zu. Was aber ist ein Aronstab? Jedes Kind weiß, wie eine Lilie aussieht und wie eine Rose. Aber ein Aronstab? Sämtliche Mitglieder der Familie Araceae heißen im Deutschen Aronstabgewächse, und deshalb bezieht sich dieser Name auf eine Vielzahl recht unterschiedlicher Pflanzen – vom Philodendron bis zum Stinkkohl und von der Kalla bis zum Taro. Obwohl sie sich von der Wuchsform her stark unterscheiden, haben alle Aronstabgewächse dieselbe »Blüten«-Struktur. Allerdings ist eine Aronstab-»Blüte« genau genommen gar keine Blüte, sondern ein Blütenstand, d. h. eine Gruppe von Blüten.

Als Carl von Linné 1753 die Pflanzen nach ihren Geschlechtsmerkmalen ordnete, verkannte er den Blütenstand der Aronstabgewächse und klassifizierte die vier ihm bekannten Gattungen – *Arum, Dracontium, Pothos* und *Calla* – als »Gynandria polygynia«. Dem französischen Botaniker Joseph Pinnon de Tournefort folgend, betrachtete Linné Aronstabgewächse, als hätten sie Blüten mit nur einem Kronblatt. Erst Antoine Laurent de Jussieu identifizierte die Aronstab-»Blüte« etwa 30 Jahre später als Blütenstand, in dem viele männliche und weibliche Einzelblüten vereint sind. Linné übersah also etwas ganz Wesentliches bei seiner Fehldeutung: Sein Klassifizierungssystem der Blütenpflanzen basierte nämlich auf der

ARONSTABGEWÄCHSE

Amorphophallus titanum *(Titanenwurz) ist die größte Blume der Welt. Der einzige Ort in der westlichen Hemisphäre, wo sie je zur Blüte gelangte, ist die Bronx. Ich fände es daher angemessen, dass die Bronx sie zu ihrer Wappenblume erklärt. Hiermit ernenne ich also die Titanenwurz zur Wappenblume der Bronx, da ihre gewaltige Größe Symbol sein soll für den größten und am raschesten wachsenden Stadtteil von New York. Es gibt viele lieblicher riechende Blumen, aber keine, die auch nur annährend so groß und außergewöhnlich ist.*

DER DIREKTOR DES NEW YORKER STADTTEILS BRONX ANLÄSSLICH DER BLÜTE EINER TITANENWURZ IM NEW YORK BOTANICAL GARDEN, 1939

Allen Aronstabgewächsen gemein ist der Spadix-Spatha-Blütenstand: eine scheinbar simple Kombination aus einem die Blüten tragenden Kolben (Spadix), umgeben von einem kronblattartigen Hochblatt (Spatha). Die Spatha wirkt wie ein merkwürdig geformtes Blütenblatt, ist häufig intensiv gefärbt und lockt die Bestäuber an. In Wirklichkeit handelt es sich um ein umgeformtes Blatt. Der Spadix selbst ist fingerförmig und trägt die mit bloßem Auge kaum sichtbaren winzigen Blüten. Erst mit der Lupe erkennt man ihre zarte Struktur. Und es lohnt sich, näher hinzuschauen, denn Aronstabblüten sind in ihrer Vielfalt ganz erstaunlich, und die Kolben unterscheiden sich ebenso stark wie die Art des gesamten Aufbaus.

Anordnung von deren weiblichen und männlichen Geschlechtsmerkmalen. Dass Pflanzen sich geschlechtlich vermehren und Fortpflanzungsorgane besitzen, war weithin bekannt, dies jedoch als Grundlage für eine Systematik zu verwenden, löste heftige Kontroversen aus. Ein Zeitgenosse titulierte Linné gar als »botanischen Pornographen«. Dass diese Vorwürfe unberechtigt sind, erkannte man erst später, als man den Lebenszyklus der Blütenpflanzen genauer entschlüsselte. Der Blütenstaub und damit die Staubblätter sind ungeschlechtliche Gebilde, aus denen erst die Fortpflanzungszellen entstehen.

Linnés System der Geschlechtsmerkmale orientiert sich an der Anzahl der männlichen und weiblichen Teile, so dass bei-

Caladium bicolor, Kaladie, F.P. Nodder, 1777

Colocasia esculenta, Taro, G. D. Ehret, ca. 1740–1750

spielsweise alle Pflanzen mit fünf Staubblättern und einem Fruchtknoten zusammengefasst wurden. Dabei unterschied er klar zwischen Pflanzen mit zwittrigen Blüten (die männliche und weibliche Geschlechtsorgane tragen) und eingeschlechtigen Blüten (nur Staubblätter oder nur Fruchtblätter). Pflanzen mit eingeschlechtigen Blüten wurden noch weiter aufgeteilt – in »zweihäusige«, die Blüten nur eines Geschlechts tragen, und »einhäusige«, bei denen sich männliche und weibliche Blüten getrennt auf derselben Pflanze befinden. In der Botanik nennt man das heute diözisch bzw. monözisch. Viele Aronstabgewächse besitzen Zwitterblüten, d. h., Pollen und Samen werden von derselben Pflanze erzeugt. Bei Aronstabgewächsen mit bisexuellen Spadices ist der Kolben gewöhnlich ganz mit Blüten bedeckt, häufig in wunderschönen geometrischen Mustern. Meist reifen die weiblichen Teile dieser Zwitterblüten vor den männlichen (botanisch gesprochen heißt das, sie sind protogyn), so dass die Blüten nur mit Pollen einer anderen Pflanze bestäubt werden können. Wird der Pollen aus den Staubbeuteln eines Kolbens freigesetzt, sind dessen weibliche Teile nicht mehr befruchtungsfähig. Dies fördert die genetische Vielfalt. Die Kolben von Zwitterblüten changieren mitunter, da die Oberfläche der Narbe mit Unmengen Pollen aus den winzigen Staubbeuteln bedeckt ist. Das Hochblatt dieser Pflanzen wächst gewöhnlich vom Kolben entfernt oder umhüllt diesen locker, verdeckt aber nie die Blüten.

Die wirklich exzentrischen Blütenstände findet man jedoch bei den einhäusigen Aronstabgewächsen. Bei diesen Kolben sitzen die weiblichen Blüten gewöhnlich an der Basis – mehrere Reihen kreisförmig angeordneter winziger, häufig kelchförmiger Fruchtknoten. Die männlichen Blüten, die aus nur wenigen Staubbeuteln bestehen, stehen oberhalb davon. Die Variationsmöglichkeiten allein der Anzahl weiblicher und männlicher Blüten pro Kolben sind immens; manchmal sind es nur eine oder zwei, manchmal mehrere tausend. Zwischen den Zonen männlicher und weiblicher Blüten liegt häufig ein Ring steriler Blüten. Anders als bei den zwitterblütigen Aronstab-

Typhonium blumei, G. D. Ehret, ca. 1760–1770

Dieffenbachia seguine, Dieffenbachie, G. D. Ehret, 1760

gewächsen, wo die Blüten gewöhnlich die ganze Oberfläche des Kolben bedecken, ist bei eingeschlechtigen Arten das Kolbenende oft steril und kann eine schier endlose Vielzahl merkwürdiger und wunderschöner Formen annehmen. Manche sind winzig und liegen versteckt vom Hochblatt umhüllt, andere riesig und schwammartig, wieder andere zu fantastischen geißelartigen Strukturen von einem Meter und mehr verlängert. Solche sterilen Gebilde, in der Botanik Fortsätze genannt, sind unter den Blütenpflanzen absolut einzigartig und haben Botaniker zu ebenso einfallsreichen wie bildhaften wissenschaftlichen Namen inspiriert – *Amorphophallus* etwa heißt »deformierter Phallus«, während *Anthurium* »Schwanzblume« bedeutet. Die von der Kolbenform ausgehende Sexualsymbolik liegt auf der Hand und kann, je nach Empfindsamkeit des Lesers, albernes Kichern oder Abscheu auslösen. Freilich hat der Fortsatz noch andere Funktionen, als dem Betrachter ein dreckiges Lachen zu entlocken oder Peinlichkeit zu verursachen; gemeinsam mit der Spatha spielt er nämlich eine wichtige Rolle beim Anlocken von Insekten.

Nun mögen die braunen und grünen Hochblätter vieler dieser Aronstabgewächse nicht gerade das sein, was wir uns unter einer besonderen Verlockung für Insekten vorstellen. Doch das hängt natürlich ganz vom jeweiligen Insekt ab. Die Hochblätter zahlreicher eingeschlechtiger Pflanzen präsentieren sich nicht nur in (zumindest aus Menschensicht) teils höchst merkwürdigen Farben, sondern auch in einer verblüffenden Formenvielfalt. Manche sind groß und tütenförmig und umhüllen den Kolben nur locker, andere haben einen flach gedrückten Mittelteil und erinnern an »Schweinsohren«; bei vielen findet man unmittelbar oberhalb der Blütenzone eine Verengung, durch die ein Kessel entsteht. Der Eingang zu diesem Kessel ist manchmal eng und berührt fast den Kolben, bei anderen Arten findet man eine reusenartige Verschluss-

Amorphophallus muelleri, Riesenwurz, ca. 1795–1805

Amorphophallus paeoniifolius, Riesenwurz, ca. 1795–1805

klappe. Das alles klingt vielleicht kontraproduktiv, setzt man voraus, dass die Pflanze Insekten an die Blüten locken will, um Pollen von einer Pflanze zur nächsten zu transportieren. Doch tatsächlich erfüllen die schier unglaublichen Gebilde vieler Aronstabblüten genau diesen Zweck. Einige Aronstabgewächse zählen zu den schlimmsten Betrügern des gesamten Pflanzenreichs, denn sie bringen Insekten durch eine List dazu, ihre Blüten zu besuchen und als Pollenträger zu fungieren – und zwar ohne die geringste Gegenleistung. In der Regel ist die Bestäubung durch Insekten eine symbiotische Angelegenheit, von der beide Seiten profitieren: Das Insekt transportiert Pollen von einer Blüte zur Narbe einer anderen, die Pflanze stellt dafür Nahrung – Nektar oder überschüssigen Blütenstaub – zur Verfügung. Doch manchmal schafft es eine Pflanze, ein Insekt umsonst für sich arbeiten zu lassen.

Helicodiceros muscivorus – volkstümlich bezeichnenderweise »Totes Pferd« genannt – gedeiht nur an einigen wenigen Stellen des Mittelmeerraums, wo Seevögel an Felsklippen brüten. Ihre Blüten sind Grauen erregend – oder faszinierend, je nach Standpunkt – und wurden als die Blumen beschrieben, »von denen der Teufel seiner Schwiegermutter einen Strauß pflücken würde: eine Mischung aus schmutzigen Grün-, Violett- und widerwärtigen Rosatönen, ein Gewand der Verwesung«. Doch was einen wirklich umwirft, ist der üble Geruch – wie ein Pferdekadaver eben. Das gesamte Hochblatt ist mit zottigen Haaren bedeckt, desgleichen der Kolbenfortsatz. Das ganze Ding ist riesig, fast fünfzig Zentimeter lang, und wurde mit einer Tierhaut verglichen, »komplett mit Schwanz und After«. Diese Gewächse werden von Aasfliegen bestäubt, die ihre Eier in Tierkadaver legen, wo die Maden einen reich gedeckten Tisch finden. Das »Tote Pferd« blüht zur Zeit der Seevogelbrut und muss daher mit verendeten Jungvögeln und faulendem Fisch um die Aufmerksamkeit der Insekten buhlen. Doch die Kombination aus Verwesungsgeruch und Erscheinungsbild von Hochblatt und Kolbenfortsatz scheint unwiderstehlich! Die Fliegen drängen sich durch die mit abwärts

Amorphophallus bulbifer, Riesenwurz, ca. 1795–1805

Typhonium venosum, ca. 1795–1805

gerichteten Härchen bestückte Hochblattverengung und finden sich in dem Kessel wieder, wo sie an den noch nicht geöffneten männlichen Blüten vorbei in den Bereich der weiblichen Blüten an der Kolbenbasis fallen. Dort legen sie ihre Eier ab – doch die Maden verhungern, sobald sie geschlüpft sind. Ist die befruchtungsfähige Phase der weiblichen Blüten beendet, beginnen die männlichen Blüten, Pollen freizusetzen. Dadurch ändert sich auch der Aufbau des Kessels – der Weg für die Fliegen ist wieder frei. Sie krabbeln über die männlichen Blüten und werden dabei zwangsläufig mit Pollen beladen. Da sie offenbar nicht in der Lage sind, aus Fehlern zu lernen, fliegen sie häufig schon kurz darauf das nächste »Tote Pferd« an; das grausige Schauspiel beginnt von Neuem.

Nun produzieren Aronstabgewächse nicht nur widerwärtige Gerüche, viele können auch »thermoregulieren« (d. h. ihre Körpertemperatur erhöhen, damit der »Duft« auch wirklich in alle Winde getragen wird). Das »Tote Pferd« muss nicht viel Werbung für sich machen, da es in den Seevogelkolonien jede Menge Aasfliegen gibt. Aber auch einzeln stehende Aronstabgewächse müssen ihre Bestäuber anlocken, und starker Geruch ist dafür ausgesprochen wirksam. Dem französischen Naturforscher Jean Lamarck fiel im 18. Jahrhundert auf, dass Aronstab-Blütenstände während der Blütezeit Wärme entwickeln, die höher ist als die Umgebungstemperatur. Wärmequelle ist der Kolben, auslösende Substanz für die Wärmeproduktion Salicylsäure, besser bekannt als Ausgangsstoff zur Herstellung von Aspirin. Diese Säure bedingt nicht nur Veränderungen in der Temperatur, sondern auch der Geruchsproduktion. Der Fäulnisgeruch der stinkenden Aronstabgewächse basiert gewöhnlich auf den organischen Verbindungen Skatol und Indol, doch sind es keineswegs nur übel riechende Blütenstände, die eigenständig Wärme erzeugen. Eine in Brasilien heimische *Philodendron*-Art kann ihren Kolben auf unglaubliche 46 °C erhitzen – und diese Tem-

Arisaema triphylla, Dreiblatt-Feuerkolben, Peter Brown, ca. 1760–1770

peratur halten, selbst wenn man sie in den Kühlschrank stellt. Aufgrund dieser Wärme verdampft ein stechender, aber nicht unangenehmer Geruch, der Blatthornkäfer von nah und fern anlockt. Während seiner Aufheizphase verbraucht der Kolben etwa dieselbe Menge Sauerstoff wie ein Kolibri im Flug. Die Vorstellung, Pflanzen könnten nicht »agieren«, kann also, zumindest was die Aronstabgewächse angeht, mit Sicherheit als überholt gelten.

Man muss die Blüte der Titanenwurz gesehen (und gerochen!) haben, um es glauben zu können. Als der italienische Naturforscher Odoardo Beccari im 19. Jahrhundert aus Südostasien von einem Blütenstand berichtete, der so groß sei, »dass er für den Transport an eine lange Stange gebunden werden musste, die dann zwei Männer auf den Schultern trugen«, stieß er auf blanke Ungläubigkeit, auch bei Sir Joseph Hooker, dem Direktor von Kew Gardens. Beccari schickte daraufhin Samen der Titanenwurz nach Europa, die tatsächlich keimten und – Staunen über Staunen – 1889 zum ersten Mal »in Gefangenschaft« Blüten hervorbrachten. Der Kolben war riesig (zwischen zwei und dreieinhalb Meter) und der penetrante Geruch des fleischigen gelben Fortsatzes absolut widerwärtig. Kein Wunder, dass die Indonesier die Titanenwurz *Bunga bangkai* nennen, »Kadaverblume«. Als 1996 eine Titanenwurz in Kew Gardens blühte, analysierten Chemiker den Geruch und fanden heraus, dass er Schwefelverbindungen enthält, die auch für den Gestank fauler Eier verantwortlich sind. Jede *Amorphophallus*-Blüte ist nicht nur von Interesse für Botaniker, sondern ein regelrechtes Medienereignis: Als vor kurzem eine Pflanze in Kalifornien blühte, strömten fast 100 000 Besucher in die Huntington Botanical Gardens. Auch im Botanischen Garten Bonn lockt die regelmäßig blühende Titanenwurz Tausende von Besuchern an. Allerdings ist die Titanenwurz keineswegs die größte Blüte der Welt. Diese Ehre gebührt der ebenfalls von Beccari entdeckten Riesenrafflesie *(Rafflesia arnoldii)*, einer gigantischen Blütenscheibe, die in denselben Urwäldern Sumatras wächst wie die Titanenwurz. *Amorphophallus* ist heute weit mehr als eine Pflanze – wenn sie blüht, ist das ein Happening.

Die Titanenwurz, das »Tote Pferd« und viele andere Aronstabgewächse sind terrestrische Pflanzen, die im Erdreich wurzeln. Andere Mitglieder der Araceae-Familie, insbesondere tropische, sind jedoch Epiphyten. Epiphyten wachsen auf anderen Pflanzen (ohne diesen jedoch, wie Parasiten, Nährstoffe zu entziehen), um näher am Licht zu sein, das in den tropischen Regenwäldern nur im Kronendach wirklich hell ist. Die meisten Sämlinge treiben von Anfang an in Richtung Licht, doch viele epiphytische Aronstabgewächse tun, exzentrisch, wie sie nun einmal sind, genau das Gegenteil: Wenn die großen Samen einiger Arten der in den amerikanischen Tropen beheimateten Gattung *Monstera* keimen, bilden sie einen langen, farblosen Trieb mit winzigen schuppenartigen Blättern. Dieser Trieb wächst in Richtung Dunkelheit, im Dämmerlicht des Urwalds also zumeist zum Stamm eines großen Baumes hin. Trifft er auf eine senkrechte oder schräge Fläche, streckt er ein Paar Blättchen und Wurzeln aus, die sich am Baumstamm festklammern, und strebt jetzt dem Licht zu. Auf dem Weg nach oben bildet die Pflanze Blätter, die sich flach an den Stamm schmiegen und wie grüne Schindeln wirken. Dadurch minimiert sich der Feuchtigkeitsverlust und auch das Risiko, von aus dem Kronendach abstürzenden Früchten und Aststücken verletzt zu werden. Hat die Pflanze das Licht erreicht, ändert sich ihr Verhalten erneut: Jetzt werden große, bei *Monstera* gewöhnlich mit Löchern oder Einschnitten versehene Blätter getrieben. *Monstera deliciosa* ist das bei uns als Zimmerpflanze beliebte Fensterblatt, und jeder, der eine solche Pflanze hatte, weiß, dass junge Blätter für gewöhnlich weniger Löcher haben. Der lateinische Artname bezieht sich auf die essbaren Fruchtstände, die fast wie eine Mischung aus Ananas und Banane schmecken.

Die Früchte einiger, vor allem amerikanischer Aronstabgewächse sind essbar, viel bedeutsamer als Nahrungsmittel sind jedoch die knolligen Rhizome einiger terrestrischer

Dieffenbachia seguine, Dieffenbachie, Ralph Stennett, 1807

Typhonium roxburghii, ca. 1795–1805

Arten. Taro (*Colocasia esculenta*) dürfte eine der ältesten vom Menschen angebauten Nutzpflanzen sein; im tropischen und subtropischen Asien wird sie seit über 10 000 Jahren kultiviert. Die Rhizome sind sehr proteinreich und enthalten viele Mineralstoffe, Vitamin C und vor allem B-Vitamine. Allerdings findet man in rohen Knollen auch große Mengen unverträglicher Kalziumoxalatkristalle (dieselben, die beim Kontakt mit *Dieffenbachia seguine* die Schleimhäute anschwellen lassen), deshalb werden sie meist geröstet oder gekocht verzehrt. In Papua-Neuguinea und Hawaii ist Taro das wichtigste Grundnahrungsmittel – und obendrein Teil der Kultur. Im Schöpfungsmythos der hawaiischen Ureinwohner war das erste Kind von Vater Himmel und Mutter Erde eine Taropflanze und erst das zweite ein Mensch. *Poi*, ein Brei aus gekochten Taroknollen, zählt zu den Spezialitäten der Inselgruppe.

Auch eine der interessantesten Futterpflanzen gehört zur Familie Araceae: der so genannte Sumpf-Taro – keine *Colocasia*-Art, sondern ein Mitglied der Gattung *Cyrtosperma*. Er wächst auf den Atollen des Pazifik, wo es schwierig ist, irgend etwas anzubauen. Jungpflanzen werden in mit Komposterde gefüllten Körben gut einen Meter tief in die Korallenriffe gesetzt, wo sie drei bis sechs Jahre wachsen. Mit einem Gewicht von 60 Kilo und mehr pro Knolle ist die Ernte dann allerdings kein Kinderspiel. Auch die Rhizome einiger *Amorphophallus*-Arten werden gegessen. In Japan gilt Konjak als echte Delikatesse und wird zu Nudeln und *konnyaku* (gallertartigen Speisen) verarbeitet. Die Knollen von *Amorphophallus konjak* haben einen hohen Gehalt an Mannose-Polysacchariden, einem wichtigen Bestandteil von Diabetikerkost.

Ist es nicht erstaunlich, dass zur selben Familie, die Pflanzen hervorbringt, die Wolken widerwärtiger Gerüche verbreiten, auch Arten gehören, die zur Ernährung der explodierenden Weltbevölkerung beitragen? Einige Aronstabgewächse mögen auf den ersten Blick oder Schnupperer abstoßend wirken, aber sie sind unendlich faszinierend – die wahren Exzentriker der Pflanzenwelt eben.

Caladium bicolor (Aiton) Vent. (Araceae)
Kaladie, Buntwurz
Frederick Polydore Nodder, 1777
Wasserfarbe und Deckfarbe auf Papier
533 x 373 mm

Die farbenprächtigen Blätter von Caladium bicolor stellen die Blüten der Pflanze völlig in den Schatten. Seit diese Art im 18. Jahrhundert in Kultur genommen wurde, hat man sie mehrfach mit anderen, nahe verwandten Arten gekreuzt, um noch spektakuläreres Laub zu erhalten. Das Ergebnis sind herrliche Farbspiele – gefleckt, marmoriert oder mit kontrastfarbenen Adern.

Colocasia esculenta (L.) Schott (Araceae)
Taro
Georg Dionys Ehret, ca. 1740–1750
Wasserfarbe und Deckfarbe auf Papier
519 x 360 mm

Taroknollen sind das Ausgangsprodukt für poi, das Grundnahrungsmittel der hawaiischen Ureinwohner. Die Knollen werden gekocht, geschält und dann zu einem rosafarbenen Brei zerstampft. Je nach zugegebener Wassermenge gibt es »Ein-Finger-«, »Zwei-Finger-« und »Drei-Finger-Poi« – abhängig von der Zahl der Finger, die man für einen Mund voll braucht. Der Brei enthält winzige Stärkekörnchen und ist leicht verdaulich.

Typhonium blumei Nicolson & Sivadasan (Araceae)
Georg Dionys Ehret, ca. 1760–1770
Wasserfarbe auf Papier, 307 x 202 mm
Ehret-Skizzen

Im 18. Jahrhundert gab es um die Bestimmung einiger Aronstabgewächse beträchtliche Verwirrung. Bei dieser Pflanze war Ehret sich weder des Ursprungs noch der Art sicher (er nannte sie »Arum proboscideum«, eine europäische Art), doch seine Darstellung ist so detailgetreu, dass sich die Spezies heute leicht bestimmen lässt. Wahrscheinlich zeichnete er sie in Philip Millers Chelsea Physic Garden. Millers 1760 veröffentlichte Illustration gilt als erste dieser Pflanze, doch Ehrets könnte früher entstanden sein.

Dieffenbachia seguine (Jacq.) Schott (Araceae)
Dieffenbachie, Schweigrohr
Georg Dionys Ehret, 1760
Wasserfarbe auf Papier, 300 x 405 mm
Ehret-Skizzen

Obwohl Dieffenbachia die giftigste Gattung der Aronstab-Familie ist, zählt sie zu den beliebtesten Zimmerpflanzen. Sie enthält jede Menge Kalziumoxalatkristalle (Raphiden), die in speziellen Blasenzellen (Idioblasten) sitzen und beim Eindringen in die Haut starke Reizungen verursachen. Beißt man etwa in einen Stängel, schwellen Zunge und Mundschleimhaut so stark an, dass man stundenlang nicht mehr sprechen kann (daher der Name Schweigrohr). In schweren Fällen kann es zum Erstickungstod kommen.

Amorphophallus muelleri Blume (Araceae)
Riesenwurz
Künstler unbekannt, ca. 1795–1805
Wasserfarbe auf Papier, 469 x 289 mm
Sammlung Fleming

Dieses Aquarell entstand nach einer Abbildung von Pflanzen, die Dr. Francis Buchanan 1795 auf den Nikobaren sammelte. Buchanan reiste als Arzt im Auftrag der Ostindienkompanie auf die heutigen Andamanen und Nikobaren. Er taufte diese Pflanze »Arum optimum« und gab als Volksnamen »Kuang kuang pui« und »Pain tazoung« an.

Amorphophallus paeoniifolius (Dennst.) Nicolson (Araceae), Riesenwurz, Tränenbaum
Künstler unbekannt, ca. 1795–1805
Wasserfarbe und Tusche auf Papier
465 x 295 mm, Sammlung Fleming

Der Gattungsname Amorphophallus ist durchaus treffend. Übersetzt bedeutet er »deformierter Phallus«, und genau so sehen die sterilen Fortsätze dieser Art auch aus. In ihrem Buch Aroids schreibt Deni Brown: »Innerhalb einer Gattung, die für ihre alptraumhaften Blüten bekannt ist, sticht ›Amorphophallus paeonifolius‹ als eine der hässlichsten heraus.« Außerdem stinkt sie zum Himmel – »ein entsetzlicher, Ekel erregender Geruch«.

Die meisten Amorphophallus-Arten blühen nur selten, dann aber spektakulär. Eine Pflanze treibt über mehrere Jahre hinweg jährlich ein riesiges Blatt; haben sich in der gewaltigen Knolle dann genügend Nährstoffe für einen Blütenstand angesammelt, kommt es zum Flor. Diese Art bildet auch am Blatt selbst kleine Brutknollen, die, wenn sie auf die Erde fallen, zu neuen Pflanzen heranwachsen.

Amorphophallus bulbifer (Roxb.) Blume (Araceae)
Riesenwurz
Künstler unbekannt, ca. 1795 – 1805
Wasserfarbe und Deckfarbe auf Papier
456 x 283 mm. Sammlung Fleming

Obwohl beileibe keine Lilie, sondern ein höchst abstoßend aussehendes Aronstabgewächs, wird diese Pflanze im englischen Sprachraum »Voodoo lily« genannt – vielleicht wegen ihrer dunkelbraun-purpurnen Färbung, vor allem aber wohl wegen ihrer Fähigkeit, scheinbar aus dem Nichts zu wachsen: Legt man eine Knolle auf einen Teller, beginnt sie zu blühen – ganz ohne Erde und Wasser. Manchmal wird diese »Wunderpflanze« einer eigenen Gattung zugeordnet, die Sauromatum (Eidechsenwurz) heißt.

Typhonium venosum (Dryand. ex Aiton) Hett. & P. Boyce (Araceae)
Künstler unbekannt, ca. 1795 – 1805
Wasserfarbe und Deckfarbe auf Papier
470 x 288 mm. Sammlung Fleming

Der Feuerkolben kann sein Geschlecht wechseln. Für gewöhnlich haben Aronstabgewächse männliche und weibliche Blüten, doch junge Feuerkolben tragen ausschließlich männliche, da sie zu klein sind und noch nicht über die nötigen Reserven zur Fruchtbildung verfügen. Feuerkolben treiben jedes Jahr neu aus einer flachen Knolle. Sobald die Pflanze genügend Nährstoffe angesammelt hat, um Früchte auszutragen, wechselt sie das Geschlecht und produziert weibliche Blüten.

Arisaema triphylla (L.) Torr. (Araceae)
Dreiblatt-Feuerkolben
Peter Brown, ca. 1760 – 1770
Wasserfarbe und Deckfarbe auf Pergament
294 x 224 mm

Die Einzelblüten der Aronstabgewächse sind regelrechte Sparversionen. Häufig eingeschlechtig (entweder männlich oder weiblich), besitzen sie keine klar erkennbaren Kron- und Kelchblätter. Genau genommen sehen sie überhaupt nicht wie Blüten aus. Stennetts Zeichnungen zeigen den simplen Aufbau der Dieffenbachienblüten: nichts als ein Fruchtknoten mit zwei winzigen Samenanlagen bzw. die eigentümlichen männlichen Blüten mit heraushängenden Pollen»fäden«.

Dieffenbachia seguine (Jacq.) Schott (Araceae)
Dieffenbachie
Ralph Stennett, 1807
Wasserfarbe und Deckfarbe mit Gummiarabikum auf Papier, 550 x 440 mm

Obwohl der Künstler wahrscheinlich nicht über botanische Kenntnisse verfügte, ist die Darstellung so detailliert, dass sich die Art der abgebildeten Pflanze bestimmen lässt. Bei den Typhonium-Arten lassen sich auch steril männliche und weibliche Pflanzen unterscheiden. Diese Pflanze hat winzige, nach unten zeigende Fortsätze. Botanische Kunst erfüllt immer zwei Funktionen: Schönheit und Nützlichkeit.

Typhonium roxburghii Schott (Araceae)
Künstler unbekannt, ca. 1795 – 1805
Wasserfarbe und Tusche auf Papier
456 x 297 mm Sammlung Fleming

ZUCKERBÜSCHE & BANKSIEN

3. Mai 1770. Wir hatten mittlerweile so viele Pflanzen gesammelt, dass wir uns ganz besonders um sie kümmern mussten, sollten sie denn keinen Schaden nehmen in den Büchern.

JOSEPH BANKS IN SEINEM BORDTAGEBUCH VON DER *ENDEAVOUR*, 1770

Sonntag, 6. Mai 1770. Auf Grund der Vielzahl neuer Pflanzen, die Mr. Banks und Dr. Solander in dieser Gegend gesammelt hatten, nannte ich die Bucht Botany Bay.

JAMES COOK IN SEINEM BORDTAGEBUCH VON DER *ENDEAVOUR*, 1770

Ein Engländer, der, gewöhnt an die gemäßigte, aber doch sanft schöne Flora seiner Heimat, vor mehr als 200 Jahren erstmals australischen Boden betrat, muss das Gefühl gehabt haben, er betrete einen anderen Planeten. Die Eukalyptus- und Banksienwälder müssen für mitreisende Botaniker wie für die Seeleute absolut fremdartig und faszinierend gewesen sein – kein Wunder, dass Cook zu Ehren seiner Wissenschaftler die Botany Bay so benannte. Aber die Entdeckung der Flora und Fauna Australiens durch die Europäer begann nicht mit dem Weltumsegler James Cook. Der »verrückte, verwegene« Freibeuter William Dampier betrat Ende des 17. Jahrhunderts erstmals den Boden eines Landes, dem er den Namen New Holland gab. Eher zufällig umsegelte er den ganzen Globus im Lauf einer endlos langen Reise, die 1679 begann und zwölf Jahre später mit einer Fülle neuer Erkenntnisse endete. Seinen Beobachtungen zufolge ist »der Boden des Landes sandig und trocken, gänzlich ohne Wasser, es sei denn, man gräbt Brunnen. Dennoch wachsen darauf die unterschiedlichsten Bäume. Aber die Wälder sind nicht dicht und die Bäume nicht sehr hoch ... die Baumarten waren uns nicht bekannt ... Wir sahen keine Bäume, die Früchte oder Beeren trugen.«

Dampier war kein Naturwissenschaftler, nahm aber naturkundliche Informationen aller Art begeistert auf, und seine Anmerkungen zur Tier- und Pflanzenwelt aller Erdteile sind Zeichen des Aufbruchs, in dem Europa sich damals befand. Der Gedanke an einen noch völlig unbekannten Kontinent auf der Südhalbkugel, die Terra Australis incognitis, brachte den Seefahrer James Cook dazu, dessen Existenz und Ausdehnung zu erforschen. 1768 war der junge Joseph Banks, ein unternehmungslustiger und begüterter Gentleman und Amateurbotaniker, von einer Reise nach Neufundland mit einer reichen Pflanzensammlung zurückgekehrt. Eigentlich wollte er sich ganz der Botanik verschreiben und in Schweden bei Carl von Linné, dem berühmtesten Botaniker seiner Zeit, studieren. Doch er entschied sich spontan anders und bot der Admiralität seines Landes an, sich als Amateurnaturwissenschaftler der Expedition anzuschließen, die den Durchgang der Venus von Tahiti aus beobachten sollte. Indem man das Vorbeiziehen des Planeten vor der Sonnenscheibe beobachtete, konnte man die Sonnenparallaxe direkt messen – eine große Hilfe für die Navigation. Die Royal Society, der Banks angehörte, hatte sich in dieser Sache an König Georg III. gewandt, der prompt begeistert zustimmte und die volle Finanzierung der Expedition übernahm.

Die Gesellschaft zeigte sich erfreut darüber, dass auch ein professioneller Botaniker – Daniel Solander, ein ehemaliger Schüler von Linné, der damals am British Museum arbeitete – an der Reise teilnehmen wollte. Mit von der Partie waren außerdem noch zwei Künstler, Solanders Sekretär und vier

Protea burchellii, Franz Bauer, ca. 1800

Banksia coccinea, Scharlachbanksie, Ferdinand Bauer, ca. 1803–1814

Diener. Banks, Solander und die beiden Maler und Zeichner teilten sich mit sämtlichen Offizieren Cooks und deren Leuten eine 4,3 mal 7 Meter große Kabine. Man stelle sich vor, wie es sein musste, sich den Raum, in dem man lebt und isst, mit begeisterten Botanikern zu teilen, die große Mengen Pflanzenmaterial an Bord brachten und damit jede Menge Chaos verursachten. Und so spricht es für die Gutmütigkeit aller Beteiligten, dass es im Lauf der fast drei Jahre langen Reise nie zu größeren Streitereien kam. Banks und Solander pressten und trockneten nicht nur kleine Pflanzenteile, sondern legten auch große Herbarbögen an. Ein Herbarbogen hat in etwa die Größe eines DIN-A3-Blattes; das gepresste Exemplar füllt das ganze Blatt aus. Die Proben mussten aufbereitet und gezeichnet, die Farbgebung festgehalten werden. Dann musste man sie für weitere Studienzwecke trocknen – ein logistisches Problem ersten Ranges, das Platz und Einfallsreichtum erforderte. Banks arbeitete mit den Methoden seiner Zeit; ihm stand weder ein tragbarer Trockenschrank zur Verfügung, noch konnte er auf die einfachste Methode, nämlich die Exponate in Formalin oder Alkohol zu konservieren, zurückgreifen. Er verfuhr mit der ständig anwachsenden Botany-Bay-Sammlung wie folgt: »Deshalb widmete ich mich heute einzig diesem Geschäft und trug sämtliches zu trocknende Papier, annähernd 200 zumeist volle Bögen zum Strand und breitete diese auf einem Segel in der Sonne aus, wo ich sie den ganzen Tag liegen ließ und mehrmals umwendete. Auf diese Weise konnten wir sie am Abend in sehr gutem Zustand an Bord bringen.« Die von Banks und Solander gesammelten Pflanzen werden heute im Herbarium des Natural History Museum in London aufbewahrt und vermitteln noch immer einen lebhaften Eindruck von der faszinierenden Flora Australiens, wie die Europäer sie erstmals zu Gesicht bekamen.

Nach der Rückkehr der *Endeavour* im Jahr 1771 beschäftigten sich viele Botaniker mit der mitgebrachten Sammlung; Banks jedoch fand nie Gelegenheit, sein großes Werk darüber zu veröffentlichen. Carl von Linnés Sohn erkannte, dass vier

Protea cynaroides, Königsprotee, Franz Bauer, ca. 1800

der von Banks und Solander gesammelten Pflanzen eindeutig miteinander verwandt waren; 1782 führte er zu ihrer Bezeichnung die neue Gattung *Banksia* ein und ehrte auf diese Weise Banks' Beitrag zur Botanik. Er stellte fest, dass *Banksia* mehrere Ähnlichkeiten mit einer von seinem Vater beschriebenen Gattung hatte – der in Südafrika beheimateten *Protea* – und teilte beide der Kategorie Tetrandia Monogynia zu. Beide Gattungen werden heute der Familie Proteaceae zugeordnet, die ursprünglich aus Gondwana stammt. Sie kommt ausschließlich auf der Südhalbkugel vor, und ihre Verteilung ist typisch für andere Organismen wie etwa die Andentanne oder die Beuteltiere, deren Vorfahren einst den Superkontinent Gond-

wana bewohnten. Dieser erstreckte sich als riesige verbundene Landmasse über die Südhalbkugel, bis er vor etwa 140 Millionen Jahren auseinanderzubrechen begann. Seine Teile bilden heute die Kontinente der Südhalbkugel (Afrika, Australien, Südamerika, Antarktis) sowie die Landmasse Vorderindiens. Auf all diesen Landmassen wurden als Proteaceae erkennbare Fossilien gefunden, eine Tatsache, die die Existenz eines ehemaligen Superkontinents auf das Schönste belegt.

Botaniker erkennen die Mitglieder dieser Familie (zu der nicht nur die Gattungen *Banksia* und *Protea* gehören, sondern auch verwandte Gattungen wie *Grevillea*, *Hakea*, *Embothrium*, *Leucadendron* und *Macadamia*) an der ungewöhnlichen Blütenstruktur. Die zapfenförmigen »Blüten« der Proteaceengewächse sind keineswegs einzelne Blüten, sondern vielmehr Blütenstände. Sie üben nicht nur auf Menschen einen ganz ungewöhnlichen Reiz aus, sondern auch auf die Tiere, die diese Pflanzen bestäuben. Einige *Protea*-Blütenstände sehen einer Einzelblume verblüffend ähnlich – die oftmals farbenprächtigen, um den Blütenstand herum angeordneten Deckblätter wirken auf den ersten Blick wie Blütenblätter –, und die Königin unter den Proteen, *Protea cynaroides*, gilt bei Floristen als Solitär. Die Einzelblüten des Blütenstandes sind klein und bestehen aus vier Blütenblättern, die in einer Röhre zusammenlaufen, aus welcher der ziemlich lange Griffel herausragt. An jedem Blütenblatt sitzt ein Staubbeutel, und noch bevor die Blüte sich öffnet, wächst der Griffel weiter in die Länge. Dabei bilden sich an der Spitze des Griffels, dem ja der nötige Platz fehlt, um sich auszudehnen, jene charakteristischen Häkchen, die wegen der spiralförmigen Anordnung der einzelnen Blüten um so imposanter wirken. Wenn nun die Blütenblätter aufgehen oder durch ein bestäubendes Insekt geöffnet werden, entrollt sich der Griffel bis auf das Häkchen, und es entstehen die für *Banksia* und *Protea* so typischen flaschenbürstenartigen Blumen. Die meisten Blütenpflanzen produzieren Pollen in Staubbeuteln, die vom Wind oder bestäubenden Tieren weitergetragen werden. Auch Proteaceengewächse produzieren Pollen in Staubbeuteln, haben aber eine ganz neue Methode entwickelt, diesen ihrer Umwelt zu präsentieren. Normalerweise dient die klebrige Oberfläche an der Spitze des Griffels, die so genannte Narbe, als Landeplatz für den Pollen, der von dort aus über den Pollenschlauch zum Fruchtknoten gelangt. Dagegen hat die Narbe bei *Banksia* die Form kleiner Rillen im Inneren des Griffels, während die Spitze der »sekundären Pollenpräsentation« vorbehalten ist. Bevor die Blütenblätter sich öffnen und der Griffel herausspringt, sammelt sich hellgelber Pollen an der Spitze, wo er dazu dient, Bestäuber anzulocken. Zur Vermeidung von Selbstbestäubung wird die Narbe erst fruchtbar, nachdem dieser Pollenvorrat an der Spitze aufgebraucht ist.

Diese Eigenheit all der vielen Proteaceengewächse ist ein klarer Hinweis darauf, dass sie entwicklungsgeschichtlich verwandt sind. Und sie weisen noch ein interessantes Entwicklungsmuster auf: die Konvergenz. Obwohl die Familie der Proteaceen auf allen Kontinenten des einstigen Gondwana verbreitet ist, ist die Vielfalt innerhalb der Familie am größten in Südafrika, der Heimat von *Protea* und *Leucadendron*, und in Australien, der Heimat von *Banksia* und *Grevillea*. *Banksia* ist in ganz Australien verbreitet, und nur dort kommen alle 76 Arten dieser Gattung vor. 60 davon sind ausschließlich im Südwesten zu finden, einer Region mit mediterranem Klima, also milden, niederschlagsreichen Wintern und heißen, trockenen Sommern. Eigenartigerweise herrschen die gleichen klimatischen Bedingungen auch in der Kapregion in Südafrika, wo es die größte Vielfalt von *Protea* gibt. Nun sind *Banksia* und *Protea* innerhalb der Familie nicht besonders nahe verwandt – sie gehören zwei Unterfamilien an, zwei entwicklungsgeschichtlichen Linien innerhalb der Familie. In einem ähnlichen Lebensraum jedoch, der mediterranen Macchia, die in Südafrika Fynbos, in Aust-

Banksia pulchella, Heidebanksie, Ferdinand Bauer, ca. 1803–1814

ralien Kwongan genannt wird, haben sie erstaunlich ähnliche Überlebens- und Fortpflanzungsstrategien entwickelt.

Nicht nur sehen sich *Protea*- und *Banksia*-Arten (und ihre Verwandten) mit ihren zapfenähnlichen Blütenständen zum Verwechseln ähnlich, sie erfüllen auch eine ähnliche Funktion im Ökosystem. Der von den Blüten in großer Menge produzierte Nektar ist die Lieblingsnahrung von Nektarvögeln. Der Honigsauger und der Honigfresser in Afrika und der Nektarfresser in Australien tauchen ihre Schnäbel tief in die Blüten ein und nehmen nebenbei den Pollen der Pflanzen in ihrem Gefieder auf. Für die Vögel ist dieser Nektar eine der wichtigsten Nahrungsquellen. Von Vögeln bestäubte Arten haben meist leuchtend gelbe oder rote Blütenköpfe. Strukturelle Besonderheiten für die Bestäubung durch Vögel weist die südafrikanische Gattung *Mimetes* auf, die nur für Vögel mit speziell geformten Schnäbeln, wie etwa den Honigsauger, zugänglich ist. Die Einzelblüten bei *Mimetes* sind nicht in Zapfen angeordnet, sondern befinden sich zu kleinen Gruppen zusammengefasst unter farbenprächtigen Deckblättern. Um an den Nektar zu gelangen, muss der Vogel in einem bestimmten Winkel in die Blüte eindringen, um mit dem Schnabel eines der Narbenareale zu erreichen. Andere Proteaceengewächse werden auch von Käfern und Schmetterlingen bestäubt. Von diesen sowohl in Afrika wie auch in Australien vorkommenden Arten tragen einige ihre Blüten fast unsichtbar direkt am Boden. Die Blüten strömen einen hefeartigen Geruch aus: Am Kap werden sie von kleinen Nagetieren besucht, die unweigerlich Pollen in ihrem Pelz aufnehmen, solange sie sich an dem Nektar gütlich tun. In Australien übernimmt das Opossum diese Aufgabe, wobei dieses kleine Beuteltier auch die großen, ganz und gar nicht unscheinbaren Banksien nicht verschmäht.

Die Vegetation in Regionen mit mediterranem Klima ist weitgehend ähnlich – struppige, niedrige Sträucher, so genannte immergrüne, sehr harzreiche Hartlaubgewächse. Diese Vegetation finden wir in Australien, Südafrika, Chile, Kalifornien und natürlich rund um das Mittelmeer. Da in den heißen, trockenen Sommern häufig Waldbrände ausbrechen, haben die dort beheimateten Pflanzen spezielle Überlebensmechanismen entwickelt. In Australien und Südafrika kommt zu den klimatischen Bedingungen noch die extreme Kargheit der Böden hinzu, was dazu führt, dass der Bewuchs sehr leicht Feuer

Banksia ericifolia, J. F. Miller, 1773

Banksia integrifolia, Küstenbanksie, ca. 1770–1780

Protea nitida, Baumprotee, Franz Bauer, ca. 1800

fängt, und so sind Waldbrände in der Fynbos- und der Kwongan-Buschvegetation denn auch besonders häufig.

Die Familie Proteaceae und die Gattung *Protea* sind nach dem griechischen Meergott Proteus benannt, der seine Gestalt nach Belieben wechseln konnte – vielleicht eine Anspielung auf die Fähigkeit dieser Pflanzen, nach einem Brand zu neuem Leben zu erwachen. Viele Proteen und Banksien haben ähnliche Strategien entwickelt, um mit den Auswirkungen von Feuer fertig zu werden, und es wurde sogar behauptet, dass es ohne Feuer gar keine Proteen gäbe. Manche australischen Arten wie *Banksia attenuata* oder die kriechende *Banksia chamaephyton* haben einen feuerbeständigen Wurzelstock, aus dem die Pflanze neu austreibt, nachdem die Teile über der Erde vom Feuer vernichtet wurden. Ähnlich verhält sich *Leucadendron spissifolium* in Südafrika, die aus einem verholzten Wurzelstock neu austreibt. Andere Arten werden bei Waldbränden vollständig vernichtet, besitzen jedoch einen spektakulären Überlebensmechanismus, weshalb sie auch Pyrophyten, also Feuerpflanzen, genannt werden. Ihr Samen ruht, manchmal über Jahre hinweg, keimbereit in dicken Kapseln, bis ein Buschfeuer über den Lebensraum der Pflanze hinwegfegt und die so genannten Balgfrüchte unter der Hitzeeinwirkung platzen. *Banksia*-Balgfrüchte enthalten zwei Samen, die eine spezielle Spreizvorrichtung davor bewahrt, frühzeitig herauszufallen. Bei manchen Arten werden die beflügelten Samen so lange in der geöffneten Kapsel gehalten, bis es regnet. Erst dann breiten sie sich über dem abgekühlten, feuchten Boden aus, der nun eine ideale Keimgrundlage bildet. In Südafrika werden die Samen mancher Arten auf ähnliche Weise auf dem abgebrannten Waldboden ausgestreut. Viele *Protea*-Arten verfügen über Samen mit einem flaumigen Anhang, der eine weite Verbreitung über den neu geschaffenen Lebensraum gewährleistet.

Alle diese Ähnlichkeiten beruhen auf dem Phänomen der konvergenten Evolution. Von ihrer Umwelt ähnlich herausgefordert, haben diese miteinander verwandten Pflanzen über evolutionsgeschichtliche Zeiträume hinweg ähnliche, wenn

Banksia ilicifolia, Ferdinand Bauer, ca. 1803–1814

auch nicht identische Lösungen entwickelt. So interessant die konvergente Evolution unter biologischem Aspekt sein mag, so kann sie doch auch Probleme verursachen, wenn Pflanzen von einem Lebensraum in einen anderen versetzt werden. Mitte des 19. Jahrhunderts wurden drei Arten der australischen Gattung *Hakea* in Südafrika als Heckenpflanzen und zur Gewinnung von Brennholz eingeführt. Diese so genannten Needlebushes aus der Familie Proteaceae, die in Südaustralien ähnliche Lebensbedingungen hatten, gediehen so prächtig, dass sie zu einer wahren Landplage wurden, die heimische Arten verdrängte und sogar ausrottete. Ursprünglich als Heckenpflanze angesiedelt, erfüllt der Needlebush diese Aufgabe bestens: Sich selbst überlassen, breitet er sich schnell aus und bildet ein undurchdringliches Dornendickicht. Der hohe Wasserbedarf beeinträchtigt das ökologische Gleichgewicht, und wegen der großen Mengen brennbaren Materials erhöht sich das Waldbrandrisiko.

Needlebushes sind ebenfalls Pyrophyten; ihre Samen sitzen in harten Kapseln, die sich erst bei Hitzeeinwirkung öffnen. Sind keine natürlichen Verbreiter für die Samen vorhanden, produziert ein einziger Hakea-Busch eine Vielzahl geflügelter Samenkapseln, die nicht nur in der Nähe der Elternpflanze niedergehen, sondern sich über große Entfernungen verbreiten. Im Kampf um Lebensraum und Wasser verdrängen die Jungpflanzen heimische Arten, und so hatte sich *Hakea* schnell zu einer Bedrohung für die Artenvielfalt am Kap entwickelt, noch bevor das Problem überhaupt erkannt war. Die heimischen Proteaceengewächse hatten einfach keine Chance im Kampf gegen diesen alles platt machenden Eindringling.

Heute wird die Ausbreitung von *Hakea* am Kap mit teils sehr arbeitsintensiven Methoden streng kontrolliert. Da *Hakea* nach einem Feuer nicht neu ausschlägt, rodet man vorhandene Bestände, wodurch Samen freigesetzt werden. Anschließend brennt man die aufgehenden Keime nieder. Damit konnten bereits große Fortschritte erzielt und Lebensraum für heimische Pflanzen erhalten werden. Eine Fläche von einem Hektar von dieser Plage zu befreien, kostet ungefähr zehn Mal so viel, wie dasselbe Gebiet vorsorglich per Hand von den Jungpflanzen zu befreien. Erfolgreich war auch eine quasi natürliche Methode der Schädlingsbekämpfung: die Einführung eines Rüsselkäfers, der sich von den Samen der aggressivsten *Hakea*-Art ernährt. Dafür muss freilich ein Teil des *Hakea*-Bestands erhalten werden, damit der Rüsselkäfer seine Lebensgrundlage nicht verliert. Zwei Neuansiedlungen für den Preis von einer!

Eine massenhafte Verbreitung ist meist erst dann zu erkennen, wenn sie zu einem Problem für heimische Arten geworden ist. Kein Hellseher muss man dagegen sein, um die potenziellen Probleme zu erkennen, die mit einer jüngeren Neuansiedlung verbunden sind, nämlich der von *Banksia*. In Südafrika werden mehrere *Banksia*-Arten ihrer spektakulären Blütenformen wegen kultiviert – obschon die von *Protea* ebenso reizvoll sind –, und das drohende Unheil ist schon jetzt zu erkennen. Besonders eine Art, *Banksia ericifolia*, eine bezaubernde Pflanze mit großen roten Blütenständen, ist schon jetzt in die natürlichen Lebensräume vorgedrungen. Wie *Hakea* produziert auch sie exzessive Mengen an Samen: in Südafrika schätzungsweise zwölf Mal so viel wie in ihrer Heimat Australien! Zum Glück verwenden vorausschauende Umweltschützer in der Kapregion viel Mühe und Zeit darauf, derartige »Fremdlinge« unter Kontrolle zu halten. Dabei ist die Gefahr keineswegs einseitig; dasselbe Unheil könnten südafrikanische Arten in Australien anrichten, wie denn überhaupt überall auf der Welt heimische Lebensräume durch aggressive Eindringlinge bedroht sind. Gerade im Zeitalter der Globalisierung müssen wir darauf achten, nicht gedankenlos die Saat unseres eigenen Untergangs und des anderer Arten zu säen.

Banksia speciosa, Ferdinand Bauer, ca. 1803–1814

Protea burchellii Stapf (Proteaceae)
Franz Bauer, ca. 1800
Wasserfarbe auf Papier, 509 x 344 mm
Sammlung Kew-Pflanzen

Diese Proteenart erinnert an William J. Burchell, den Sohn eines Baumschulbesitzers, der Südafrika zu Beginn des 19. Jahrhunderts ausgiebig bereiste. Nachdem seine Verlobte sich mit dem Kapitän des Schiffs verlobt hatte, das sie zu ihm nach St. Helena bringen sollte, widmete sich Burchell der Botanik. Blumen waren für ihn dann doch weniger wankelmütig als Frauen.

Banksia coccinea R. Br. (Proteaceae)
Scharlachbanksie
Ferdinand Bauer, ca. 1803–1814
Wasserfarbe auf Papier, 526 x 356 mm

Die erstaunlichen Details der Bilder von Ferdinand Bauer zeugen nicht nur von scharfer Beobachtungsgabe, sondern auch vom wissenschaftlichen Fortschritt seiner Zeit. Mit Hilfe des Mikroskops konnten die Künstler erstmals Pollenkörner oder den Aufbau der Narbe genauer untersuchen. Mit dem Pinsel hat Bauer maßstabgetreu herauspräpariert, wie raffiniert die Blüten von Banksia im Einzelnen aufgebaut sind.

Protea cynaroides (L.) L. (Proteaceae)
Königsprotee
Franz Bauer, ca. 1800
Wasserfarbe auf Papier, 522 x 369 mm
Sammlung Kew-Pflanzen

Die Königsprotee ist die Wappenblume von Südafrika. Sie hat die größten Blütenköpfe von allen Proteaceen; bei manchen Sorten sind sie sogar esstellergroß. Ein Exemplar dieser schönen Blume in freier Natur zu sehen ist selbst heute noch ein unglaubliches Erlebnis, so dass man sich kaum vorstellen kann, wie überwältigt die ersten europäischen Botaniker auf dem Kap gewesen sein müssen.

Banksia pulchella R. Br. (Proteaceae)
Heidebanksie
Ferdinand Bauer, ca. 1803–1814
Wasserfarbe auf Papier, 526 x 358 mm

Robert Brown sammelte das erste Exemplar einer Heidebanksie im Januar 1802 an der Lucky Bay in Westaustralien. Er benannte sie nach ihren hübschen Blüten (lat. pulchellus bedeutet hübsch). Die holzartigen Balgfrüchte bleiben geschlossen, bis ein Buschbrand, dem die Pflanze selbst zum Opfer fällt, sie öffnet. Dann gehen die Samen über dem nährstoffreichen Boden nieder.

Banksia ericifolia L.f. (Proteaceae)
John Frederick Miller, 1773
Wasserfarbe und Tusche auf Papier, 535 x 350 mm
Sammlung Cook

Die großen Blütenstände und die winzigen, unscheinbaren Blätter dieser Banksie machen sie zum idealen Kandidaten für den Schnittblumenmarkt. Von Ostaustralien, ihrer ursprünglichen Heimat, nach Südafrika verpflanzt, entpuppte sie sich jedoch als wahrer Flegel und überwucherte ungeniert das heimische Buschland.

Banksia integrifolia L.f. (Proteaceae)
Küstenbanksie
Künstler unbekannt, ca. 1770–1780
Wasserfarbe auf Papier, 535 x 360 mm
Sammlung Cook

Die Gegend, in der Joseph Banks und Daniel Solander diese Banksie und viele andere sammelten, wollte Captain Cook ursprünglich Stingray Bay (Stachelrochen-Bucht) taufen. Doch angesichts der überreichen üppigen Funde, welche die jungen Wissenschaftler in nur wenigen Tagen an Land machten, entschied sich Cook für Botany Bay.

Protea nitida Miller (Proteaceae)
Baumprotee
Franz Bauer, ca. 1800
Wasserfarbe auf Papier, 511 x 360 mm
Sammlung Kew-Pflanzen

Im struppigen Fynbos der Kapregion in Südafrika wachsen kaum große Bäume, doch die Baumprotee kann einen Durchmesser von bis zu einem Meter erreichen – für eine Region mit regelmäßigen Buschbränden recht stattlich! Aus dem Holz dieser Art machten die Buren Wagenräder, weshalb sie auf Afrikaans auch »waboom« (Wagenbaum) heißt. Die Blätter dienten zur Herstellung von Tinte, die Rinde zum Gerben von Leder.

Banksia ilicifolia R. Br. (Proteaceae)
Ferdinand Bauer, ca. 1803–1814
Wasserfarbe auf Papier, 525 x 355 mm

Im Laufe seiner Reise auf der Investigator rund um Australien sammelte Brown lebende Pflanzen für Kew Gardens. Auf der Rückfahrt nach England wurde Kapitän Flinders, der das leckgeschlagene Schiff um Australien gesteuert hatte, auf Mauritius von den Franzosen wegen Spionageverdachts verhaftet. Schließlich kehrte er wieder heim, starb jedoch, just als sein Reisebericht veröffentlicht wurde.

Banksia speciosa R. Br. (Proteaceae)
Ferdinand Bauer, ca. 1803–1814
Wasserfarbe auf Papier, 523 x 356 mm

Banksia speciosa erhielt ihren Namen von Robert Brown, dem ersten Kustos der Botanischen Abteilung des British Museum. Brown war Botaniker an Bord der Investigator, die unter dem Kommando von Kapitän Matthew Flinders auf einer der ersten großen Expeditionen den australischen Kontinent umsegelte. Und er bekam auch als einer der ersten Botaniker die fantastische Vegetation Südwestaustraliens zu Gesicht.

PFINGSTROSEN

Im Garten der Pfingstrosen tobt ein fürchterlicher Sturm,
Die Regentropfen fallen wie Steine, der Wind fegt wie ein Besen.
Die Blütenblätter rieseln herab wie Liebeskummertränen,
Doch die Blumen blühen bis ans Ende der Zeit.

CHINESISCHES LIED, ENDE 19. JAHRHUNDERT

Pfingstrosen – oder Päonien – sind die Gartenversion von *East meets West* und als solche eine für beide Seiten spektakuläre Erfolgsstory. Allerdings war das nicht immer so. Der britische Pflanzenjäger Reginald Farrer etwa, der, auf der Suche nach Gebirgspflanzen wie dem Enzian, Anfang des 20. Jahrhunderts mehrere Reisen nach Tibet unternahm, war eher vom Gegenteil überzeugt: »Allein die Japanische und die Chinesische Strauchpfingstrose dürfen wahre Begeisterung beanspruchen. Wo immer der Westen mit im Osten Hervorgebrachtem in Berührung kam, erfolgte eine Veränderung zum Schlechteren, und heute ist Europa überschwemmt von wahrhaft grauenvollen europäischen Strauchpäonien – plump, gefüllt, halb gefüllt, in verwaschenen Violett- und Rottönen ... Die echte Päonie des Ostens hingegen besitzt eine nonchalante Eleganz. Ihre Blüten sind riesig und glänzend, an den Rändern zuweilen gefranst oder gerüscht, manchmal gefüllt, manchmal einfach schalenförmig, immer aber von majestätischer Noblesse und in einer Fülle reiner Farben.« Wie dem auch sei, Pfingstrosen werden dort wie hier seit langem geschätzt – völlig zu Recht, denn ihre Blüten bestechen nicht allein durch exquisite Schönheit, sondern verströmen auch eine fantastische Vielfalt an würzig-süßen Düften.

Generell unterscheidet man zwei Gruppen: einmal staudige Pflanzen, die im Herbst ganz einziehen und im Frühjahr neu austreiben – als »rosige Schnäuzchen«, wie die englische Gärtnerin Gertrude Jekyll es bildhaft beschrieb –, und zum anderen Strauch- oder Baumpäonien, deren Triebe verholzen. Diese Strauchpfingstrosen gedeihen wild nur in China, die Stauden aber findet man auf der gesamten Nordhalbkugel – von Japan und Zentralasien über den Kaukasus, Kleinasien, Südeuropa und Nordafrika bis hinüber nach Nordamerika, wo zwei Arten heimisch sind. Der Gattungsname Paeonia geht zurück auf den Heilgott Paeion oder Paian. In der Ilias erzählt Homer, wie dieser Hades, den Gott der Unterwelt, und den Kriegsgott Ares mit einer Salbe aus Päonienwurzeln heilte, die ihm Leto, die Mutter Apollons, gegeben hatte. Asklepios, Gott der Heilkunde, war eifersüchtig auf Paeions Erfolg und ließ ihn aus Rache umbringen, doch der dankbare Ares verwandelte Paeion in eine wunderschöne Blütenpflanze, die Päonie.

Pfingstrosen werden in Ost und West seit langem als Heilpflanzen genutzt. Sie wurden in Klostergärten angebaut und sollten bei Alpträumen, Gelbsucht, »Qualen des Bauches«, Epilepsie und Geisteskrankheiten helfen. John Gerard, der 1597 ein Kräuterbuch schrieb, sprach ihnen so starke Zauberkräfte zu, dass er empfahl, die Wurzeln nicht von Hand zu stechen, sondern sie von Hunden aus der Erde ziehen zu lassen. Diese Vorstellung geht auf den altgriechischen Botaniker Theophrast zurück, der sie schon zu seiner Zeit als lachhaft verworfen

Paeonia officinalis, Bauernpfingstrose, G. van Kouwenhoven, 19. Jh.

Paeonia rockii, Strauchpfingstrose, Clara Pope, 1822

hatte. Wenigstens wurde der Päonie nicht nachgesagt, sie schreie, wie man das den Alraunen unterstellte, die übrigens ebenfalls von Hunden ausgegraben werden mussten. Da Pfingstrosenwurzeln sehr wertvoll waren, könnten diese Mythen entstanden sein, weil man die seltenen und kostbaren Pflanzen vor Raubbau schützen wollte. Offenbar hatte Gerard, der sie aufgriff, auch keine Hemmungen, selbst Gerüchte in die Welt zu setzen. So berichtete er von einer Pfingstrose, die »wild auf einem Hügel in Betsome wuchs, im Pfarrbezirk Southfleete in Kent, zwei Meilen von Gravesend enfernt, auf dem Grunde eines Bauern namens John Berry«. In der zweiten Auflage des Buches, die 1633, nach Gerards Tod, erschien, deutete der Herausgeber Thomas Johnson denn auch an, Gerard sei wohl selbst für das Vorkommen der Pfingstrose in Großbritannien verantwortlich; er habe sie eigenhändig in Kent gepflanzt und »später vorgegeben, sie an nämlicher Stelle durch Zufall gefunden zu haben«. Tatsächlich wurde weder vorher noch nachher je eine wilde Pfingstrose in Großbritannien entdeckt. Bei der (sonst nur in den Wäldern des Mittelmeerraums anzutreffenden) Korallenpfingstrose *(Paeonia mascula)* auf der unbewohnten Insel Steepholm zwischen England und Wales dürften ebenfalls Menschen die Hand im Spiel gehabt haben. Vermutlich handelt es sich hier allerdings weniger um einen Scherz als vielmehr um die verwilderten Nachkommen von Stauden aus dem mittelalterlichen Kräutergarten eines Augustinerklosters aus dem 13. Jahrhundert.

Viele der europäischen (Stauden-)Pfingstrosen sind in kälteren Klimazonen nicht winterhart und haben deshalb nie Eingang in unsere Gärten gefunden. Eine solche Art, die Mallorca-Pfingstrose *(Paeonia cambessedesii)*, kommt wild nur auf den hohen Klippen der Baleareninsel vor, wo Jacques Cambessedes im 19. Jahrhundert Muster nahm, indem er mit dem Gewehr Pflanzenteile herunterschoss. Aus nahe liegenden Gründen wird diese Art in unseren Breiten kaum kultiviert. Die im Mittelalter für medizinische Zwecke meistgenutzte Päonie war die Bauernpfingstrose *(Paeonia officinalis)*, deren Samen und Wurzeln Verwendung fanden. (Der Artname *officinalis* verweist übrigens immer auf die Verwendung als Arznei – *officina* = lat. Werkstätte bzw. Apotheke.) Sie war aber auch die erste Päonie, die als Zierpflanze Einzug in europäische Gärten hielt. Bereits im 17. Jahrhundert tauchen in Botanikbüchern gefüllte rote und weiße Formen auf. Wildpflanzen von *Paeonia officinalis* sind heute sehr selten, wobei man nicht weiß, ob daran Raubbau oder Lebensraumzerstörung schuld ist.

Japanische Gärten sind für ihre Strenge und Schlichtheit berühmt. Deshalb drängt sich die Frage auf, wie Pflanzen mit

Paeonia suffruticosa, Strauchpfingstrose, ca. 1820–1830

Paeonia-Art, Pfingstrose, ca. 1820–1830

so riesigen und oft üppigen Blütenbällen wie die Pfingstrose in ein solch minimalistisches Ambiente passen. Nun sind allerdings nur zwei Pfingstrosenarten in Japan heimisch, und keine von beiden wird gewöhnlich für die Pflanzenzucht verwendet, wenngleich *Paeonia obovata* bei Gärtnern zunehmend Anklang findet. Japanische Päonien sind Hybriden mit ausnehmend schöner Blütenform, bei deren Züchtung man sich die mehrfachen Entwicklungsmöglichkeiten der Blütenorgane zunutze macht. Goethe, der in der Natur vorkommende und Hybridpflanzen studiert hatte, vermutete, die Blütenteile seien in Wirklichkeit umgewandelte Laubblätter. Heute wissen wir, dass die Gestalt der einzelnen Wirtel der Blütenorgane durch ein simples System bestimmt wird, das so genannte ABC-Modell. In dessen einfachster Form wird die Ausprägung jedes Blütenwirtels durch unterschiedliche Kombinationen der Gene A, B und C gesteuert – A bestimmt die Kelchblätter, A + B die Kronblätter; B + C die Staubblätter und C die Fruchtblätter. Wie genetische Untersuchungen an der »Modellpflanze« *Arabidopsis*, einem unbedeutenden Kreuzblüter, zeigen, können Mutanten ausschließlich Kronblätter oder ausschließlich Staubblätter haben oder aber merkwürdige bzw. wunderschöne Kombinationen der unterschiedlichen Blütenorgane. Und Japanische Päonien sind sogar noch spektakulärer als diese Mutationszüchtungen: Anstelle einer einfachen Päonienblüte mit einem Wirtel Kronblätter und einem zentralen Büschel von Staubblättern besitzen sie modifizierte Staubblätter (Staminoiden), die wie verschmälerte Kronblätter aussehen und manchmal sogar eine andere Farbe haben als die äußeren eigentlichen Kronblätter. Gärtner ordnen diese Blumen, bei denen das Blütenzentrum vollständig mit schmalen Staminoiden gefüllt ist, einer eigenen Gruppe zu, die sie höchst treffend Anemonenblütige nennen. Diese Formen sind in Japan jedoch relativ neu. Die ersten dort kultivierten Pfingstrosen kamen aus China und waren keine Stauden-, sondern Strauchpäonien, die Buddhistenmönche im 8. Jahrhundert ihrer heilkräftigen Wurzeln wegen eingeführt hatten. Sie gewannen schnell viele Freunde, und im 16. und 17. Jahrhundert entstanden zahlreiche japanische Zuchtsorten.

Die Strauchpfingstrose ist eine von nur drei Blütenpflanzen, die in Japan nahezu königlichen Rang genießen; sie wird dort (sicher wegen der kurzen, aber intensiven Blühzeit) auch »Blume der Zwanzig Tage« und »Blume des Reichtums« genannt. Ihre eigentliche Heimat ist jedoch China. Als

Paeonia officinalis, Bauernpfingstrose, G. D. Ehret, ca. 1750–1760

Paeonia suffruticosa, Strauchpfingstrose, ca. 1820–1830

»Mudan« oder »Moutan« werden die Pflanzen dort seit mehr als 1000 Jahren kultiviert und gezüchtet. Im 7. Jahrhundert, zur Zeit der Tang-Dynastie, kamen Pfingstrosen am chinesischen Hof in Mode und schmückten die kaiserlichen Paläste in Changan, dem heutigen Xian, in der Provinz Shaanxi. Da in dieser Region viele Wildarten der Strauchpäonie zu Hause sind, konnten die Gärtner aus einem reichen Fundus schöpfen. In der Regierungszeit der Kaiserin Wu Zetian brach ein regelrechtes Pfingstrosenfieber aus. Einzelne Exemplare wurden mit Gold aufgewogen, und die damalige Hauptstadt Luoyang ist noch heute das Zentrum der chinesischen Päonienzucht. Besonderer Beliebtheit erfreuten sich gefüllte Sorten mit einer regelrechten Kuppel aus inneren Blütenblättern, und durch Zuchtwahl entstanden Blütenbälle mit einem Durchmesser von bis zu 30 Zentimetern! Während der kulturellen Hoch-Zeit der Ming- und Qing-Dynastie (14. bis frühes 20. Jahrhundert) wurden Strauchpfingstrosen praktisch überall gepflanzt, sowohl zu medizinischen Zwecken als auch der Schönheit ihres Flors wegen. Sie galten als Symbol für Vitalität und Reichtum. Im derzeit gültigen offiziellen Heilmittelverzeichnis der traditionellen Chinesischen Medizin wird *Radix paeoniae alba*, die Wurzel der Staudenart *Paeonia lactiflora*, zur Stärkung des Yin und bei Leberleiden empfohlen.

Die ersten chinesischen Pfingstrosen gelangten Ende des 18. Jahrhunderts via England nach Europa; der einflussreiche Botaniker und Präsident der Royal Society, Sir Joseph Banks, ließ sie aus China importieren. »Paeonia Moutan« wurde auf Anhieb ein Riesenerfolg und war schon bald in den Schlossgärten ganz Europas zu bestaunen – kein Wunder bei einer Pflanze, die als »Rose ohne Dornen« die Herzen eroberte. Doch nicht nur Wildarten, sondern auch einige faszinierende chinesische Kulturformen fanden den Weg in europäische Gärten. Durch Kreuzungen zwischen der europäischen Bauernpfingstrose *(P. officinalis)* und der chinesischen Gartenpfingstrose *(P. lactiflora)* entstanden viele herrliche Sorten, doch Strauchpfingstrosen waren nach wie vor eine Seltenheit. John Reeves, Teeinspektor der Ostindienkompanie, beauftragte in der ersten Hälfte des 19. Jahrhunderts einheimische Künstler, chinesische Pflanzen zu malen, und schickte Pfingstrosen von Kanton nach England – sorgfältig verpackt und mit genauer Pflegeanleitung für den jeweiligen Kapitän. Leider gingen die meisten dennoch ein. Reeves war es auch, der Robert Fortune nach China entsandte, wo er (neben anderen nicht existenten Pflanzen) eine blaue Pfingstrose suchen sollte. Fortune brachte

Paeonia suffruticosa, Strauchpfingstrose, ca. 1820–1830

viele neue Arten mit, darunter auch zahlreiche Kulturvarietäten, doch am begehrtesten waren die wilden Eltern dieser Gartensorten – Staudenpäonien ebenso wie Strauchpäonien. Père Jean-Marie Delavay, der 1867 als französischer Missionar nach China reiste, schickte zwei Wildarten der Strauchpäonie in die Heimat, die Gelbe Pfingstrose *(Paeonia lutea)* und die nach ihm benannte Delavays Pfingstrose *(Paeonia delavayi)*. Beide spielten eine bedeutende Rolle bei der Züchtung späterer europäischer Garten-Strauchpäonien.

Eine der seltensten und berühmtesten Wildarten ist *Paeonia rockii*. 1802 brachte Kapitän James Prendergast aus China eine wilde Strauchpfingstrose mit, die große weiße Blüten mit dunkelpurpurroten Flecken an der Basis trug. Sie wurde im Garten von Sir Abrahame Hume in Hertfortshire, nördlich von London, gepflanzt und soll bis 1835 mehr als 300 Blüten hervorgebracht haben. Sie wurde in der Natur nie mehr gefunden, bis Reginald Farrer und William Purdom sie Anfang des 20. Jahrhunderts an der Grenze zwischen der Provinz Gansu und Tibet entdeckten. Farrers Beschreibung der Pflanze stimmte exakt mit dem in Humes Garten kultivierten Exemplar überein, und seine Begegnung mit ihr scheint ein geradezu mystisches Erlebnis gewesen zu sein: »Vor wachsender Erregung hielt ich den Atem an, als ich mich meinem Ziel näherte ... ihr Odem stieg in die Dämmerung auf, süß wie der einer Rose. Lange Zeit stand ich andächtig davor.« Leider gelang es Farrer nicht, lebendes Material der Pflanze mitzubringen.

Um etwa dieselbe Zeit begann auch die Regierung der Vereinigten Staaten von Amerika, Pflanzenjäger auszusenden, und 1920 schickte David Fairchild, Leiter des Office of Seed and Plant Introduction, Joseph Rock (damals Professor für Chinesisch und Botanik an der Universität von Hawaii) nach Indochina, Siam und Birma, um Samen des Chaulmoogra-Baums zu sammeln, dessen Öl zur Behandlung von Lepra verwendet wurde. Rock reiste 1922 nach China und verbrachte dort mehr oder weniger die nächsten 27 Jahre. Dort sammelte er Vögel, Samen und Pflanzen für verschiedene wissenschaftliche Gesellschaften, beobachtete einheimische Volksstämme und übersetzte chinesische Literatur zu ethnograpischen Zwecken. Im Gegensatz zu anderen Pflanzenjägern sprach Rock fließend Chinesisch. 1926 schickte er Samen einer Strauchpfingstrose, die seit vielen Jahren in einem Lamakloster in Cho-ni in der Provinz Gansu kultiviert wurde, an seinen damaligen Auftraggeber Charles Sargent, den Direktor des Arnold Arboretums der Universität Harvard. Die Pflanze, die daraus wuchs, entsprach genau der von Farrer beschriebenen bzw. der Strauchpäonie in Humes Garten. Anfangs wurde diese Pflanze unter dem Namen *Paeonia suffruticosa* subsp. *rockii* geführt, doch dann erkannte Professor Hong Tao, Experte auf dem Gebiet der Strauchpäonienklassifizierung, darin eine eigene Art. Seither heißt sie *Paeonia rockii*. 1938 brannte das Lamakloster in Cho-ni bis auf die Grundmauern nieder, und alle Pfingstrosen wurden vernichtet. Nach dem Wiederaufbau schickte Rock für die Neuanpflanzung des Gartens höchstpersönlich Samen der Pflanze aus seiner Sammlung dorthin.

Nach der Gründung der Volksrepublik China 1949 schottete sich das Land fast 40 Jahre lang ab. Doch die Liebe zu den Pfingstrosen hielt an, und 1994 wurde die Strauchpfingstrose zur Nationalblume Chinas gewählt. Auch die Pfingstrosenzucht ging in den Jahren der Isolation weiter, und viele herrliche auf *Paeonia rockii* basierende Hybriden sind nun auch bei uns erhältlich. Inzwischen gibt es sogar eine Sorte mit grünen Kronblättern, *Paeonia* 'Dou Lu', und so wird womöglich auch noch die Blaue Pfingstrose eines Tages Realität.

Gekreuzt wurde jahrhundertelang nur innerhalb der Päoniengruppen, d. h. Staudenpäonien mit anderen Staudenpäonien – etwa *P. officinalis* x *lactiflora* –, und Strauchpäonien mit Strauchpäonien. Zwar wurden so genannte intersektionale Hybriden (staudige mit strauchigen Arten) immer wieder angestrebt, glückten aber nie. Beispielsweise wollten nordamerikanische Züchter eine staudige Sorte mit gefüllten gelben Blüten kreieren – wirklich leuchtend gelbe Blüten findet man

Paeonia suffruticosa, Strauchpfingstrose, Franz Bauer, ca. 1800

Paeonia tenuifolia, Dünnblättrige Pfingstrose, Clara Pope, 1822

Paeonia officinalis, Bauernpfingstrose, Clara Pope, 1821

nur bei Strauchpfingstrosen wie *Paeonia lutea* und darauf basierenden Hybriden. Am nächsten kamen sie ihrem Ziel noch mit einer Kreuzung der Gelben Kaukasuspfingstrose *(Paeonia mlokosewitschii)*, die blassgelbe Blüten trägt, mit einer gefüllten Sorte der Gartenpfingstrose *(Paeonia lactiflora)* zu der einfachen gelb blühenden *Paeonia* 'Claire de Lune'. Deren Blüten waren zwar gelb, aber eben nicht leuchtend gelb, und auch nicht gefüllt. Aber irgendwann führten unermüdliche Beharrlichkeit und harte Arbeit doch noch zum Durchbruch.

1948 bestäubte der japanische Gärtner Toichi Itoh von Hand 1200 Einzelpflanzen, um eine gelbe Strauchpäonienhybride mit einer gefüllten weißen Sorte von *Paeonia lactiflora* zu kreuzen. Aus all diesen Bestäubungen gingen nur 36 Keimlinge hervor, von denen die meisten in der Wuchsform der staudigen Elternpflanze glichen. Itoh starb 1956, bevor auch nur einer seiner Sämlinge zur Blüte gelangte, und so war es ihm nicht vergönnt, die verblüffenden Ergebnisse seiner Mühen zu sehen. Sein Schwiegersohn Shigao Oshida führte seine Arbeit jedoch fort, und 1963 erreichte die erste von Itohs Pflanzen das blühfähige Alter. Ihre Blüten waren in der Tat fantastisch: gefüllt und tief gelb mit roten Kronblattbasen – genau das, was Pfingstrosenzüchter seit langem angestrebt hatten. Der nordamerikanische Päonienzüchter Louis Smirnov erhielt von Itohs Witwe die Genehmigung, die Hybriden bei der American Peony Society registrieren zu lassen und die von Itoh entwickelten und von Oshida gepflegten gelb blühenden Hybriden zu vermarkten. Heute sind diese Pflanzen unter dem Namen Itoh-Hybriden im Handel – eine späte Anerkennung für den Schöpfer einer ganz neuen Pfingstrosengruppe. Daraufhin machten sich amerikanische Gärtner daran, dieselben Hybriden nachzuzüchten, und Ende der 80er Jahre gab es eine ganze Reihe spektakulärer Blüten in einer leuchtenden Farbpalette zu bestaunen – das Spektrum reichte von dem ursprünglichen Gelb über Weiß bis zu tiefem Purpur. Diese Zusammenarbeit zwischen Ost und West gereicht allen Gärtnern zum Vorteil, denn nie zuvor gab es so viele so herrliche Päonien. Die Pfingstrose ist in der Tat eine ewige Pflanze – immerwährendem Wandel unterworfen, Anlass für Festivals und Gedichte. Und ihre Blüten werden die Menschen in Ost und West bis ans Ende aller Zeiten erfreuen.

Paeonia officinalis L. (Paeoniaceae)
Bauernpfingstrose, Echte Pfingstrose
G. van Kouwenhoven, 19. Jahrhundert
Wasserfarbe und Deckfarbe auf Papier
408 x 232 mm, Holländische Sammlung

Gefüllte Formen der wilden europäischen Pfingstrose waren schon früh in den Gärten Europas zu finden. Im Mittelalter zählte sie zu den Pflanzen, die einen »vornehmen Garten« ausmachten (die anderen waren Rose, Lilie und Veilchen sowie verschiedene Kräuter). Allerdings zog man Pfingstrosen nicht allein ihrer Blüten wegen; die Samen galten als begehrtes Gewürz.

Paeonia rockii (S. G. Haw & Lauener) T. Hong & J. J. Li (Paeoniaceae), Strauchpfingstrose
Clara Pope, 1822
Wasserfarbe und Deckfarbe mit Gummiarabikum auf Papier, 727 x 516 mm, gebunden

Paeonia rockii ist vermutlich eine der ursprünglichen Wildarten, von denen alle gezüchteten Strauchpfingstrosen abstammen. Diese Abbildung, die lange vor der wissenschaftlichen Beschreibung der Pflanze (1914) entstand, könnte freilich auch eine andere Art oder eine Sorte zeigen, die Kapitän James Prendergast 1802 nach England gebracht hat und die in Sir Abraham Humes Garten in Hertfordshire kultiviert wurde.

Paeonia suffruticosa Andrews (Paeoniaceae)
Strauchpfingstrose
Künstler unbekannt, ca. 1820–1830
Wasserfarbe und Deckfarbe auf Papier
359 x 473 mm, Sammlung Reeves

Der poetische chinesische Volksname für die Pfingstrose. den der Künstler in die rechte untere Ecke des Bildes schrieb, lautet »Gong fen mudan«, das heißt »Die rosafarbene Pfingstrose, die im Palast Verwendung findet«. Heute gibt es unter den chinesischen Strauchpäonien keine Sorte dieses Namens mehr. Möglicherweise starb sie also aus oder wurde mit anderen gekreuzt, um noch mehr Abwechslung in diese ohnehin schon herrlichste Zierpflanzengruppe zu bringen.

Paeonia-Art (Paeoniaceae)
Pfingstrose
Künstler unbekannt, ca. 1820–1830
Wasserfarbe und Deckfarbe auf Papier
351 x 275 mm, Sammlung Reeves

Bei dieser sehr chinesisch anmutenden Bildkomposition dürfte es sich um eine strauchige Päonie handeln – möglicherweise eine Kreuzung zwischen der chinesischen Gartenpfingstrose (Paeonia lactiflora) und der europäischen Bauernpfingstrose (Paeonia officinalis). In China kam dem Gartenbau und der Gartengestaltung schon lange vor dem ersten Kontakt mit Europa große Bedeutung zu, und Pfingstrosen hatten dabei einen besonderen Stellenwert.

Paeonia officinalis L. (Paeoniaceae)
Bauernpfingstrose, Echte Pfingstrose
Georg Dionys Ehret, ca. 1750–1760
Wasserfarbe und Deckfarbe mit Gummiarabikum auf Papier, 442 x 290 mm

Ehret notierte seine Beobachtungen auf der Skizze: »Paeonia folio nigricante splendido quae mas/Paeonia mas major/Male = piony«. Dann strich er das »mas major« wieder durch, vermutlich weil er zu dem Schluss gelangte, dass es sich bei der Pflanze tatsächlich um die angeblich in England heimische »Male Peony« handelte. Ihre Blüten sind sehr dunkel, und aus Ehrets Notizen können wir schließen, dass die gesamte Pflanze stark pigmentiert war.

Paeonia suffruticosa Andrews (Paeoniaceae)
Strauchpfingstrose
Künstler unbekannt, ca. 1820–1830
Wasserfarbe und Deckfarbe auf Papier
453 x 377 mm, Sammlung Reeves

Alle rosafarbenen und weißen chinesischen Strauchpäonien sind Gartensorten, die aus nur acht in Zentral- und Südchina heimischen Arten gezüchtet wurden. In den verschiedenen Regionen Chinas haben sich vier eigenständige Gruppen entwickelt, die jedoch offenbar alle den ursprünglichen Kultivaren der »Zentralebene«, d. h. dem Jangtse-Becken, entstammen. Diese Pflanzen haben keinen eigenen Artnamen und sind wahrscheinlich Nachkommen von Paeonia rockii und Paeonia spontanea.

Paeonia suffruticosa Andrews (Paeoniaceae)
Strauchpfingstrose
Künstler unbekannt, ca. 1820–1830
Wasserfarbe auf Papier, 320 x 247 mm
Sammlung Reeves

Mit ihrer Kronenform erinnert diese Blüte an die klassische Sorte 'Wang Hong' bzw. 'Red of Royalty'. Laut Beschreibung des chinesischen Strauchpäonien-Verbands hat sie »breite und vergrößerte äußere Kronblätter [und] vollständig petaloide [kronblattartige] Staubblätter, die von außen nach innen größer zu werden scheinen ... Das Blütenzentrum ist zu einer Krone erhöht.«

Paeonia suffruticosa Andrews (Paeoniaceae)
Strauchpfingstrose
Franz Bauer, ca. 1800
Wasserfarbe auf Papier, 512 x 360 mm

Joseph Banks, Präsident der Royal Society und botanischer Berater von König Georg III., beauftragte Alexander Duncan, einen Arzt der britischen Ostindienkompanie, für Kew Gardens ein lebendes Exemplar der berühmten chinesischen Baumpäonie zu sammeln. 1789 pflanzte Sir Joseph diese Pfingstrose aus; es könnte also sein, dass Bauer genau diese Pflanze gemalt hat.

Paeonia tenuifolia L. (Paeoniaceae)
Dünnblättrige Pfingstrose
Clara Pope, 1822
Wasserfarbe und Deckfarbe mit Gummiarabikum auf Papier, 727 x 516 mm, gebunden

Der Kontrast zwischen den großen, auffälligen Blüten und den fein zerschnittenen Blättern verleiht der Dünnblättrigen Pfingstrose eine filigrane Zartheit, die andere Pfingstrosen nicht zu bieten haben. Die im Kaukasus heimische Art wird in Europa bereits seit Mitte des 18. Jahrhunderts als Kulturpflanze für den Garten angeboten.

Paeonia officinalis L. (Ranunculaceae)
Bauernpfingstrose, Echte Pfingstrose
Clara Pope, 1821
Deckfarbe und Wasserfarbe mit Gummiarabikum auf Papier, 727 x 516 mm, gebunden

Die Pfingstrose war eine geschätzte Heilpflanze – daher auch der lateinische Artname der einfach blühenden roten europäischen Art (officinalis bedeutet »als Arznei verwendet«). Der Pflanzenkenner und Pfingstrosenspezialist John Gerard empfahl im 16. Jahrhundert folgende Rezeptur: »Die schwarzen Körner [Samen] bis zur Zahl Fünfzehn genommen in Wein oder Fleisch ist ein gut Heilmittel für den, der bei Nacht von einer Krankheit heimgesucht wird, die man Albtraum nennt.«

SEEROSEN & LOTOSBLUMEN

Den blauen Lotos sieh im Wasser ruhn:
Ein Damaszenerschwert mit flüss'gem Stein;
An Art und Farbe ganz dem Himmel gleich,
Denn in ihm liegt ein Mond mit vollem Schein.
Auch gleich dem Mönche, goldblass im Gesicht,
Der sich in blaue Kleider hüllet ein.

KISA'I (PERSISCHER DICHTER, UM 950–1001), DEN BLAUEN LOTOS

Im alten Ägypten galt die Lotosblume respektive Seerose als heilig: Ihre Blüten wurden mit der Entstehung des Weltenlichts in Verbindung gebracht und in Memphis als Attribut des Lotosblütengottes Nefertem verehrt. Die Tatsache, dass die tagsüber blühende Blaue Ägyptische Lotosblume *(Nymphaea caerulea)* sich morgens öffnet und mit der untergehenden Sonne im Wasser versinkt, betrachtete man als Nachweis für die magische Beziehung zwischen Lotosblume und Morgenstern. Das Emporsteigen der wunderschönen Lotosblüten, rein und makellos sauber, aus dem schlammig-trüben Flussbett erinnerte an die beiden hehren Ziele der Menschheit: Reinheit und Unsterblichkeit. Beide Arten der im Nil weit verbreiteten Arten wurden Verstorbenen mit ins Grab gegeben. So fand man im Sarkophag Ramses' II. Blütenblätter der tagblühenden *Nymphaea caerulea* wie auch der nachtblühenden *Nymphaea lotus*. Lotosblumen sind fester Bestandteil der ägyptischen Grabkunst, und bei Gartendarstellungen findet man häufig an den Garten angrenzende quadratische Teiche, in denen Weiße Ägyptische Lotosblumen *(Nymphaea lotus)* gezogen wurden.

Die Bezeichnung Weiße Ägyptische Lotosblume für *Nymphaea lotus*, bei der es sich genau genommen um eine Seerose (Gattung *Nymphaea*!) handelt, sorgt häufig für Verwechslungen mit der eigentlichen Lotosblume, Gattung *Nelumbo*. Die Indische Lotosblume *(Nelumbo nucifera)* ist in Südostasien zu Hause. Sie ist zwar ebenfalls eine Wasserpflanze mit großen runden Blättern, weist aber doch deutliche Unterschiede auf. So schwimmen die Blätter der Seerose auf der Wasseroberfläche, während die der Lotosblume aus dem Wasser ragen und den Blattstiel genau in der Mitte der Blattspreite haben. Botaniker ordnen *Nelumbo* einer eigenen Familie zu, den Nelumbonaceae, also den Lotosblumengewächsen, im Unterschied zu den Nymphaeaceae, den Seerosengewächsen. Die Lotosblüte, bekannt auch von Buddha-Darstellungen, gilt als Inbegriff weiblicher Schönheit. Sämtliche Teile der Pflanze sind essbar: Die Wurzeln werden gekocht oder roh verspeist, die nussartigen Früchte gerne geröstet. Übrigens sind Lotossamen unglaublich langlebig. Als das Dach des Herbariums im Londoner Natural History Museum im Zweiten Weltkrieg nach einem Bombenangriff in Brand geriet, kamen etliche Samen in Kontakt mit Wasser. Und obwohl sie über 100 Jahre lang im Museum gelegen hatten, begannen einige zu keimen.

Seerosen wie Lotosblumen müssen mit den Bedingungen des Lebens im Wasser fertig werden. Die Umstellung auf das Leben an Land bedeutete für die Pflanzen gravierende strukturelle Veränderungen, doch das gilt auch für die Wiederanpassung an ein Leben im Wasser. Seerosen und Lotospflanzen treiben aus einem Rhizom, das im Schlammboden des Gewässers wurzelt. Blätter und Blüten sitzen an langen, biegsamen

Nymphaea ampla, Mexikanische Seerose, Ralph Stennett, 1806

Nelumbo nucifera, Indische Lotosblume, ca. 1820–1830

Stielen (Petiolen), die ständig weiterwachsen können, um einen steigenden Wasserspiegel auszugleichen. Im Inneren des Blattstiels liegt ein Aërenchym genanntes Luft führendes Gewebe, das auch das Schwimmen des Blattes ermöglicht. Doch Schwimmblätter sind nicht die einzige Blattform von Seerosen. Vielmehr gibt es drei Arten von Blättern, die auch bei allen drei Gattungen – *Nymphaea, Nelumbo* und *Nuphar* (Teichrose) – vorkommen: Unterwasser-, Schwimm- und Luftblätter. Unterwasserblätter erreichen nie die Wasseroberfläche. Sie bilden sich ganz zu Beginn der Wachstumsperiode oder bei frisch gekeimten Jungpflanzen und gleichen den Schwimmblättern – nur sieht man sie selten. Bei einigen tropischen Arten wie *Nelumbo* sowie Seerosen, die zu wenig Platz zur Verfügung haben, stehen die Blätter, zum Teil recht hoch, über dem Wasser. Die Blattart, die wir auf Seerosenteichen sehen, ist freilich das Schwimmblatt. Bei *Nymphaea* und *Nuphar* schwimmen die ausgewachsenen Blätter, bei *Nelumbo* nur die jungen (die älteren, kräftigeren heben sich über die Wasseroberfläche hinaus). Die Oberfläche der Blätter ist stark wasserabweisend; jeder Tropfen perlt davon ab wie flüssiges Quecksilber. Grund dafür ist ein wachsartiger Überzug, der die Blätter graugrün erscheinen lässt. Die Blätter von *Nymphaea* glänzen für gewöhnlich, sind aber gleichfalls wasserabweisend und unterseits häufig rötlich. Möglicherweise wird durch diese Färbung das Sonnenlicht für die Photosynthese eingefangen, das sonst ungenutzt durch das Blatt hindurch ins Wasser dringen würde. Die perfekte Gleichmäßigkeit der Blattaderung trägt ihren Teil dazu bei, die Blätter schwimmfähig zu machen.

Für die Samenverbreitung hat sich die Natur gleich mehrere Wege einfallen lassen: Die Früchte vieler *Nymphaea*-Arten sinken nach dem Ausreifen der Samen auf den Gewässerboden, wo sie verwesen und so die Samen in den fruchtbaren Boden in Nähe der Mutterpflanze oder ein Stück flussabwärts abgeben. Die Früchte von *Nuphar* und *Nelumbo* ragen über das Wasser hinaus. Bekannt sind vor allem die markant geformten Fruchtstände der Lotosblume, bei denen die Samen in Löchern in

Nymphaea stellata, Sternseerose. Sydney Parkinson, 1767

einer fast planen Ebene sitzen und nach der Reife herausfallen, um an einen passenden Platz zu treiben.

Die Blüten von Seerosen und Lotospflanzen sind relativ kurzlebig. Sämtliche in gemäßigten Breiten wachsende Arten sind tagblühend, doch in den Tropen finden sich sehr viel mehr Spielarten. Nachtblühende Arten sind gewöhnlich weiß und verströmen einen (manchmal unangenehm) süßen Duft. Allerdings gibt es auch rötlich oder gelb blühende sowie nicht duftende Arten. Bei dichter Bewölkung bleiben die Blüten häufig geöffnet, ein deutlicher Hinweis darauf, dass das morgendliche Sich-Schließen mit der zunehmenden Lichtmenge zu tun hat. Die Weiße Ägyptische Lotosblume ist einer dieser tropischen Nachtblüher mit zauberhaften weißen, stark duftenden Blüten. Eine Form dieser Art wächst in Ungarn in heißen Quellen. Wahrscheinlich wurde sie in der Antike dort eingeführt. Tagblühende Seerosen und Lotosblumen präsentieren sich in großer Farben- und Formenvielfalt; in unseren Breiten findet man meist weiße Blüten, in wärmeren Zonen überwiegend Rot- und Blautöne. Die Blüten schließen sich abends und sinken über Nacht unter die Wasseroberfläche. Bei vielen Arten halten die Blüten zwei Tage und verfärben sich im Laufe dieser Zeit. Die Indische Lotosblume etwa wechselt von einem lebhaften Pink zu zartem Blassrosa, während einige blaue Formen zu Weiß verblassen. Und obwohl einige Arten offenbar von keinerlei Bestäubern besucht werden, locken andere mit ihren stark duftenden und intensiv gefärbten Blüten Insekten an.

Größe, Farbe und Duft machen die Blüten für Menschen und Insekten gleichermaßen attraktiv. Insekten kommen des Pollens wegen, den die Blüten während des männlichen Entwicklungsstadiums in großen Mengen produzieren. Die Staubblätter im Zentrum der leuchtfarbigen Blüte setzen über drei oder vier Tage hinweg Pollen frei. Abends schließt sich die Blüte bei sinkender Temperatur und Lichtmenge, um sich am nächsten Morgen mit einer neuen Ladung klebrigen Pollens wieder zu öffnen. Die Seerose scheint eine zuverlässige und nährstoffreiche Nahrungsquelle zu sein, denn ihr Blütenstaub

Nymphaea capensis, Blaue Seerose, ca. 1800–1810

ist besonders stickstoffhaltig und wird von Fliegen, Bienen und Käfern gefressen, die sodann an ihrem Körper Pollen von einer Blüte zur nächsten tragen. Doch das idyllisch-friedliche Bild gesättigter Insekten und bestäubter Blüten trügt. Am ersten Tag befindet sich die Blüte nämlich in der weiblichen Phase ihrer Entwicklung; die Staubblätter geben keinen Pollen ab. Stattdessen bilden sie einen aufrechten Ring um den runden, mit Flüssigkeit bedeckten Blütenboden. Die innersten Staubblätter sind gelb gefärbt (die Farbe von Pollen), doch das ist nur eine geschickte Täuschung. Unter der Flüssigkeit liegt die Narbe, zu der die Pollenkörner zur Befruchtung gelangen müssen. Den Insekten freilich scheint der geringe Unterschied nicht aufzufallen, und so krabbeln sie hinein zu dem vermeintlichen Pollen. Aber am Rand des gelben Zentrums erwartet sie kein schmackhafter Blütenstaub, sondern eine rutschige Oberfläche, die keinerlei Halt bietet und direkt in die mit Flüssigkeit gefüllte Tiefe führt. Das Insekt stürzt ab, und da die Flüssigkeit ein Benetzungsmittel enthält und die wachsartige Oberfläche des Rings aus geschlossenen Staubblättern kein Herausklettern ermöglicht, versinkt es und ertrinkt. Der Pollen, der vom Besuch einer früheren Blüte an seinem Körper haftet, wird abgewaschen, sinkt zu Boden, also auf die Narbe, und befruchtet die Blüte. Nun schließen sich die Kronblätter für die Nacht, und wenn sie sich am nächsten Morgen wieder öffnen, hat sich der Kranz der Staubblätter über dem Blütenboden geschlossen und angefangen, Pollen auszuschütten – auf dass das nächste Insekt geflogen kommen möge.

Die vielleicht spektakulärsten Blüten aller Seerosengewächse bringt die »königliche Seerose« *Victoria amazonica* hervor. Diese majestätische Pflanze wurde erst Anfang des 19. Jahrhunderts in Südamerika entdeckt und von Eduard Friedrich Poeppig 1832 als *Euryale amazonica* beschrieben. 1837 stieß der deutsche Geograph Robert Schomburgk, der im Auftrag der britischen Regierung die Grenze von Britisch-Guyana kartierte, im Fluss Berbice ebenfalls auf diese imposante Seerose. Seine Beschreibung weckte weltweit den Wunsch, eine solche Pflanze in Kultur zu haben, und sein Vorschlag, sie nach der regierenden britischen Monarchin, Queen Victoria, zu benennen, wurde von britischen Botanikern ohne Umschweife aufgegriffen. Lange Zeit war diese Seerose folglich unter dem Namen *Victoria regina* oder *Victoria regia* bekannt. Doch den Regeln der botanischen Nomenklatur zufolge ist der zuerst veröffentlichte Name einer Art gültig – in diesem Fall also Poeppigs *amazonica*. Weil Botaniker aber übereinstimmend zu der Ansicht gelangten, sie unterscheide sich von der in China, Japan und Nordindien heimischen Seerosengattung *Euryale*, erinnert zumindest ein Teil des Namens dieser Seerose auch weiterhin an Queen Victoria. Ein Brief, den Schomburgk aus Guyana an die Geographical Society schrieb, wurde auszugsweise in verschiedenen populärwissenschaftlichen Journalen abgedruckt: »Wir gelangten zu einem Teil des Flusses, wo dieser sich verbreiterte und ein strömungsfreies Becken bildete. Etwas im südlichsten Teil dieses Beckens weckte meine Aufmerksamkeit, doch ich vermochte nicht zu sagen, worum es sich dabei handelte. Ich spornte meine Leute an, rascher zu paddeln, und so näherten wir uns bald dem Gegenstand, der meine Neugier geweckt hatte. Und siehe da, ein Pflanzenwunder! Sämtliche Kalamitäten waren vergessen. Ich war Botaniker und fühlte mich für alle Mühen belohnt! Da schwammen riesige Blätter mit einem Durchmesser von fünf bis sechs Fuß [1,5 bis 2 m] auf dem Wasser, vollkommen flach, mit hohem Rand, oberseits hellgrün und unten ein kräftiges Purpur. Und passend zu dem vorzüglichen Laub erblickte ich grandiose Blüten, jeweils mit zahlreichen Kronblättern, in verschiedenen Farbstufen von Reinweiß bis zu einem intensiven Rosé.«

Nelumbo nucifera, Indische Lotosblume, ca. 1820–1830

Kein Wunder, dass nun ein Wettlauf begann, dieses »Pflanzenwunder« in Kultur zu bringen. Zahlreiche Botaniker schickten aus Südamerika Samen nach Europa, doch alle verfaulten und gingen ein. Erst Mitte des 19. Jahrhunderts gelang es, frische Samen aus Guyana in Kew zur Keimung zu bringen. Sobald sie eine angemessene Größe erreicht hatten, verteilte man sie über ganz England, und so erhielt auch Joseph Paxton, der Obergärtner und Gartenarchitekt des Herzogs von Devonshire, einen Sämling. Paxton errichtete eigens für die *Victoria* ein gläsernes Gewächshaus mit großem Wasserbecken. Die Seerose gedieh, und ihre Blätter wurden größer und größer. Um ihre Tragfähigkeit zu demonstrieren, stellte Paxton sein Töchterchen Annie auf ein Blatt und fotografierte sie. Die Aufnahme, die am 17. November 1849 in der *Illustrated London News* erschien, zeigt ein adrettes kleines Mädchen mit Krinoline und spitzenbesetzten Unterhosen in der Mitte eines riesigen Seerosenblattes. Im November, vier Monate nach Ankunft der Sämlinge, erschien eine Knospe. Fast kohlkopfgroß, öffnete sie sich eines Abends zu einer rein weißen Blüte mit 30 Zentimeter Durchmesser, die im Lauf der Nacht einen zarten Rosaton annahm. In der zweiten Nacht (tagsüber schloss sich die Blüte) verströmte sie einen leichten Ananasduft. Paxton wurde nach London beordert, um der Königin eine Blüte zu präsentieren, und zahllose Botaniker und Interessenten strömten herbei, um die blühende Pflanze zu besichtigen, die als »eines der elegantesten Naturobjekte« gepriesen wurde. Paxtons Treibhaus- und Beckenkonstruktion erwies sich als so genial, dass die Pflanzen wiederholt blühten und sogar Früchte ansetzten, aus denen sich keimfähige Samen entwickelten. Bald brachten andere die Seerose in ähnlichen Becken zur Blüte; das Erfolgsgeheimnis bestand offensichtlich darin, das Wasser regelmäßig zu wechseln und in Bewegung zu halten.

Nuphar advena, Teichrose, John Lindley, ca. 1819

Auch Paxtons Entwurf des Kristallpalastes für die Londoner Weltausstellung 1851 soll ursächlich mit der *Victoria* zusammenhängen. Einmal sagte er, das Seerosenhaus, bei dem große Glasscheiben zwischen Metallverstrebungen eingepasst wurden, habe ihn zu dem Bau inspiriert: »Mir kam der Gedanke, dass es lediglich einer Reihe solcher Gebäude wie des Seerosenhauses bedürfe, zu mehrfacher Länge, Breite und Höhe zusammengefügt, um ein angemessenes Bauwerk für die Great Exhibition des Jahres 1851 zu errichten. So entstand die Idee für den Kristallpalast.« Später schrieb er seine Konstruktion dem Aufbau des Seerosenblattes selbst zu. Eine zeitgenössische Quelle zitiert ihn wie folgt: »Die Natur war der Baumeister ... Die Natur hat das Blatt mit Längs- und Querstreben sowie Stützen ausgerüstet, die ich, bei ihr Anleihe nehmend, für dieses Gebäude adaptiert habe.« Welche Geschichte auch immer stimmt – der Kristallpalast war ein Wunderwerk und beeinflusste den Gewächshausbau für lange Zeit. Und alles dank einer tropischen Seerose ...

Nymphaea lotus, Weiße Ägyptische Lotosblume, T. Reichel, 1789

So prachtvoll *Victoria amazonica* auch ist, sie war (und ist) keine Pflanze für jedermann, denn nicht jeder verfügt über die Mittel eines Herzogs. Nun waren natürlich auch die winterharten Seerosen zauberhaft, aber eben ein wenig langweilig, da sie ausnahmslos weiß blühten. Dass dem heute nicht mehr so ist, verdanken wir den bemerkenswerten Fähigkeiten eines engagierten französischen Gärtners: Joseph Bory Latour-Marliac. Angeregt von einem 1858 erschienenen Artikel, der den Mangel leuchtender Farben und faszinierender Formen bei winterharten Seerosen beklagte, kreuzte er unermüdlich kräftig gefärbte tropische Arten – vielleicht die blaue *Nymphaea caerulea* oder die rote *Nymphaea rubra* – mit der winterharten europäischen Weißen Seerose (*Nymphaea alba*) und der amerikanischen Wohlriechenden Seerose (*Nymphaea odorata*). 32 Jahre brauchte er dazu, doch seine winterharten Hybriden, *Nymphaea x marliacea* genannt, bereichern bis heute unsere Gartenteiche. Latour-Marliac züchtete 70 wunderschöne Sorten, und sein Schwiegersohn und viele andere machten diese Pflanzen aller Welt zugänglich. Wie genau Monsieur Latour-Marliac seine Hybriden schuf, wird leider immer ein Geheimnis bleiben, denn er hinterließ keine Aufzeichnungen. Da Seerosen sich vegetativ leicht vermehren lassen, sind seine Kultivare jedoch nach wie vor erhältlich und wurden ihrerseits zur Züchtung weiterer neuer winterharter Sorten verwendet.

Ein Seerosenteich bietet immer einen unvergleichlichen Anblick. Nicht umsonst betrachten viele Menschen Monets herrliche Seerosenbilder, die in Giverny (seinem Garten in Nordfrankreich) entstanden, als den Höhepunkt des Impressionismus. Monet malte die Welt so, wie er sie sah – flirrend vor Licht und Farben. Er und Latour-Marliac gehörten derselben Generation an, und die ersten Seerosengemälde entstanden 1903, 24 Jahre nachdem Marliacs erste Hybriden Eingang in die Wasseranlagen europäischer Gärten gefunden hatten. Die blass rosafarbenen Seerosen auf Monets Meisterwerken sind Schöpfungen von Marliac – ein weiteres Beispiel für die Inspirationskraft dieser schönsten aller Blumen.

Nelumbo nucifera, Indische Lotosblume, ca. 1820–1830

蓮花

Nelumbo nucifera, Indische Lotosblume, ca. 1820–1830

Nymphaea rubra, Seerose, ca. 1790–1800

Nymphaea ampla (Salisb.) DC. (Nymphaeaceae)
Mexikanische Seerose
Ralph Stennett, 1806
505 x 358 mm

Diese Seerose ist eine tropische tagblühende Art aus Mittelamerika. In ihrer Heimat wird sie mitunter als »Fleckenblatt« bezeichnet, aber nur von ausgesprochenen Seerosenliebhabern auch kultiviert. Im Gartenfachhandel findet man häufig die nachtblühende Art Nymphaea amazonum unter dem Namen Nymphaea ampla. Lebende Pflanzen sind leicht zu unterscheiden, bei einem Gemälde liegen die Dinge anders.

Nelumbo nucifera Gaertn. (Nelumbonaceae)
Indische Lotosblume, Heiliger Lotos
Künstler unbekannt, ca. 1820–1830
Wasserfarbe und Deckfarbe auf Papier
478 x 368 mm, Sammlung Reeves

Die Bildkomposition entspricht eher einem traditionellen chinesischen Rollbild als der typischen botanischen Kunst. Die Lotosblüte verbirgt sich hinter dem bereits halb verwesten Blatt, dahinter zwei Stängel eines Grases, das wie Phragmites australis aussieht, Gewöhnliches Schilf oder »Luwei«. Die Lotosblume war ein Sommersymbol; es könnte sich hier also um eine Darstellung des Wechsels der Jahreszeiten handeln.

Nymphaea stellata Willd. (Nymphaeaceae)
Sternseerose
Sydney Parkinson, 1767
Wasserfarbe und Deckfarbe auf Pergament
369 x 384 mm

Bevor der junge Sydney Parkinson als botanischer Illustrator von Joseph Banks mit Captain Cooks Endeavour auf Weltreise ging, verdiente er sich sein Brot als Zeichenlehrer der 13-jährigen Tochter von James Lee von der Londoner Handelsgärtnerei Lee and Kennedy, die sich auf neu eingeführte Pflanzen spezialisiert hatte. Lee machte Banks auf den talentierten jungen Mann aufmerksam; dieser beauftragte ihn sogleich, von ihm in Neufundland gesammelte Pflanzen abzubilden.

Nymphaea capensis Thunb. (Nymphaeaceae)
Blaue Seerose, Blaue Kap-Seerose
Künstler unbekannt, ca. 1800–1810
Wasserfarbe auf Papier, 180 x 318 mm

In Europa kultiviert wurde die Blaue Seerose erstmals Ende des 18. Jahrhunderts, nachdem der Pflanzensammler Francis Masson einige Exemplare aus Südafrika mitgebracht hatte. Zwischen 1770 und 1780 bereiste Masson gemeinsam mit dem Linné-Schüler Carl Per Thunberg die damals noch weitgehend unbekannte Provinz Südafrika. Thunberg soll übrigens genauso laut und angeberisch gewesen sein wie Masson ruhig und bescheiden.

Nelumbo nucifera Gaertn. (Nelumbonaceae)
Indische Lotosblume, Heiliger Lotos
Künstler unbekannt, ca. 1820–1830
Wasserfarbe und Deckfarbe auf Papier
485 x 375 mm, Sammlung Reeves

Die Samenköpfe der Lotosblume sind ebenso eigenwillig wie ihre Blüten prächtig. In ihrer Heimat »Lian peng« genannt, bestehen sie aus einem schwammartigen Blütenboden, in den die einzelnen Fruchtblätter, jeweils in einem eigenen Loch, eingebettet sind. Nach der Reife löst sich der Samenkopf und schwimmt auf dem Wasser, bis der Blütenboden verfault und die Samen herausfallen. Diese sinken auf den Boden und beginnen im fruchtbaren Schlamm zu keimen.

Nuphar advena (Aiton) W. T. Aiton (Nymphaeaceae)
Teichrose, Mummel
John Lindley, ca. 1819
Wasserfarbe und Deckfarbe mit Gummiarabikum auf Papier, 505 x 358 mm

Vater und Sohn Aiton arbeiteten nacheinander als Obergärtner im Botanischen Garten in Kew. Der Schotte William Aiton absolvierte seine Lehre am Chelsea Physic Garden bei seinem Landsmann Philip Miller. 1759 wechselte er nach Kew Gardens und übernahm dort 1784 die Leitung. Er ordnete diese nordamerikanische Art 1789 der Gattung Nymphaea (den »echten« Seerosen) zu. Sein Sohn, ebenfalls William mit Vornamen, der ihm 1795 im Amt nachfolgte, stellte sie 1811 zu den Teichrosen (Nuphar).

Nymphaea lotus L. (Nymphaeaceae)
Weiße Ägyptische Lotosblume
T. Reichel, 1789
Wasserfarbe auf Papier, 524 x 353 mm

Die Weiße Ägyptische Lotosblume (eigentlich eine Seerose!) wurde in der Antike von Ägypten nach Indien eingeführt und im alten Ägypten als mystische Pflanze verehrt. Im Totenbuch ist ihre Wandlung beschrieben: »Ich bin der reine Lotos, der dem göttlichen Glanze des Ra entspringt. Ich bin die Reinheit, die aus dem Felde kommt.«

Nelumbo nucifera Gaertn. (Nelumbonaceae)
Indische Lotosblume, Heiliger Lotos
Künstler unbekannt, ca. 1820–1830
Wasserfarbe auf Papier, 409 x 484 mm
Sammlung Reeves

In China heißt diese Lotosblume »He-hua«, »Lian« oder »Furong« – viele Namen für eine Pflanze mit vielen Verwendungszwecken! Die Samen werden als Delikatesse geschätzt, und das Rhizom ergibt eine beliebte nahrhafte Speise. Die Ernte der Unterwasserwurzeln ist traditionell die Aufgabe von Kindern – ein großer Spaß, der seinen Niederschlag in zahlreichen Volksliedern gefunden hat.

Nelumbo nucifera Gaertn. (Nelumbonaceae)
Indische Lotosblume, Heiliger Lotos
Künstler unbekannt, ca. 1820–1830
Wasserfarbe und Deckfarbe auf Papier
390 x 295 mm, Sammlung Reeves

Die Lotosblume gilt als Symbol der Reinheit und Unbescholtenheit, eine Mischung aus konfuzianischem und buddhistischem Ideengut. Sie ist die Blume von He Xiangu, einem der Acht Unsterblichen, und repräsentiert im Buddhismus Vollkommenheit. Die Blüten der Lotospflanze können einen Durchmesser von 30 cm erreichen und im Laufe ihrer kurzen Blütezeit von Weiß zu Rosé nachdunkeln. Es kommen aber alle möglichen Farbvarianten zwischen Reinweiß und Rot vor.

Nymphaea rubra Roxb. (Nymphaeaceae)
Seerose
Künstler unbekannt, ca. 1790–1800
Wasserfarbe auf Papier, 470 x 301 mm

Diese Seerose hat William Roxburgh 1803 beschrieben. Ihre großen, zart duftenden roten Blüten öffnen sich in der Abenddämmerung und schließen sich bei Sonnenaufgang – ungewöhnlich für eine rot blühende Art, denn meisten roten Blüten locken mit ihrer Färbung Vögel an, und Rot ist nachts praktisch nicht sichtbar. Stilistisch erinnert dieses Bild stark an die anderen Seerosen in der Sammlung Fleming. Möglicherweise existierte eine »Schablone«, nach der diese Seerosen damals gezeichnet wurden.

GRÄSER & SCHILFROHR

Im Königreich der Pflanzen
Gibt es ein Ding namens Bambus.
Es ist weder hart noch weich,
Es ist weder Kraut noch Baum.

ZHU PU (BAMBUS-HANDBUCH), CHINA, 460 V. CHR.

Die grazil geschwungenen Bambusblätter auf chinesischen Holzschnitten und Seidenmalereien erinnern an die Strichführung bei chinesischer Kalligraphie. Die Schreibwerkzeuge dafür bestehen aus gespleißten Bambusfasern, und die Pflanze selbst schreit geradezu nach kalligraphischer Darstellung, denn in der Natur bietet Bambus einen Anblick geschwungener, gerader und sich kreuzender Linien. Die Schriftzeichen werden nicht aus dem Handgelenk zu Papier gebracht, sondern mit viel Schwung aus Ellbogen und Schulter heraus, so dass sich der ganze Körper – das wahre Selbst – des Kalligraphen auf dem Papier offenbart. Pinselführung und Strich enthüllen Charakter, Wertvorstellungen und Gefühle des Künstlers. Die Mischung aus literarischer und abbildender Tradition in der Tuschmalerei, die im 12. und 13. Jahrhundert zur Zeit der Yuan-Dynastie ihre große Blüte erlebte, wurde als *mozhu* (»Tusche-Bambus«) bezeichnet. Der Künstler arbeitet dabei ausschließlich mit schwarzer Tusche, mit Kontur und Form, um somit das Wesentliche seines Gegenstands zu Papier zu bringen. Durchaus nahe liegend, dass gerade diese Pflanze, die wie sonst keine den Eindruck struktureller Klarheit vermittelt, zu so wunderbaren Kunstwerken angeregt hat.

Man kann ohne Übertreibung sagen, dass keine Pflanze so viel Bedeutung für die chinesische Kultur hatte wie der Bambus. Wasserrohre, Musikinstrumente, Kleidung, Möbel, Lebensmittel – er liefert einfach alles. Sogar Gerüste baut man in weiten Teilen Asiens aus Bambusrohr, denn wegen seines hohen Gehalts an Kieselerde ist es härter als Stahl und doch elastisch. Ungefähr 300 Jahre v. Chr. stellte man Kalligraphie-Papier aus Bambus her; vor dieser Zeit malte man die Schriftzeichen auf Seide oder Bambusblöcke. Bambus galt in China als eine der vier edlen Pflanzen neben Pflaumenblüte, Orchidee und Chrysantheme – und symbolisierte vornehme menschliche Eigenschaften. Die immergrüne, stabile Pflanze, die sich im Sturm beugt, danach aber wieder aufrichtet, verkörperte das taoistische Prinzip des Nachgebens, um zu siegen. Der Bambus, der die Eigenschaften Kraft, Loyalität, Zuverlässigkeit und Beharrlichkeit geradezu in sich trägt, war ein Symbol der Stärke. Mit einer Neujahrskarte, auf der Bambus abgebildet war, wünschte man dem Empfänger Frieden und ruhevolle Gelassenheit. Die geraden, hohlen Stämme des Bambus repräsentierten Rechtschaffenheit und Demut. Auch in Japan spielt die Bambuspflanze eine wichtige symbolische Rolle. So werden viele der für die Teezeremonie so bedeutungsvollen Bestandteile ausschließlich aus Bambus hergestellt. Darüber hinaus gehört Bambus in Japan zu den »drei Freunden«, Pflanzen, welche die drei großen Religionsstifter und Philosophen symbolisieren. Für Konfuzius steht der Pflaumenbaum, für Lao Tse die Kiefer und für Buddha der Bambus.

Poaceae, verschiedene Nutzgräser, Elizabeth Twining, ca. 1849–1855

Melocanna baccifera, 1800

Aber was genau ist Bambus? Er ist hoch, aufrecht, hat hohle Stängel oder Halmachsen, die Rohr genannt werden, und zarte Blätter. Man kann sich kaum vorstellen, dass Bambus irgendetwas mit unserem Rasen zu tun hat, aber es gibt wesentliche Gemeinsamkeiten, die eindeutig auf eine Verwandtschaft mit den Gräsern hinweisen. Gräser sind einkeimblättrige Pflanzen, so genannte Monokotyle, die deshalb so heißen, weil dem Samenkorn beim Keimen nur ein Keimblatt (Kotyledon) entspringt. Fast alle Monokotyle haben Blätter mit parallel verlaufenden Adern, weshalb sich Grashalme, zwischen die Daumen geklemmt, so gut zum Pfeifen eignen. Ein Bambusblatt hat in etwa die gleiche Struktur. Die Blüten der Gräser sind in der Regel – für Leute, die nicht an Heuschnupfen leiden – höchst unauffällig. In ihren Bestandteilen sind sie auf das absolut Wesentliche reduziert und bestens geeignet, die Aufgaben einer Blüte zu erfüllen, nämlich Pollen der einen Pflanze auf die Narbe einer anderen zu übertragen und somit für Befruchtung und Fortpflanzung zu sorgen. Die Blüten treten bei allen Gräsern in einer geschlossenen Gruppe als Blütenstand auf, der in seiner lockeren Form bei den Gräsern Rispe genannt wird und meist stark verzweigt ist. Die Rispe besteht aus einzelnen Ährchen, Blütenachsen, an denen die einzelnen Blüten aufgereiht sind. An der Basis jeder Blütenachse sitzen in der Regel zwei Spelzen, blattartige Strukturen, die oft zu einer Granne verlängert sind. Diesen Grannen kommt zu Zeit des Samenflugs eine besondere Funktion zu. Die einzelnen Blüten sind zum Schutz beiderseits von Spelzen umgeben, der äußeren und inneren Hüllspelze. Zwischen diesen beiden sitzen zwei oder drei winzige Schwellkörper, die Lodiculae genannt und von manchen Botanikern mit den Blütenblättern »normaler« Blumen in Verbindung gebracht werden. Die Lodiculae schwellen an, wenn sich die Blüte öffnet; dabei lösen sich innere und äußere Hüllspelze voneinander und geben die für die Fortpflanzung relevanten Teile der Blüte frei. Diese bestehen aus drei Staubblättern, dem Fruchtknoten und zwei direkt auf dem Fruchtknoten sitzenden fedrigen

Cyperus-Art, Zypergras, ca. 1795–1805

Cymbopogon citratus, Zitronengras, ca. 1820–1830

Narben. Die Fruchtknoten bei allen Grasarten reifen zu einer einsamigen Frucht heran, die Karyopse oder Korn genannt wird. Somit gehören auch sämtliche Getreidearten zu den Gräsern. Die vom Menschen angebauten Getreidearten wurden über viele Jahrhunderte hinweg daraufhin gezüchtet, dass sie das Korn direkt und ohne die anderen Bestandteile der Blüte freigeben – was für die Weiterverarbeitung und den späteren Verzehr von Vorteil ist; Wildgräser dagegen geben Samenkorn und Spelzen zusammen ab. Die Grannen an den Spelzen bestehen oftmals aus einer eng zusammengedrehten Spirale, die bei Feuchtigkeit aufgeht. Auf diese Weise kann der Wind sie leichter über den Erdboden tragen, bis sie in einer zum Keimen hoffentlich günstigen Ritze oder Spalte landen.

Hinsichtlich der Anordnung der Ährchen bei den Gräsern gibt es zahllose Varianten, die aber alle, auch beim Bambus, einem gemeinsamen, von einem lilienartigen Vorfahren übernommenen Grundmuster folgen. Zwar sehen Bambusgewächse mit ihren hölzernen, wie Baumstämme wirkenden Stängeln etwas anders aus, gehören aber dennoch zu den Gräsern. Die einzelnen Arten blühen alle selten, manche nur alle hundert Jahre, und sterben nach der Blüte ab. Es wird immer wieder behauptet, sämtliche Populationen einer Art würden weltweit zum selben Zeitpunkt blühen und dann absterben, was aber sicher nicht der Wahrheit entspricht und aus evolutionsbiologischer Sicht auch keinen Sinn ergibt. Sehr wohl wahr ist dagegen, dass das gemeinsame Blühen nahestehender Individuen einer Art zu einem Problem für andere Arten werden kann, die von diesen Gräsern leben. Der Große Panda, weltweit das Symbol für Artenschutz, ernährt sich fast ausschließlich von Bambusblättern, wodurch er zum unmittelbaren Konkurrenten des Menschen wird, der den Bambus ebenfalls auf vielfältige Weise nutzt und die fruchtbaren Böden, auf denen er wächst gerne zu Ackerland macht. Mit einem stetigen Rückgang der Bambuswälder reduziert sich auch die Vielfalt der Bambusarten, von denen sich der Panda ernährt, und wenn diese nun zur gleichen Zeit blühen und absterben, leiden auch

Oryza sativa, Reis, ca. 1795–1805

die Pandas darunter. Im Wolong-Naturreservat, einem Schutzgebiet für den Großen Panda, reduzierte sich die Panda-Population nach einer Blühperiode von 120 auf 20 Exemplare. Obwohl Bambusblätter ziemlich zäh und wenig nahrhaft sind, zieht der Panda sie einem ausgewogeneren Speiseplan vor und straft »gesündere« Pflanzen hartnäckig mit Verachtung. Es dauert Jahrzehnte, bis sich die Halmachsen der Bambusse so weit erholt haben, dass sie eine Population hungriger Pandas ernähren können. Leider könnte damit auch das Ende dieser wunderbaren Tiere besiegelt sein.

Manche Habitate sind ausschließlich von Gräsern besiedelt – die Weiten der Prärie in den Vereinigten Staaten, die Savannen in Afrika, die Steppen Zentralasiens, die Pampa in Argentinien. Alle diese Ökosysteme haben eines gemeinsam (außer Gras natürlich): Tiere, die die Flächen beweiden. Es scheint nahe liegend, dass dort, wo es Gras gibt, auch Tiere leben, die es entsprechend nutzen, aber die Dominanz der Gräser in diesen Regionen macht einige typische Eigenschaften deutlich, die zu ihrem weltweiten Erfolg beigetragen haben. Viele Grasarten werden erst bei »Störungen«, also schwierigen Umweltbedingungen, richtig aktiv, und als Erstsiedler auf offenen Flächen haben die Keimlinge aufgrund des ihnen mitgegebenen Nährstoffvorrats einen besonders guten Start. Dürreperioden überstehen sie in der Regel gut, und mit ihren vielen Ausläufern haben sie einen Wettbewerbsvorteil bei der Ausbreitung über große Flächen. Mit der Vielzahl an Samen, die sie bei geringen Nahrungsreserven bilden, gehören sie zu den opportunistischen Arten, die sich auf freien Flächen nur allzu bereitwillig ausbreiten und auch bei anhaltend schwierigen Bedingungen ausharren. Weidende Tiere sind für Pflanzen, die keine Ausläufer bilden, der sichere Untergang, denn einmal abgebissen, sterben sie ab. Dagegen wird von der Beweidung ausgenommenes Grasland, wie etwa die Downs in Südengland, nach und nach von Sträuchern und anderen holzigen Gewächsen überwuchert, bis die Gräser völlig verschwinden.

Nicht nur Tiere, auch die Menschen sind von Gräsern abhängig. Unsere wichtigsten Getreidearten sind samt und sonders Gräser: Weizen, Hafer, Roggen, Mais, Reis, Sorghum, Hirse – die Liste ist wirklich lang. Von den Veränderungen, die unsere Getreidearten durch Züchtung erfahren haben, zielen viele auf die Gewinnung des Korns bei der Ernte ab. Ein nichtstreuendes Ährchen fällt als Ganzes ab, wodurch sich der Verlust wertvoller Körner auf ein Minimum reduziert. Ein nacktes Korn lässt sich leichter von der Spreu, d.h. den Spelzen, trennen. Große Körner wie die von Mais steigern den Nutzen der Einzelpflanze, was hochgerechnet auf die Gesamternte von großer Bedeutung ist.

Nun hat die Welt der Gräser noch weit Erstaunlicheres zu bieten als Gerüststangen aus Bambusrohr. Zuckerrohr ist ebenfalls eine Grasart (*Saccharum officinarum*) und wahrscheinlich in Neuguinea heimisch. In Indien wird es seit Jahrtausenden angebaut, während der daraus gewonnene Zucker in Europa seit dem 12. Jahrhundert als teure Delikatesse galt, die durch arabische Kaufleute ins Land kam. Im 16. Jahrhundert brachten Siedler das Zuckerrohr aus der Alten in die Neue Welt, wo sich durch den großflächigen Anbau vor allem in der Karibik ein brutales Sklavereisystem entwickelte. Da der Anbau von Zuckerrohr sehr arbeitsintensiv ist, konnte sich die dortige Zuckerindustrie nur dadurch am Leben halten, dass über Generationen hinweg Menschen in die Sklaverei verkauft wurden. Zuckerrohr ist ein hoch wachsendes Gras – dem Bambus ziemlich ähnlich, aber verwandt mit dem Mais und den witzigerweise so genannten Panikgräsern, den Panicoiden. Es wird aus Stecklingen vermehrt, und so bestehen die riesigen Zuckerrohrfelder in niedrig gelegenen Tropengebieten

Sporobolus coromandelianus, ca. 1795–1805

Cortaderia cf. *selloana*, Pampasgras, ca. 1850–1860

größtenteils aus Klonen, genetisch identischen Pflanzen. Anders als bei den meisten Bambusarten sind die Stängel nicht hohl; im Lauf der etwa einjährigen Wachstumszeit füllen sich die Zellen im Inneren des Stängels mit Zucker; bei der Ernte enthalten sie dann bis zu 15 Prozent Saccharose. Der süße Saft wird in der Zuckerfabrik herausgepresst und zu Zuckerkristallen weiterverarbeitet. Mit den zellulosereichen Überresten, Bagasse genannt, werden vielerorts wiederum die Maschinen betrieben – eine vorbildliche Form nachhaltiger Rückstandsverwertung.

Gräser stecken voller Überraschungen, nicht nur was die erstaunliche Vielfalt der Verwendungsmöglichkeiten und Formen betrifft, sondern auch hinsichtlich ihrer Standorte. Ihr Lebensraum ist nicht immer das weite Land; manche bevorzugen recht merkwürdige Stellen. Anfang der 80er Jahre sammelte ich für den Botanischen Garten von Missouri Pflanzen in Panama. Eines Tages bekam ich einen Brief von Gerrit Davidse, dem Grasspezialisten in Missouri und Mitherausgeber der *Flora Mesoamericana*, eines Kompendiums der Pflanzenwelt vom südlichen Mexiko bis zur Grenze zu Kolumbien. Ich sollte für ihn ein bestimmtes Gras sammeln, das schon mein Vorgänger Tom Antonio in Panama gesammelt hatte und das Gerrit für eine neue Gattung hielt. Neue Arten zu finden ist schon ziemlich aufregend, aber eine neue Gattung war etwas völlig anderes, und so machte ich mich auf die Suche. Ich hatte diese angeblich neue Pflanze nie zu Gesicht bekommen, hatte also überhaupt keine Vorstellung, wie sie aussieht; nur dass sie klein ist und am Fuß eines Wasserfalls wächst, wusste ich. Der Wasserfall befand sich am Rio Tife, einem mittelgroßen Fluss, der ein paar Autostunden nördlich von meinem Stützpunkt in Panama-Stadt in Richtung Karibik floss. Nach einem Tagesmarsch kamen meine Begleiter und ich zu einer von mehreren einheimischen Familien landwirtschaftlich genutzten Lichtung, die als Zwischenstation auf dem Weg zu den Fällen gilt. Tags drauf brachen wir auf. Als wir schließlich den Rio Tife und den ungefähr 50 Meter hohen Wasserfall erreichten, begann die Suche. Kein Stein blieb auf dem anderen, kein Quadratzentimeter am Flussufer, der nicht untersucht worden wäre, aber alle Mühe war vergebens. Das neue Gras war

Cymbopogon iwarancusa, Zitronellgras, ca. 1795–1805

nirgendwo zu entdecken. Ich fand eine Menge anderer interessanter Pflanzen – darunter erstmals einige Exemplare eines saprophytischen Enzians aus Panama –, nur keine kleine Grasart am Fuß des Wasserfalls. Doch Gerrit ließ nicht locker, und zwei Jahre später begab er sich selbst in das Gebiet. Mit mehr Glück und einem besseren Auge für Gräser, als ich es hatte, entdeckte er, was er gesucht hatte – allerdings an einem höchst merkwürdigen Ort. Das Gras war zwar schon einmal unten am Wasserfall gesammelt worden, wo ich gescheitert war, aber Gerrit fand es oberhalb des Wasserfalls in einer tiefen Schlucht – auf riesigen, mehreren Meter hohen Felsblöcken mitten im Fluss. Das neue Gras, das zu Ehren eines anderen Agrostologen Pohlidium genant wurde, ist mit nur vier Zentimetern Höhe winzig und wächst im Schatten von Farnen dicht an Felsblöcken – scheinbar sehr untypisch für ein Gras. Kein Wunder, dass es so vielen Sammlern so lange entgangen war.

Die bambusartigen Gräser der Neuen Welt, die mit den holzigen Bambussen zwar verwandt, aber krautig sind, faszinieren Agrostologen von jeher. Viele von ihnen weisen sehr merkwürdige, scheinbar primitive Blüten auf, andere gingen verloren und wurden nach langem Suchen wiederentdeckt. Eine dieser mysteriösen Jagden, die in die Wälder Brasiliens und in die Archive der Stadt Paris führte, dauerte über ein Jahrzehnt. Um 1850 beschrieb ein französischer Botaniker ein höchst ungewöhnliches Gras im Botanischen Garten von Paris, das angeblich aus Brasilien stammte. Er nannte es *Anomochloa marantoidea*. *Anomochloa* hat breite Blätter und eine Rispe mit großen Hochblättern und sieht auf Anhieb wie ein sonderbarer Ingwer aus. Die Suche nach dieser Pflanze begann in den 60er Jahren, als man die Beschriftungen alter Bestände im Herbarium von Paris entziffern wollte. Hieß es da »Bahia in Porto« oder aber »Bahia M. Port«? Im einen Fall wäre Rio de Janeiro gemeint gewesen, im anderen der brasilianische Bundesstaat Bahia. Manche Botaniker waren der Meinung, der Staat Bahia sei zu trocken für eine derartige Pflanze, die mit ihren Blättern eher in feuchte Waldgebiete passe. Aber unter den Pflanzen, die der brasilianische Sammler Romeu Belém in der Umgebung von Itabuna in Bahia zusammengetragen hatte, waren zahlreiche Regenwald-Neuheiten, darunter wiederum einige interessante bambusartige Gräser. Die Agrostologen Thomas Soderstrom und Cleofé Calderón begannen in ganz Südamerika nach diesen Gräsern zu suchen. Bahia war besonders reich an Bambusoiden, und so schien es nicht unwahrscheinlich, die flüchtige *Anomochloa* dort zu finden. Nach mehreren Reisen in diese Region wurden ihre Mühen schließlich belohnt. In einem Waldstück, das »an eine Kakaopflanzung auf abschüssigem, leicht steinigem Gelände grenzte, stießen wir auf eine Gesellschaft dieser Gräser«.

Anomochloa entpuppte sich als noch interessanter als ursprünglich gedacht: Auf dem Familienstammbaum der Gräser nimmt sie einen Platz ganz weit unten ein und gehört somit zu den »primitivsten« lebenden Gräsern. Solche Arten zu kennen ist ausschlaggebend für das Verständnis der Evolution der Gräser, und so war die Wiederentdeckung von *Anomochloa* in vielerlei Hinsicht sogar noch aufregender als die Entdeckung einer neuen Gattung. Die Pflanze ist nur von wenigen Gesellschaften her bekannt, die auf einem schmalen Streifen küstennahen Regenwalds in Bahia vorkommen und zur Zeit ihrer Wiederentdeckung von Kakaoanbau bedroht waren. Ihre Chancen zu überleben waren gering. Soderstrom mutmaßte sogar: »Sollten wir keine weiteren Gesellschaften finden, müssen wir möglicherweise mit dem unmittelbar bevorstehenden Aussterben dieses einzigartigen Grases rechnen.« Heute ist die Region um Uma ein Naturschutzgebiet und vor weiterer Erschließung und Zerstörung sicher. Das Reserva Biológica do Micoleão ist auch die Heimat vieler anderer endemischer Pflanzen (Arten, die nur dort vorkommen). Langfristig betrachtet hat die hartnäckige Suche nach diesem außergewöhnlichen Gras möglicherweise auch ihnen geholfen.

Saccharum officinarum, Zuckerrohr, ca. 1795–1805

Saccharum spontaneum, Wildes Zuckerrohr, ca. 1795–1805

Capillipedium parviflorum, ca. 1850–1860

I

Verschiedene Gattungen und Arten (Poaceae)
Elizabeth Twining, ca. 1849–1855
Wasserfarbe und Deckfarbe mit Gummiarabikum auf Papier, 400 x 260 mm, gebunden

Auf diesem dicht komponierten Blatt sind mehrere Gräser verschiedener Gattungen zu sehen (von links nach rechts): Stipa pennata L., Federgras; Briza media L., Zittergras; Phalaris canariensis L., Kanariengras; Triticum aestivum L., Weizen; Hordeum vulgare L., Gerste; Saccharum officinarum L., Zuckerrohr; Phleum pratense L., Wiesenlieschgras, Timotheegras; Lagurus ovatus L., Sammetgras.

Cyperus-Art (Cyperaeae)
Zypergras
Künstler unbekannt, ca. 1795–1805
Wasserfarbe auf Papier, 468 x 286 mm
Sammlung Fleming

Den Unterschied zwischen Riedgräsern wie dem Zypergras und »normalen« Gräsern, erkennt man erst, wenn man sich die Blüten genauer ansieht. Beim ersten nämlich sind die Blüten von nur je einer Spelze links und rechts umgeben. Einfacher jedoch ist es, sich den Querschnitt der Stängel anzusehen; der ist bei den Riedgräsern meist dreieckig und nicht rund.

Oryza sativa L. (Poaceae)
Reis
Künstler unbekannt, ca. 1795–1805
Wasserfarbe auf Papier, 627 x 382 mm
Sammlung Fleming

Reis ist die zweite Blütenpflanze, deren Genom bisher komplett entschlüsselt worden ist, d.h., wir kennen die Abfolge der Genbausteine im Erbgut der Pflanze und können damit die Resistenz gegen Krankheiten, die genetischen Grundlagen des Nährstoffgehalts und andere Eigenschaften dieser alten Kulturpflanze besser erforschen. Reis ist die Getreideart, von der sich weltweit am meisten Menschen ernähren, und so ist es vermutlich ein Segen für die Menschheit, dass wir so viel über ihn wissen.

Melocanna baccifera (Roxb.) Kurz (Poaceae)
Künstler unbekannt, 1800
Wasserfarbe und Tusche auf Papier
444 x 296 mm, Sammlung Fleming

Die Frucht dieses Gewächses ist mit keiner Frucht einer anderen Bambusart vergleichbar. Sie ist birnenförmig, und Form wie Größe sind ausschließlich auf die verdickte, feste äußere Schicht zurückzuführen. Im Inneren befindet sich nur ein einziges Samenkorn. Melocanna ist in Indien und Pakistan wichtig beim Hausbau und wird in Monokultur auf ehemals landwirtschaftlich genutzten Flächen angebaut. Anfang des 20. Jahrhunderts wurden in Chittagong täglich 100 Tonnen zu Papier verarbeitet.

Links: *Cymbopogon citratus* (L.) Rendle (Poaceae), Zitronengras; rechts: Bambus, Art unbekannt (Poaceae), Künstler unbekannt, ca. 1820–1830
Wasserfarbe auf Papier, 368 x 412 mm
Sammlung Reeves

Stängel von Zitronengras (»Jiao shun«) und Bambussprossen (»Zu shun«) sind unverzichtbarer Bestandteil der chinesischen Küche. Zitronengras, neben anderen Arten in erster Linie Cymbopogon citratus, wird wegen seines intensiven Aromas geschätzt. Bambussprossen sollen »die Konsistenz eines Apfels, den Geschmack einer Artischocke und den Nährwert einer Zwiebel« haben.

Sporobolus coromandelianus (Retz) Kunth (Poaceae)
Künstler unbekannt, ca. 1795–1805
Wasserfarbe und Tusche auf Papier
220 x 168 mm, Sammlung Fleming

Der Künstler, von dem diese Zeichnung stammt, war ein genauer Beobachter botanischer Strukturen. Hier, am Beispiel des einblütigen Ährchens von Sporobolus, können wir den Bau einer Grasblüte genau sehen. Als Erstes erscheint links ein kleines Hochblatt; dann folgen zwei grüne Spelzen und schließlich rechts die blassere Hüllspelze. Diese Teile umschließen die drei Staubgefäße und die zweifach gelappte Narbe.

Cortaderia cf. selloana (Schult. & Schult. f.)
Asch. & Gaertn. (Poaceae), Pampasgras
Künstler unbekannt, ca. 1850–1860
Wasserfarbe, Graphitstift und Tusche auf Papier
478 x 318 mm, Sammlung Saharunpore Gardens

Das Pampasgras stammt aus den weiten Ebenen Südamerikas. Der Gattungsname bezieht sich auf die messerscharfen Blattkanten – cortaderas auf Spanisch. Diese Grasart ist zweihäusig, d.h., die Pflanzen tragen ausschließlich männliche oder weibliche Blüten. Weibliche Pflanzen werden als Zierpflanze höher geschätzt, da die Ährchen dichter mit dem weißen Flaum bedeckt sind, der den immens großen Blütenständen ihr weiches, fedriges Aussehen verleiht.

Cymbopogon iwarancusa (Jones) Schult. (Poaceae)
Zitronellgras
Künstler unbekannt, ca. 1795–1805
Wasserfarbe auf Papier, 465 x 272 mm
Sammlung Fleming

Flemings Anmerkung auf diesem Blatt – »Andropogon Jewarankufsa Roxb., Dr. Blane zufolge eigentlich Nardus indica. Phil. Trans.« – stellt uns vor ein Klassifizierungsproblem. Dr. Blane, der in den Philosophical Transactions der britischen Linné-Gesellschaft publizierte, dachte offenbar, hier handele es sich um das nahe verwandte Zitronellgras (korrekt als Cymbopogon nardus bezeichnet); aber Gräser sind nun einmal schwer zu unterscheiden.

Saccharum officinarum L. (Poaceae)
Zuckerrohr
Künstler unbekannt, ca. 1795–1805
Wasserfarbe und Tusche auf Papier
463 x 283 mm, Sammlung Fleming

Zuckerrohr wird ausschließlich aus genetisch identischen Stecklingen vermehrt. Das bedeutet, dass sich die in einer Gegend angebauten Arten von einer Generation zur nächsten komplett verändern können. So fand Sir Hans Sloane (dessen Pflanzensammlung den Kern der Bestände am Natural History Museum bildet), als er 1683 nach Jamaika reiste, dort ausschließlich das hier abgebildete indianische Zuckerrohr vor. Schon Mitte des 18. Jahrhunderts hatten sich Klone aus Java in der Neuen Welt durchgesetzt.

Saccharum spontaneum L. (Poaceae)
Wildes Zuckerrohr
Künstler unbekannt, ca. 1795–1805
Wasserfarbe und Graphitstift auf Papier
467 x 277 mm, Sammlung Fleming

Rohrzucker wird von einer Gattung hybridogenen Ursprungs gewonnen. In Asien wachsende Wildarten wie diese hier verwendet man in der Pflanzenzucht, um Krankheitsresistenz und andere positive Eigenschaften einzuzüchten. Noch vor 100 Jahren wurde ausschließlich das so genannte Edelrohr (Saccharum officinarum) angebaut, wohingegen heute den Hybridformen zwischen Edelrohr und wildem Zuckerrohr mehr und mehr Bedeutung zukommt.

Capillipedium parviflorum (R. Br.) Stapf (Poaceae)
Künstler unbekannt, ca. 1850–1860
Wasserfarbe und Graphitstift auf Papier
490 x 325 mm, Sammlung Saharunpore Gardens

Wegen der schematischen Darstellung lässt sich das abgebildete Gras nicht eindeutig identifizieren. Es ähnelt einigen Exemplaren eines Grases aus den Saharunpore Gardens, die im Natural History Museum aufbewahrt werden. Die zwei Grannen wachsen aus unfruchtbaren Blüten am Ährchen – eine Struktur, die schwer einzuordnen ist. In den Anmerkungen zu einer von Frank Kingdon-Ward gesammelten Spezies heißt es, dieses Gras komme häufig auf abgebrannten Flächen in den Ausläufern des Himalaya vor.

NARZISSEN

Nieder senkt er sein mattes Haupt in die grünenden Gräser, Tod umschloss die ihres Herren Gestalt bestaunenden Augen. Auch, als ihn auf dann genommen die unterirdischen Sitze, schaut er sich selbst im Wasser des Styx. Seine Schwestern, die Nymphen, klagen und weihen dem Bruder die abgeschnittenen Locken. Auch die Dryaden klagen, es klagt mit den Klagenden Echo. Scheiter, spänige Fackeln, die Bahre wurde gerüstet – nirgends der Leib. Man fand eine Blume statt seiner, dem Crocus gleich, die mit weißen Blättern umhüllt das Herz ihrer Blüte.

OVID, METAMORPHOSEN, III. BUCH NARCISSUS, I. JAHRZEHNT N. CHR.

Die Gattung, der alle Narzissen angehören, heißt Narcissus. Zu diesen gehören Osterglocke, Dichternarzisse und Jonquille – nicht nur die rein weißen Blumen dieser Art, die so genannten Paperwhite-Narzissen, die wir mit der landläufigen Bezeichnung Narzisse in Verbindung bringen. Der schöne Jüngling Narcissus war der Sohn der Wassernymphe Leiriope und des Flussgottes Kephisos. Er wurde von allen geliebt und begehrt, auch von der Nymphe Echo, die, ihrer Sprache beraubt, nur das jeweils letzte gehörte Wort wiederholen konnte. Eines Tages folgt Echo Narcissus in einen Wald und macht ihm Avancen, doch er weist sie schnöde zurück und verspottet sie. In ihrem Schmerz zieht sie sich in eine Höhle zurück und siecht dahin, bis schließlich nur mehr ihre Stimme übrig bleibt. Der eitle Narcissus weist weiterhin alle Bewerberinnen ab, bis er eines Tages bei der Jagd an einen klaren Teich kommt. Er stillt seinen Durst und verliebt sich, über das Wasser gebeugt, in sein eigenes Spiegelbild. Bei dem vergeblichen Versuch, das geliebte Gegenüber zu küssen, spürt er dieselbe Zurückweisung, unter der er andere hat leiden lassen. Er verzehrt sich vor Liebe und stirbt; auch in der Unterwelt bestaunt er weiterhin sein Spiegelbild. An Stelle seines Leichnams findet man eine Narzisse vor. Einer Theorie zufolge glaubte Narcissus in dem Spiegelbild seine verschollene Schwester wieder zu erkennen, aber da in der uralten Sprache der Blumen die Narzisse von jeher als Symbol für Selbstliebe gilt, hat sich letztlich wohl doch Ovids Version der altgriechischen Sage durchgesetzt. Plinius und andere vertraten die These, der Name Narcissus stehe in keinem Zusammenhang mit der Sage, sondern leite sich von dem griechischen Wort *narkán* (erstarren, gelähmt werden) ab – ein Hinweis auf den narkotisierenden Duft der Blume. Im Viktorianischen Zeitalter glaubte man gar, der Duft der Narzisse würde Wahn und Irrsinn hervorrufen, und fand, Narzissen verströmten einen höchst unangenehmen Geruch, »schädlich für empfindsame Naturen«. Wie auch immer, die Narzisse bei den Griechen wäre in jedem Fall *Narcissus tazetta* gewesen, deren weiße äußere Blütenblätter und leuchtend gelbe Kronröhre Ovids Beschreibung entspricht. *Narcissus tazetta* ist in Italien und Griechenland heimisch, aber aus vielen Quellen geht hervor, dass der Handel mit Blumenzwiebeln in der Römerzeit weit verbreitet war; und die Narzisse mit ihren schönen Blüten und ihrem süßen, betörenden Duft war sicher besonders beliebt und teuer.

In China sollen Narzissen bereits im 13. Jahrhundert kultiviert worden sein, nur lässt sich schwer sagen, um welche Arten es sich handelte, da die Narzisse heutzutage in Japan wie auch in China als wild wachsende Pflanze vorkommt. Das Osmanische Reich trug viel zur Verbreitung diverser Pflanzen bei: Neben reger Handelstätigkeit im eigenen Land empfing man

Narcissus-Arten, J. G. Simula, 1720

Narcissus pseudonarcissus, Osterglocke, G. D. Ehret, 1765

auch Reisende aus aller Herren Länder. Einer von ihnen war der bayerische Arzt Leonhard Rauwolff, der auf einer drei Jahre dauernden Reise von Augsburg über Tripoli nach Aleppo, dann weiter nach Bagdad und Jerusalem als erster botanisch interessierter Westeuropäer den Nahen Osten erkundete. Rauwolff brach 1573 mit der Absicht auf, die Wirkung verschiedener weitgehend unbekannter Kräuter zu erforschen, die von arabischen und griechischen Ärzten der Antike beschrieben worden waren. Das Herbarium, eine Sammlung getrockneter Pflanzen, das Rauwolff mit zurückbrachte, ist das erste seiner Art. Es gibt einen anschaulichen Überblick über die Pflanzen, die Rauwolff mit eigenen Augen gesehen hat. Es muss unglaublich schwierig für ihn gewesen sein, die ständig wachsende Sammlung auf seiner Reise zu hüten, zumal er von Einheimischen begleitet wurde, die keinerlei Sinn für Botanik hatten. Zwar wurde Rauwolff über weite Strecken nur von einem einzigen Europäer begleitet, doch es kam zu Kontakten mit Vertretern der europäischen Handelsniederlassungen – deutschen, französischen und italienischen Händlern, die auf den neuen Märkten des Nahen Ostens Fuß zu fassen suchten. Seine Anmerkungen zu Religion und Kultur seines Gastlandes sind faszinierend zu lesen. Tatsächlich gehörte er wohl zu den ersten Protestanten, die nach Jerusalem pilgerten, und war gleichzeitig auch der letzte Protestant, der sich wirklich als Pilger verstand und nicht als Tourist. 1600 legte ein englischer Kleriker, der nach Jerusalem fuhr, großen Wert darauf, kund zu tun, dass er und seine Begleiter »nicht als Pilger kamen, mit der abergläubischen Erwartung, Reliquien oder als heilig geltende Orte der Anbetung zu sehen, sondern als Reisende«.

In Aleppo, im heutigen Syrien, sah Rauwolff Narzissen, darunter eine merkwürdige doppelte Variante. »In ihren Gärten ziehen die Türken gerne alle möglichen Arten von Blumen, die ihr Herz erfreuen und die sie sich an den Turban stecken. Somit konnte ich ohne Schwierigkeiten jeden Tag herrliche Pflanzen zuhauf sehen. Im Dezember habe ich dunkelbraun und weiß blühende Veilchen gesehen ... Darauf folgten Tulpen, Hyazinthen und Narzissen, die sie noch immer mit dem alten Namen *nergies* bezeichnen. Vornehmlich sah ich eine seltene Narzissenart mit doppelten gelben Blüten, die sie *modaph* nennen.«

Wahrscheinlich finden sich Exemplare sowohl von »Modaph« wie auch von »Nergies«, unserer alten Freundin, der Tazette, in Rauwolffs Büchern mit getrockneten Pflanzen, die heute im Herbarium von Leiden aufbewahrt werden. Rauwolff brachte keine lebenden Pflanzen mit zurück nach Deutschland – sein Auftrag war es, die im Nahen Osten vorkommenden Pflanzen zu katalogisieren und zu beschreiben. Noch zu

Narcissus x incomparabilis, Großkronige Narzisse, A. H. Church, 1907

seinen Lebzeiten jedoch kam eine stetig wachsende Flut von Pflanzen aus den neu entdeckten Gebieten nach Europa. 1696 starb Rauwolff an einer Ruhrerkrankung, die er sich ironischerweise zugezogen hatte, als er auf österreichischer Seite gegen die Türken kämpfte, deren Land er noch zwei Jahrzehnte zuvor ungehindert bereist hatte.

Narcissus triandrus, Engelstränen-Narzisse, James Bolton, ca. 1786

Ein Jahr nach Rauwolffs Tod veröffentlichte John Gerard sein Werk *The Herball, or Generall Historie of Plantes*. Mit diesem monumentalen Kompendium zum Thema Heilkräuter- und Zierpflanzen erweiterte er das botanische Wissen der Zeit um ein Vielfaches. Gerard war ausgebildeter Bader, eine Kombination aus Barbier und Chirurg, im London des ausgehenden 16. Jahrhunderts, einer Zeit, in der Ärzte, Chirurgen und Apotheker in unterschiedlichen Gilden organisiert waren und eine getrennte Ausbildung durchliefen. Die Ärzte konnten allesamt Griechisch und Latein, die Chirurgen hingegen nur Latein, besaßen dafür aber mehr praktisches Wissen; den Apothekern – und den Krämern – kam die Aufgabe zu, Heilkräuter bereitzustellen. Etwa zu der Zeit, als Rauwolff von seiner Reise zurückkehrte, wurde Gerard zum Leiter der Gärten von Lord Burghley, dem Schatzkanzler von England, ernannt. Diese sollten zu einer Sammlung heimischer und exotischer Pflanzen ausgebaut werden, und so fanden hier auch viele Neuentdeckungen ihren Platz. Gerard hatte selbst Erfahrung als Sammler vorzuweisen; er war in Kent und, in Burghleys Auftrag, bis hinauf nach Bristol tätig. Im eigenen Garten und dem des Lords pflanzte Gerard viele Narzissensorten; in seinem *Herball* waren mehr als 50 Arten verzeichnet. Als John Parkinson, Gerards Nachfolger in den Diensten Jakobs I., 1629 sein Gartenhandbuch *Paradisus terrestris* schrieb, wuchsen in englischen Gärten beinahe 100 Sorten von Narzissen. Wie Rauwolff registriert auch Gerard doppelte Sorten, darunter die »Doppelte weiße Osterglocke aus Konstantinopel«, die »nach England an den ehrenwerten Schatzkanzler gesandt wurde; die, als sie in unserem Garten in London gepflanzt wurde, schöne Blumen hervorbrachte, sehr weiß und doppelt mit einer Spur Gelb in den Blütenblättern und einem süßen Duft; danach jedoch konnten wir, so sehr wir uns auch bemühten, sie nie wieder zum Blühen bringen«. Gerards Beschreibungen der Narzissen sind ziemlich poetisch. Von *Narcissus poeticus* sagt er: »Die Blüte ist kreisrund, eine kleine, gelblich gefärbte Krone, und der Ring am Rand ist von einer purpurroten Borte umgeben.« Er sah sich also die eigenen Pflanzen schon sehr genau an und war zudem ein aufmerksamer und kritischer Leser der botanischen Werke seiner Zeit.

Bereits zu Lebzeiten war John Gerard hoch angesehen. Aufgrund seiner Verbindungen zum Schatzkanzler behandelte er Angehörige des Königshauses und wurde sogar der Leibarzt von Jakob I., dem ersten Stuart-König. 1607 wurde er Ordentliches Mitglied der Ehrenwerten Gesellschaft der Bader. Er saß im Prüfungsausschuss und war somit verantwortlich für die Aufrechterhaltung bestimmter Behandlungsstandards. Kräuter wurden von Ärzten wie auch von Chirurgen verwendet, und da Gerard den Standpunkt vertrat, ein guter Chirurg müsse über solide Pflanzenkenntnisse verfügen, wollte er einen Kräutergarten für die Gesellschaft der Barbier-Chirurgen anlegen lassen. Dort sollte der Nachwuchs lernen, die für die spätere Praxis unerlässlichen Pflanzen genauer zu bestimmen. Damit stieß er jedoch bei den Apothekern auf massiven Widerspruch, da diese befürchteten, ein solcher Garten könnte ihre Monopolstellung untergraben.

Narcissus x medioluteus, James Bolton, 1786

Narcissus x odorus, Franz Bauer, ca. 1800

Gerards *Herball* gilt als Meisterwerk der Botanik im Elisabethanischen Zeitalter – klar, übersichtlich und logisch präsentierte er standardisierte Einträge für jede Pflanze und versuchte, die dank der zeitgenössischen Entdeckungen explodierenden Erkenntnisse mit tradiertem Wissen in Einklang zu bringen. Das Buch war, für botanische Werke dieser Zeit ungewöhnlich, auf Englisch geschrieben und galt über viele Jahre hinweg als das Nachschlagewerk schlechthin. Doch leider fällt ein Schatten auf Gerards Nachruhm. Er soll nämlich ein fast vollständig ins Englische übersetztes flämisches Kräuterbuch genommen und, nachdem er die Pflanzen umarrangiert und einiges hinzugefügt hatte, als sein eigenes Werk ausgegeben haben – ein Plagiat also. Angeblich verfügte Gerard auch gar nicht über genügend botanische Kenntnisse, um die Illustrationen, die der Verleger nach ihrer Verwendung für ein Kräuterbuch in Deutschland gekauft hatte, den jeweiligen Pflanzen zuordnen zu können. Diese weitgehend grundlosen Behauptungen – Gerards botanische Abhandlungen sind ziemlich genau und ebenso gut wie andere zeitgenössische Veröffentlichungen – gehen auf einen gewissen Thomas Johnson zurück, den Herausgeber der zweiten Auflage von Gerards Monumentalwerk. 1632, ein Jahr nach Gerards Tod, wurde Johnson von der neu gegründeten Gesellschaft der Apotheker mit der Überarbeitung des *Herball* beauftragt. Gut möglich, dass die Apotheker mit der Herausgabe eines maßgeblichen Werks ihre Rechte und Privilegien stärken wollten. Die vorweg »an den Leser« gerichteten Zeilen gehen mit Gerards Werk streng ins Gericht; der Plagiatsvorwurf wird hier einer unbekannten Quelle zugeschrieben, hinter der möglicherweise Mathias de L'Obel steckt, ein flämischer Botaniker, der mit Gerard am ersten Teil des *Herball* zusammengearbeitet hatte. Wir wissen

Narcissus tazetta, Tazette, G. van Spaendonck, ca. 1800–1810

nicht, woher seine Feindseligkeit rührt, aber häufig ist Eifersucht der Grund. Zu jener Zeit war es einfach, dem Autor eines Werkes im Nachhinein Inkompetenz und die falsche Verwendung von Namen vorzuwerfen, denn das Wissen nahm so rasch zu, dass Bücher innerhalb weniger Jahre veralteten, ganz zu schweigen von den drei Jahrzehnten, die bis zur Neuauflage des *Herball* verstrichen waren. Es ist noch immer ein Leichtes, den Verfassern alter botanischer Werke vorzuwerfen, sie hätten sich kläglich geirrt und die Realität der Natur verkannt. Doch man darf nicht vergessen, dass sie unter den Bedingungen *ihrer* Zeit arbeiteten, nicht unserer.

Zu der Zeit, als die Engländer Nordamerika kolonisierten, wuchsen in den Gärten Europas hunderterlei Sorten von Narzissen. In die neu gegründeten Siedlungen an der amerikanischen Ostküste gelangten diese über einen Pflanzenliebhaber namens John Collinson, der die Einführung neuer Gartenpflanzen aus den neuen Kolonien aktiv betrieb, aber die Siedler natürlich auch mit europäischen Pflanzen versorgte. Narzissen, ihres Zeichens Zwiebelgewächse, sind leicht zu transportieren; sie können einen ganzen Winter lang ruhen und treiben danach wieder neu aus, eignen sich also ideal für lange Seereisen. Diese Eigenschaft hat die tatsächliche Herkunft der Narzisse etwas verschleiert und ganz nebenbei zu recht merkwürdigen Reisen geführt, etwa die einer Kultursorte, des vielblütigen *Narcissus tazetta*. Diese Narzisse wurde, Jahrzehnte zuvor, als Zimmerblume gezogen – mit einer von chinesischen Floristen übernommenen Technik, bei der man die Zwiebel in eine nur mit Wasser und Halt gebenden Steinen gefüllte Vase setzte. Die Pflanze hatte bereits eine abenteuerliche Reise hinter sich; nach China war *Narcissus tazetta* ursprünglich möglicherweise aus weiter westlichen Regionen gekommen, wo sie im 13. Jahrhundert kultiviert wurde. Chinesische Einwanderer brachten die Pflanze in den Westen der Vereinigten Staaten, von wo aus sie sich weiter nach Osten verbreitete und Ende des 19. Jahrhunderts in den Gärten Europas und somit wieder auf dem eurasischen Kontinent landete.

Narcissus pseudonarcissus, Osterglocke, A. H. Church, 1903

Die wilden Narzissen, die man früher in großer Zahl in der Gegend um London und in vielen Teilen Englands vorfand, gelten als heimisch dort. Es handelt sich um eine Sorte von *Narcissus pseudonarcissus*, eine in Mitteleuropa früher häufige Pflanze, deren Geschichte sich aber, wie die so vieler anderer Narzissen, im Dunkeln verliert. In der Gegend als »Lent lilies« (Frühlingslilien) bezeichnet, standen sie im Mittelpunkt so genannter *»Daffodil Specials«*. Das waren Sonderzüge, die Scharen von Londonern aufs Land brachten, wo sie in einem Meer von Gelb schwelgten und mit Armen voller Narzissen wieder in die Enge der Stadt zurückkehrten. Auch die Herkunft einer anderen britischen Narzisse, die in Wales wächst, liegt im Dunkeln. Die so genannte Tenby-Narzisse *(Narcissus obvallaris)* wurde im späten 18. Jahrhundert als wilde Art beschrieben, die angeblich von einer Pflanze aus Oxfordshire abstammte. Die rätselhaften Geschichten, die man sich über ihre Herkunft erzählte, trugen lediglich dazu bei, ihren Kultstatus noch zu erhöhen. So ging die Rede, ihre Zwiebeln seien bei phönizischen Seeleuten gegen eine Ladung walisischer Kohle eingetauscht worden, oder Mönche, vielleicht auch flämische Siedler, hätten sie im Mittelalter mitgebracht. Die Tatsache, dass nirgendwo sonst auf der Welt eine mit der Tenby-Narzisse vergleichbare Wildpflanze vorkommt, machte alles noch spannender. In jüngster Zeit jedoch fand man in den Bergen Spaniens Gesellschaften wilder Narzissen, die der Tenby-Narzisse zum Verwechseln ähnlich sehen. Wie die Pflanze nach Wales gelangte, ist allerdings noch immer ein Rätsel; heimisch jedoch ist sie dort sicher nicht.

Dafür spricht vor allem die Tatsache, dass die wild wachsenden Narzissen in Wales viele gefüllte und halbgefüllte Blüten aufweisen, was bei den gezüchteten Sorten häufig vorkommt, kaum jedoch bei wild wachsenden. Gefüllte Varianten haben eine lange Geschichte. Schon Rauwolff ist ihnen in Syrien begegnet, und der Elisabethanische Hof importierte sie als teure Rarität. Gefüllte Narzissen sehen oft gar nicht wie Narzissen aus – tatsächlich betrachten viele Botaniker sie als Entgleisung, und einer beschreibt sie gar als »vulgär und bombastisch«. Eine gefüllte Varietät mit dem Namen 'Van Sion', die ein flämischer Händler dieses Namens in England eingeführt hat, wächst heute ausgewildert auf den saftigen Wiesen der Grafschaft Suffolk, als gehörte sie seit eh und je zur Flora Großbritanniens. Viele gefüllte Formen jedoch sind gar nicht so pflegeleicht, was sie für den Kenner nur umso reizvoller macht. Sie sind trügerisch, da »gefüllte Narzissen leicht degenerieren oder, ohne äußeren Anlass, nur mehr halb gefüllt oder gar nicht gefüllt blühen«. Die Sorte 'Incomparable' blühte als gefüllte Narzisse in den Cottage-Gärten, wo sie »Butter and eggs« genannt wurde. Wie viele in unseren Gärten kultivierte Narzissen ist auch diese hybriden Ursprungs. Es handelt sich um eine Hybride zwischen *Narcissus pseudonarcissus* und *Narcissus poeticus*, die – heute ein durch und durch domestiziertes Geschöpf – möglicherweise erstmals in der Natur auftrat und dann in die Gärten genommen und weiter hybridisiert wurde.

Die unglaubliche Formenvielfalt bei den Narzissen hat die Züchter von jeher zu immer neuen Höhenflügen animiert und dazu, immer noch mehr unterschiedliche Farbzusammenstellungen zu kreieren. In dem Versuch, den Sortenreichtum bei den Narzissen zu beschreiben, haben frühere Botanikergenerationen viele Gartenformen als Art beschrieben, womit sie das Verständnis der wahren Natur der Gattung als Wildform erschwerten. Die Pflanze selbst trägt in dem Fall nichts zur Lösung des Problems bei, da viele natürliche Hybridformen zwischen wild vorkommenden Arten existieren. Wie immer haben sich die Menschen nur eine Neigung der Pflanze zu Nutze gemacht und zu ihrer eigenen Freude eine breite Sortenvielfalt herangezüchtet.

Narcissus x odorus, ca. 1750–1760

Narcissus-Arten (Amaryllidaceae)
Johann Gottfried Simula, 1720
Deckfarbe auf Papier, 455 x 285 mm

Von links nach rechts sind hier folgende Arten zu sehen: Narcissus x incomparabilis Miller, Narcissus x medioluteus Miller, Narcissus x incomparabilis Miller und Narcissus bulbocodium L. Simula bezeichnete sie mit den Volksnamen »Jonkille major, Tarcette, Narcissus Stellatus und Narc: Trompet Medea«. Dabei verwechselte er die Hybride Narcissus x medioluteus mit der Spezies Narcissus tazetta.

Narcissus pseudonarcissus L. (Amaryllidaceae)
Osterglocke
Georg Dionys Ehret, 1765
Wasserfarbe auf Papier, 323 x 200 mm

Diese Narzisse gilt als in weiten Teilen Europas heimisch, aber da sie schon so lange in Kultur ist, bedeutet das auch, dass sie sich fremdes Terrain erobert hat. Ehrets zarter Strich bringt die charakteristischen einblütigen Stiele und die dunklere Nebenkrone gut zur Geltung; daneben zeigt er auch, wie sich eine Narzissenzwiebel teilt.

Narcissus x incomparabilis Miller (Amaryllidaceae)
Großkronige Narzisse
Arthur Harry Church, 1907
Wasserfarbe und Deckfarbe auf Bristolkarton
317 x 194 mm

Hier sehen wir die typische Garten-Narzisse. Es gibt sie in Tausenden von Farbkombinationen. Zu den faszinierendsten gehört die alte, in Cottage-Gärten verbreitete Spielart »Butter and eggs« mit weißen Blütenblättern und einer goldgelben gefüllten Nebenkrone. Die Nebenkrone ist kürzer und umfangreicher als bei der wilden Narzisse, der Pollenschlauch viel länger. Die Pflanze ist hybridogenen Ursprungs, möglicherweise eine Gartenhybride, und wird seit Jahrhunderten kultiviert.

Narcissus triandrus L. (Amaryllidaceae)
Engelstränen-Narzisse
James Bolton, ca. 1786
Kolorierte Federzeichnung auf Papier
470 x 295 mm, gebunden

In diesem Fall beziehen sich die Engelstränen nicht auf die Engel im Himmel, sondern auf Angel Gancedo, einen kleinen spanischen Jungen. Im Auftrag von Peter Barr, einem Narzissen-Liebhaber, der an der Einführung der Narzisse als Gartenpflanze Ende des 19. Jahrhunderts maßgeblich beteiligt war, grub Angel auf einem steilen Hügel in der prallen Sonne Zwiebeln aus. Er kehrte in Tränen aufgelöst zurück – daher der Volksname.

Narcissus x medioluteus Miller (Amaryllidaceae)
James Bolton, 1786
Kolorierte Federzeichnung auf Papier
470 x 295 mm, gebunden

Bolton war sich bei dieser Pflanze wohl nicht ganz sicher – er bezeichnet sie als »Poetic Narcissus« oder »Primrose Peerless«; dabei hat die eine Blume mit der anderen nichts zu tun. Die »Primrose Peerless«, so benannt nach ihren blassgelben Blüten, war im 16. Jahrhundert so weit verbreitet, dass ein Botaniker sagte: »Ich werde meine Zeit nicht damit vergeuden, etwas derart Bekanntes zu beschreiben.«

Narcissus x odorus L. (Amaryllidaceae)
Franz Bauer, ca. 1800
Wasserfarbe auf Papier, 526 x 357 mm

Eine alte Bezeichnung für diese süß duftende Pflanze, eine Spezies hybriden Ursprungs, lautet Campernelle. Ende des 19. Jahrhunderts wurde sie in der Umgebung Londons in Unmengen angebaut und im April auf dem Markt von Covent Garden verkauft. Die Zeit ihrer Blüte liegt zwischen der von Narcissus pseudonarcissus und Narcissus poeticus; somit füllt sie diese Lücke perfekt.

Narcissus tazetta L. (Amaryllidaceae)
Tazette
Gerard van Spaendonck, ca. 1800–1810
Wasserfarbe auf Papier, 456 x 290 mm, gebunden

Tazetten gibt es in verwirrender Vielfalt. Die Unterschiede zwischen den Sorten sind verschwommen, und die Fülle der beschriebenen Pflanzen verschleiert ihre wahre Identität. David Webb, ein Experte auf dem Gebiet, gab sich pessimistisch: »Ich bezweifle, dass selbst lebenslange Beschäftigung zu einer wirklich zufrieden stellenden Auflistung der Sorten führen würde; ehemals klare Kriterien wurden durch Kultivierung und Einbürgerung bis zur Unbrauchbarkeit verwischt.«

Narcissus pseudonarcissus L. (Amaryllidaceae)
Osterglocke, Trompetennarzisse
Arthur Harry Church, 1903
Wasserfarbe und Deckfarbe auf Bristolkarton, 317 x 194 mm

Churchs anatomisch genaue Zeichnungen zeigen klar, wie die Nebenkrone der Narzisse aus dem Inneren der Kronröhre herauswächst, genau in dem Stadium, in dem sich die Blütenblätter und Kelchblätter erkennbar von der Kronröhre trennen. Diese ist bei Narcissus pseudonarcissus relativ weit geöffnet, aber der Nektar auf ihrem Grund wird von den Staubgefäßen geschützt, die den Griffel eng umschließen.

Narcissus x odorus L. (Amaryllidaceae)
Künstler unbekannt, ca. 1750–1760
Wasserfarbe auf Papier, 383 x 228 mm
Sammlung Saharunpore Gardens

Angeblich wurden die Zeichnungen der Sammlung Saharunpore Gardens von einheimischen Künstlern nach der Vorlage heimischer Pflanzen angefertigt. Dass auch diese Narzisse dazugehört, zeigt, wie schwierig es oft ist festzustellen, ob eine Pflanze heimisch oder eingebürgert ist. Narzissen sind Weltmeister in der Anpassung. Wo immer sie kultiviert werden, fügen sie sich problemlos in die heimische Flora ein.

KAKTEEN & SUKKULENTEN

»Wenn man sie länger betrachtet und länger mit ihnen umgeht, werden sie immer merkwürdiger ... Die Stellung ihrer Bildungen ist so mannigfaltig, die Stacheln können zu einer wahren Zierde und zu einer Bewaffnung dienen, und die Blüten sind verwunderlich wie Märchen.«

STIFTER, DER NACHSOMMER, 1857

Das Leben in der Wüste ist hart. Die Pflanzen in den Wüsten dieser Welt müssen in der Wachstumsphase zumeist mit wenig oder sogar fast ganz ohne Wasser auskommen. Dazu kommen die extrem hohen Temperaturen am Tag und sehr niedrige bei Nacht. Und so haben die Pflanzen eine Vielzahl von Methoden entwickelt, um mit derartigen Stressfaktoren fertig zu werden. Einige so genannte Ephemere tauchen überhaupt nur nach den Niederschlägen auf und verschwinden bereits nach etwa einer Woche wieder; andere haben winzig kleine Blätter, die sich nur kurz blicken lassen; wieder andere haben tiefe Wurzeln, die auch den letzten Tropfen Wasser aus dem Boden saugen. Zu den faszinierendsten Methoden, mit Trockenheit fertig zu werden, gehört jedoch die Sukkulenz, zu beobachten bei einer ganzen Reihe nicht miteinander verwandter Pflanzengruppen, die in wasserarmen Regionen vorkommen. Neben ihrer Fähigkeit, Wasser im Boden aufzuspüren und Wasserverlust vorzubeugen, zeichnen sich die Sukkulenten vor allem dadurch aus, dass sie Wasser speichern können. Um mit übermäßigem Wasserverlust zurechtzukommen, entledigt sich die Pflanze ihrer Blätter, denn Blätter haben Stomata – das sind Poren, über die bei der Photosynthese Kohlendioxid aufgenommen und Wasser abgegeben wird. Wenn aber die Pflanze ihre Blätter abwirft, fehlt ihr der Ort, an dem die Energieproduktion stattfindet. Daher haben viele Sukkulenten die Photosynthese von den Blättern in die Sprosse verlegt. Fleischige grüne Stengel mit Chloroplasten sind für die Photosynthese ebenso gut geeignet wie Blätter.

Bei den Sukkulenten unterscheidet man grob zwischen drei Hauptgruppen: Blattsukkulenten, bei denen fleischige Blätter als Wasserspeicher fungieren, Wurzel- und Stammsukkulenten. Zur letzten Gruppe gehören die allseits bekannten Kakteen. Stammsukkulenten sind ein klassisches Beispiel dafür, wie im Verlauf konvergenter Evolution Gruppen nicht miteinander verwandter Pflanzen strukturell ähnliche Lösungen für ähnliche Probleme entwickelt haben. Sie haben ihre Oberfläche im Verhältnis zum Volumen maximal reduziert, im Extremfall bis zur Kugel – eine optimale Möglichkeit, Wasser zu speichern, während gleichzeitig ausreichend grünes Oberflächengewebe zur Photosynthese vorhanden ist. Die Ähnlichkeiten zwischen Stammsukkulenten in verschiedenen Teilen der Welt sind verblüffend, besonders bei den Spezies in den Wüsten Amerikas und Afrikas. Hier wie dort gibt es riesige, wie Kandelaber geformte Pflanzen. Dass es sich dabei nicht um ein und dieselbe Art handelt, wird erst auf den zweiten Blick klar. Auf dem amerikanischen Kontinent kommen überwiegend Kakteen vor, während in Afrika die Euphorbien überwiegen. Wie weiß nun ein Botaniker, dass diese Pflanzen nicht verwandt miteinander sind, sondern eine konvergente,

Harrisia-Art, 18. Jh.

Opuntia ficus-indica, Echter Feigenkaktus, T. Reichel, 1787

aber stammesgeschichtlich getrennte Entwicklung durchlaufen haben? Die Antwort liegt in einer genauen Kenntnis der Systematik und dem Vorhandensein bestimmter Pflanzenmerkmale.

Die konvergente Evolution führt leicht in die Irre, liegt es doch nahe zu glauben, die äußere Form sei der wichtigste Hinweis auf ein mögliches Verwandtschaftsverhältnis. Man denke nur an Vogel und Fledermäuse. Beide haben Flügel, aber niemand käme auf die Idee, Fledermäuse seien enger verwandt mit Vögeln als mit anderen Säugetieren; schließlich haben sie ein Fell, bringen lebende Jungen zur Welt und säugen sie. Biologen sprechen hier von gemeinsamen ererbten Eigenschaften oder Merkmalen. Im Pflanzenreich gilt dasselbe für die Sukkulenten: Bei aller Ähnlichkeit der äußeren Form erkennen wir bei näherem Hinsehen doch die Unterschiede. Zwar haben beide einen grünen, fleischigen Stamm. Schneidet man aber mit dem Messer in einen Kaktus, tritt eine gallertartige, klebrige Substanz aus. Bei sukkulenten Euphorbien hingegen zeigt sich eine milchige Flüssigkeit, die giftig sein kann. Der Saft von *Euphorbia virosa* etwa wird im Namaqualand in Südwestafrika als Pfeilgift verwendet; die meisten Arten freilich sind weniger gefährlich und rufen schlimmstenfalls Schleimhautreizungen hervor. Kein Unterschied ist zunächst bei den Dornen zu erkennen, obwohl sie auf ganz unterschiedliche Pflanzenteile zurückgehen: Die Dornen von Kakteen wachsen auf den Areolen, einer Art seitlicher Knospen, sind also umgewandelte ganze Blätter, während sich die von Euphorbien aus dornigen Blattbasen entwickelt haben. Am klarsten zeigen uns die Blütenformen dieser beiden Pflanzenarten, in welchem Verhältnis diese wirklich zueinander stehen. Was bei Euphorbien wie eine Blüte aussieht, ist in Wirklichkeit ein Blütenstand mit einer weiblichen und mehreren männlichen Blüten, die in einem Achsenbecher vereint sind. Diese komplexe Struktur finden wir auch bei den anderen Mitgliedern der Familie Euphorbiaceae, zum Beispiel bei *Euphorbia pulcherimma*, dem Weihnachtsstern. Sie gehört zu den gemeinsamen ererbten

Euphorbia canariensis, Kanarenwolfsmilch, J. G. Simula, 1720

Merkmalen innerhalb dieser Gattung. Das Merkmal der Sukkulenz dagegen stellt lediglich eine konvergente Lösungsmöglichkeit dar, mit der Kakteen und Euphorbien auf weit voneinander entfernt liegenden Erdteilen auf ähnliche Probleme reagiert haben.

Anders verhält es sich mit den Kakteenblüten. Ganz und gar nicht klein und unscheinbar wie bei *Euphorbia,* sind die Blüten vieler Kakteen exotische Schönheiten, die um die Gunst des Betrachters buhlen. Die Grundstruktur der Blüten innerhalb der Familie Cactaceae ist immer die gleiche, die Varianten sind jedoch spektakulär. Kakteenblüten haben einen unterständigen Fruchtknoten – d. h., die Blütenblätter setzen oben und nicht unten an ihm an –, und die Samenanlagen sitzen in der Fruchtknotenmitte. Kakteen gehören zu einer Gruppe von Pflanzen, die lange Zeit *Centrospermae* (»mittige Samen«) genannt wurde. Andere Pflanzengruppen mit der gleichen ererbten Eigenschaft sind die Kermesbeeren- und Portulakgewächse sowie der Spinat – merkwürdige Bettgenossen für Cacti, wie es scheint. Unterstützung für die These, dass es sich bei der zentralen Samenanlage um eine ererbte Eigenschaft handelt, kommt aus der Chemie. Alle diese scheinbar so unterschiedlichen Pflanzen produzieren Betalaine, Pigmente mit einem Stickstoffatom in ihrem chemischen Aufbau. Dieser chemische Aufbau ist dafür verantwortlich, dass sich das aus Betalainen gebildete Rot grundlegend von den Rottönen anderer Blumen unterscheidet – Betalain-Rot geht mehr in Richtung Magenta. Das Vorhandensein dieser Betalaine ist ein gemeinsames ererbtes Merkmal, das belegt, dass Kakteen näher mit den Portulakgewächsen verwandt sind als mit den Euphorbien.

Kakteenblüten haben viele, oft sehr farbkräftige und schillernde Blütenblätter. Ebenso zahlreich sind die Staubgefäße, die sich bei manchen Arten sogar unmerklich bewegen, wenn ein menschlicher Finger oder eine Biene sie berührt. Der aus dem Fruchtknoten herausragende Griffel trägt an der Spitze eine sternförmige, oft kräftig grüne oder gelbe Narbe. Zu den spektakulärsten Kaktusblüten gehören die des Nachtblühenden Cereus, dessen weiße Blüten sich bei Sonnenuntergang öffnen. Eine *Cereus*-Art wird auch als Königin der Nacht bezeichnet. Ihre Blüten erreichen einen Durchmesser von bis zu 20 Zentimetern; ihr Duft wurde als »geradezu unglaublich« beschrieben – süß und überwältigend. Die Blüten halten nur

Cereus aff. *jamaracu*, Säulenkaktus, J. G. Simula, 1720

eine Nacht, schon am nächsten Morgen fallen sie in sich zusammen. Diese Nachtblüher werden in der Regel von Fledermäusen oder Motten bestäubt, die der kräftige Duft anlockt. Auf dem Grund der Blüte findet sich reichlich Nektar, den diese Bestäuber gerne als Belohnung annehmen.

Zu diesen spektakulären Nachtblühern gehören die riesigen Säulenkakteen wie der Saguaro in der Wüste Arizonas, aber auch so genannte Epiphyten, die in Tropenwäldern auf hohen Bäumen wachsen (das Echolot-System bestäubender Fledermäuse arbeitet umso besser, je höher sich die Blüten befinden). Auf Hawaii wird der von den Westindischen Inseln stammende Kaktus *Hylocereus undatus* ganz banal als Hecke gepflanzt. Was für Sommerabende müssen das sein mit diesem Gewächs rund um den Swimmingpool!

Bestimmt haben die Blüten wie auch die Form der Kakteen frühe Forschungsreisende ungeheuer fasziniert, und entsprechend schnell fanden sie Verbreitung überall auf der Welt. Aber auch die afrikanischen Sukkulenten waren eine Sensation für europäische Botaniker und Pflanzenfreunde; besonders eine Spezies wurde zum Objekt der Begierde aller Botanischen Gärten, bis sie fast ein Jahrhundert später in freier Natur wiederentdeckt wurde. Gegen Ende des 18. Jahrhunderts sandte Kaiser Joseph II. zwei Gärtner aus dem Palmenhaus seines Schlosses Schönbrunn nach Südafrika, wo sie neue Pflanzen aufspüren sollten. Einer der beiden, Franz Boos, kehrte 1788 nach Wien zurück, allerdings nur mit einem Teil der Pflanzen, die er in Südafrika und vom Direktor des botanischen Gartens auf der Insel Mauritius bekommen hatte. Georg Scholl dagegen blieb mit dem Rest der Pflanzen in Kapstadt zurück, da für diese auf Boos' Schiff kein Platz mehr war. Erst 1799 kehrte er, gesund und wohlbehalten, mit einer Schiffsladung lebender Pflanzen, nach Wien zurück. Einer von beiden hatte eine seltsame Pflanze mitgebracht – eine überdimensionale Knolle, aus der bis zu vier Meter lange biegsame Triebe hervorwuchsen; jeweils im Oktober bekam der knollenartige Teil grünlich-graue Blüten, deren Blütenblätter rotbraun gesprenkelt waren. Alle Versuche, die Pflanze zu vermehren, schlugen fehl. Die nach dem deutschen Botaniker Focke benannte *Fockea capensis* war einzigartig, der Stolz des Palmenhauses von Schönbrunn und der Wunschtraum aller europäischen Konkurrenten. Führende Wiener Botaniker vertraten den Standpunkt, es handle sich um das einzige überlebende Exemplar einer ausgestorbenen Art, also wirklich um eine Besonderheit. Daran änderte sich nichts, bis 1906, also mehr als hundert Jahre später, in der Region um Kapstadt Populationen von Hunderten dieser Pflanze entdeckt wurden. Damit war *Fockea* zwar immer noch etwas Besonderes, aber nicht mehr einzigartig. Dieses Schwalbenwurzgewächs gehört zu einer weiteren Gruppe von Pflanzen, die das Merkmal der Sukkulenz unabhängig ausgebildet haben.

Die Sukkulenten sind schon lange Zeit bekannt. Plinius der Ältere schrieb im 1. Jahrhundert über eine Art, die König Juba von Numidien im Atlasgebirge entdeckt hatte und deren Saft als Medizin verwendet wurde – vermutlich *Euphorbia resinifera*, eine in Afrika heimische Pflanze mit einem blaugrünen viergliedrigen Stamm mit Dornen. Die erste sukkulente Pflanze, die von einem europäischen Naturwissenschaftler beschrieben wurde, war eine der afrikanischen Euphorbienarten, als deren Heimat jedoch seltsamerweise die indische

Euphorbia-Art, Wolfsmilch, ca. 1820–1830

Malabarküste angegeben wird. Im 17. Jahrhundert blühte der Handel mit Gewürzen aus Ostindien, und Holland und England kämpften um die Vormachtstellung auf dem Markt für exotische Güter. Tatsächlich waren die aus den Kolonien eingeführten Gewürze wie Zimt und Muskat so wertvoll, dass die Schauerleute Spezialanzüge ohne Taschen tragen mussten. 1669 ließ H. A. van Rheede tot Draakestein, der an der Malabarküste stationierte holländische Gouverneur, auch Pflanzen und botanische Aufzeichnungen zurück nach Amsterdam bringen. Auf dieser Grundlage gab er um 1700 mit Unterstützung seines Landsmanns Caspar Commelin das umfangreiche Werk *Hortus Indicus Malabaricus* heraus, die erste Zusammenstellung der Pflanzen Indiens und eine der ersten wissenschaftlichen Arbeiten über die Flora in den Tropen. Unter den Aufzeichnungen von Rheede tot Draakestein befand sich auch die Beschreibung einer Heckenpflanze, einer stacheligen Sukkulente, als deren Heimat er die Malabarküste angab. Wie diese afrikanische Euphorbie nach Indien kam, ist nach wie vor ein Rätsel; erst 1915 konnte eindeutig nachgewiesen werden, dass die Spezies *Euphorbia tirucalli* aus Afrika stammt und nicht ursprünglich in Indien heimisch ist. Eineinhalb Jahrhunderte nachdem Rheede tot Draakestein diese ungewöhnliche Hecke entdeckt hatte, brachten Sammler, sehr zur Freude europäischer Naturforscher und einer sprunghaft wachsenden Gemeinde von Pflanzenliebhabern, Euphorbien aus Südafrika nach Europa. Kurz darauf wurde das Sammeln von Sukkulenten zu einer Freizeitbeschäftigung für die Reichen – wer sonst konnte es sich schon leisten, Botaniker auf der Suche nach immer neuen Sorten durch die ganze Welt zu schicken –, bald jedoch auch für breitere Schichten.

Sukkulenten lassen sich besonders leicht transportieren. Auf Grund ihres trockenen Lebensraums an Stresssituationen gewöhnt, treten sie in eine Art Winterschlaf, wann immer dies nötig ist. Damit können sie Wasser und Energie sparen, bis sich die Wachstumsbedingungen gebessert haben. Gerade Kakteen beherrschen diese Kunst besonders gut, und viele in den Wüsten Amerikas lebende Arten, besonders jene der Gattung *Opuntia*, haben es zu wahrer Meisterschaft darin gebracht. Opuntien kommen in zwei Hauptarten vor – Feigenkaktus-Arten (mit abgeflachten elliptischen Gliedern) und Cholla-Kakteen (mit runden, zylindrischen Gliedern).

Aus einem einzigen abgefallenen Glied einer Opuntie kann sich ein neuer Kaktus entwickeln – eine überaus effiziente Form der vegetativen Vermehrung. Die einheimischen Völker

Melocactus caroli-linnaei, Melonenkaktus, 18. Jh.

Selenicereus hamatus, Königin der Nacht, W.H. Fitch, Mitte 19. Jh.

Cereus hexagonus, Säulenkaktus, Mitte bis Ende 18. Jh.

haben sich diese Fähigkeit zunutze gemacht und den Kaktus bei ihren Wanderungen überallhin mitgenommen; die Ureinwohner im Südwesten der USA, die Anasazi, auf die die heute zerstörten Wohnanlagen im Nationalpark Mesa Verde und im Chaco zurückgehen, verwendeten die schlanken, biegsamen Glieder von *Opuntia whipplei* bei ihren Initiationsriten als Geißel und nahmen diese Spezies mit ihren blassen grünlichgelben Blüten mit, als sie von den Wüsten Utahs und Arizonas nach Neumexiko zogen. Dort, in den Jemez Mountains, ist eine weitere Spezies von Opuntia beheimatet, die leuchtend magentafarbene Blüten trägt. *Opuntia whipplei*, die von den Anasazi für rituelle Zwecke angebaut wurde, mischte sich mit *Opuntia imbricata*, und noch heute dienen diese Hybriden mit ihren grünlich-pinkfarbenen Blüten als verlässlicher Wegweiser zu den Ruinenstätten der Anasazi. Im gesamten Mittelmeerraum findet der Feigenkaktus als Zaunpflanze Verwendung, und es fällt schwer zu glauben, dass er dort nicht heimisch ist. Natürlich haben die spanischen Eroberer nicht nur Zaunmaterial aus der Neuen Welt eingeführt, sondern auch Anbaufrüchte und Heilpflanzen. In Australien wurde *Opuntia imbricata* als Pflanze für Umzäunungen eingeführt, was zunächst ideal schien, da sie viel billiger als Stacheldraht war und sich obendrein vermehrte. Genau wegen dieser eigentlich recht positiven Eigenschaft wurde die Pflanze in Australien zum Alptraum. In dem trockenen Klima vermehrten die Kakteen sich so rasch, dass sich bald weite Flächen in ein für Mensch oder Tier undurchdringliches Opuntien-Dickicht verwandelten. Einhalt geboten wurde dieser Plage letztlich mit Hilfe einer Motte, die passenderweise den Namen *Cactoblastus cactorum* trägt. Ihre Raupen fressen sich in den Kaktus und höhlen ihn von innen aus, was dazu führt, dass er in sich zusammenfällt und abstirbt. Zum Glück fand die Motte keinen Geschmack an heimischen Pflanzen, die ja nicht selten gut gemeinter, aber unratsamer biologischer Schädlingsbekämpfung zum Opfer fallen.

Nicht alle Sukkulenten vermehren sich so problemlos wie Opuntien. Viele der eher kugelförmigen Arten wachsen wirklich sehr langsam – was nicht weiter verwunderlich ist angesichts des begrenzten Wasserangebots und der Tatsache, dass Nährstoffe für Pflanzen nur in gelöstem Zustand zugänglich sind. Der Fasskaktus, der seinen Namen dem stark gerippten Stamm verdankt, erreicht das Alter, in dem er blüht und sich vermehrt, erst nach Jahrzehnten. Die *Fockea* im Palmenhaus von Schönbrunn blühte 1935 noch immer und war seit ihrer Ankunft in Wien im 18. Jahrhundert kaum gewachsen. Dank ihrer kompakten Größe und der reizvollen Blüten sind Kakteen und andere Sukkulenten ein ideales Objekt für Sammler. Überall auf der Welt gibt es Gesellschaften von Sukkulenten-Liebhabern, die zum Teil auf eine lange und ehrwürdige Tradition zurückblicken können. Die bis heute bestehende Deutsche Kakteen-Gesellschaft zum Beispiel wurde 1892 gegründet. Das Interesse an bestimmten Pflanzenarten kann ein faszinierendes Hobby sein, wo aber Interessen bestehen, wächst auch ein Markt, und in der Vergangenheit wurde der Markt für Kakteen weitgehend mit wild gesammelten Pflanzen beliefert. In so manchen Kakteen-Büchern vom Beginn des 20. Jahrhunderts wurden die Leser dazu aufgefordert, selbst zum Sammeln auszuziehen, und sogar Fundstellen für besonders seltene Exemplare genannt. Mittlerweile sind wir etwas klüger geworden. Immerhin dauert es sehr lange, zumal bei den kleineren, einstämmigen Sorten, bis ein Kaktus im vermehrungsfähigen Alter ist. In Mexiko sind Kakteen noch immer von Sammlern bedroht, kommerziellen Sammlern allerdings. Eine *Echinocereus*-Art, der Igelkaktus, kommt nicht mehr an seinem bevorzugten Standort vor, nämlich an Straßenrändern, und anderen, noch selteneren Cacti, erging es noch schlechter. Besonders von *Pelecyphora strobiliformis*, einer echten Rarität, verschwindet eine Population nach der anderen: »Eindeutig die größte Bedrohung für *Pelecyphora* sind die Sammler. In den 60er Jahren des letzten Jahrhunderts fuhr einer mit einem großen Lastwagen vor und bezahlte die Dorfbewohner dafür, dass sie den ganzen Hügel nach dieser Spezies absuchten. Das fortwährende Sammeln in den letzten 20 Jahren führte dazu, dass auch das letzte Exemplar verschwunden ist. Es gibt genügend Hinweise dafür, dass es auch andernorts Fälle von systematischem Abernten gegeben hat … Auch ausgewählte Exemplare anderer Arten blieben nicht verschont … Wir haben den Eindruck, dass die Sammler in jedem Fall systematisch vorgegangen sind und von einem ganzen Hügel gleich immer alle Pflanzen mitgenommen haben. Eine andere ernsthafte Bedrohung für das Überleben dieser Art gibt es unseres Erachtens nicht.«

Hylocereus triangularis, Waldcereus, ca. 1820–1830

Einige der besonders beliebten kleinen Felsenkakteen stehen kurz vor dem Aussterben; sie wachsen sehr langsam und lassen sich nur schwer über Samen vermehren. Sicher sollte Sammelleidenschaft nicht ganze Arten ausrotten. Das zunehmende Interesse an der künstlichen Vermehrung seltener Kakteenarten führt hoffentlich dazu, dass dieses Plündern ganzer Kaktuspopulationen der Vergangenheit angehört. Einigen Euphorbien und Schwalbenwurz-Sukkulenten in Afrika steht ein ähnliches Schicksal bevor. Aber wir können Dinge, die wir lieben, nur dann erhalten, wenn wir gefährdete Arten in ihrem Lebensraum belassen. Vielleicht verhält sich die nächste Generation von Kakteen- und Sukkulentenfreunden wie die Vogelbeobachter heute, die bis ans Ende der Welt reisen, um seltene Vogelarten zu Gesicht zu bekommen. Vogelbeobachter sind wahre Naturfreunde, die es nicht nötig haben, von den Vögeln, für die sie sich interessieren, immer gleich ein Exemplar besitzen. Man kann nur hoffen, dass in Zukunft der Anblick einer blühenden Pflanze in ihrem natürlichen Lebensraum mehr Befriedigung verschafft als der Besitz dieser Pflanze. Das wäre eine dem 21. Jahrhundert gemäße Weiterentwicklung des Jagdtriebs unter Hobby-Botanikern.

Stapelia sororia, Aasblume, Ralph Stennett, 1806

Harrisia-Art (Cactaceae)
Künstler unbekannt, 18. Jahrhundert
Wasserfarbe und Deckfarbe auf Papier
435 x 285 mm

Alle Arten dieser auch Eriocereus genannten Gattung haben eines gemeinsam: Sie sind nachtblühend und haben große, auffallende Blüten. Diese extravagante Zurschaustellung von Duft und gespenstisch bleicher Schönheit lockt Verehrer an – nachtaktive Schwärmer von der Größe eines Kolibris, die mit ihren langen Zungen den auf dem Grund der Blüte verborgenen Nektar erreichen können. Die Blüten halten nur eine Nacht und fallen schon im Morgengrauen in sich zusammen.

Opuntia ficus-indica (L.) Miller (Cactaceae)
Echter Feigenkaktus
T. Reichel, 1787
Wasserfarbe auf Papier, 224 x 225 mm

Die abgeflachten Sprosse des Feigenkaktus sehen ein wenig wie dicke, fleischige Blätter aus. Doch es handelt sich dabei um Sprosse, die Wasser speichern und Photosynthese betreiben. Als Wasserspeicher helfen sie dem Kaktus, in seinem unwirtlichen Lebensraum zu überleben. Echte Blätter – klein und wie eine Ahle geformt – erscheinen nur während der Wachstumsphase an der Spitze eines neuen Stammglieds, fallen aber schnell ab.

Euphorbia canariensis L. (Euphorbiaceae)
Kanarenwolfsmilch
Johann Gottfried Simula, 1720
Deckfarbe auf Papier, 455 x 285 mm

Sukkulente Euphorbien sind mehrheitlich in Afrika heimisch. Diese Art, die von den Kanarischen Inseln kommt, zeigt, dass die dortige Flora in enger Beziehung zu der auf dem afrikanischen Kontinent steht, zu dem die Inseln ursprünglich gehörten.

Cereus aff. *jamaracu* DC. »Cereus minor spinis mediis« (Cactaceae)
Säulenkaktus
Johann Gottfried Simula, 1720
Deckfarbe auf Papier, 455 x 285 mm

Alle Cacti wurden einmal Cereus genannt. Dieses lateinische Wort bedeutet Wachs und ist sicherlich ein Verweis auf die dicke, wächserne Außenhaut dieser Pflanzen. Bestimmt haben sie ungeheuer fremdartig auf die damaligen Botaniker und Künstler gewirkt. Die blattlosen, dafür aber abscheulich stacheligen Gesellen mit ihrem dicken Stamm müssen ihnen wie Wesen aus einer anderen Welt vorgekommen sein.

Euphorbia-Art (Euphorbiaceae)
Wolfsmilch
Künstler unbekannt, ca. 1820–1830
Wasserfarbe und Deckfarbe auf Papier
300 x 126 mm, Sammlung Reeves

Die Gattung Euphorbia umfasst mit die größten Blütenpflanzen überhaupt. Die Artenvielfalt reicht von kleinen einjährigen Kräutern bis hin zu den großen Säulen-Sukkulenten Afrikas. Benannt ist die Gattung nach Euphorbus, dem Arzt des Königs Juba von Numidien in Nordafrika. Der Milchsaft von Euphorbien ist von hohem medizinischem Wert, kann aber oft zu Hautreizungen führen.

Melocactus caroli-linnaei N. Taylor (Cactaceae)
Melonenkaktus
Künstler unbekannt (Taylor?), 18. Jahrhundert
Wasserfarbe und Deckfarbe auf Papier
600 x 403 mm

Die sonderbaren Auswüchse dieser Kakteenart sehen aus wie gepfropft, sind aber ganz natürlich. Kakteenblüten entwickeln sich aus Areolen – warzenartigen Gebilden, aus denen auch die Dornen wachsen. Cephalia (Köpfe) wie bei Melocactus sind spezielle blütentragende Bereiche, die sich erst entwickeln, wenn die Pflanze erwachsen, d. h. im fortpflanzungsfähigen Alter, ist.

Selenicereus hamatus (Scheidw.) Britton & Rose (Cactaceae), Königin der Nacht
Walter Hood Fitch, Mitte 19. Jahrhundert
Wasserfarbe mit Gummiarabikum auf Papier
550 x 368 mm

Man braucht nur zu erleben, wie sich eine dieser herrlichen Blüten öffnet, um zu verstehen, warum diese Pflanze auch Königin der Nacht genannt wird. In der Dämmerung entfalten sich ihre Blütenblätter nach und nach – ein geradezu sinnliches Schauspiel – und enthüllen schließlich die samtigen Staubblätter, die nur darauf warten, über eine Fledermaus oder einen anderen Nachtschwärmer zu streichen, die aus der Tiefe der Blüte Nektar saugen. Der Duft ist so süß und betörend, dass einem fast schlecht davon wird.

Cereus hexagonus (L.) Miller (Cactaceae)
Säulenkaktus, »Cereus erectus altissimus Surinamensis«. Künstler unbekannt (Taylor?), 2. Hälfte 18. Jahrhundert. Wasserfarbe und Deckfarbe auf Papier, 500 x 349 mm

Der Stamm dieser Art ist nicht immer vollkommen sechseckig – auch vier bis sieben Rippen kommen vor. Sie verlaufen in Längsrichtung, so dass sich der Stamm bei reichlichem Wasserangebot ausdehnen und dann in Zeiten der Wasserknappheit wieder zusammenziehen kann. Die mächtigen Kandelaberarme, die diese Pflanze in ihrem natürlichen Lebensraum ausbildet, gehören zu den spektakulärsten Formen, die die Welt der Kakteen zu bieten hat.

Hylocereus triangularis (L.) Britton & Rose (Cactaceae), Waldcereus
Künstler unbekannt, ca. 1820–1830
Wasserfarbe auf Papier, 197 x 125 mm
Sammlung Reeves

Die Magenta-Färbung der Pitahaya, der Frucht dieses Kaktus, ist auf Betalaine zurückzuführen, Pigmente, die nur bei Kakteen und ihren Verwandten vorkommen. Ihrem Aufbau kam man zufällig auf die Spur, als man Tests für gepanschten Wein brauchte. Der zugegebene Rote-Bete-Saft enthält nämlich ebenfalls Betalaine. Macht man den Wein alkalisch, zeigen Betalaine, im Gegensatz zu den Anthocyanen, den natürlichen Farbstoffen des Weins, keinen Farbumschlag.

Stapelia sororia Masson (Asclepiadaceae)
Aasblume
Ralph Stennett, 1806
Wasserfarbe und Deckfarbe auf Papier
535 x 428 mm

Francis Masson, der erste Sammler von König Georg III. in Südafrika, war ein Spezialist für die Gattung Stapelia. Über seine Beschreibungen machten Botaniker in Europa erstmals Bekanntschaft mit dieser sonderbaren Sukkulente. Masson sammelte viele von ihnen in der Karoo, einer wüstenähnlichen Landschaft nördlich des Kaps, die er vermutlich ohne Genehmigung der niederländischen Verwaltung aufgesucht hatte.

MAGNOLIEN

»Zwischen den strahlenförmigen schwarzen Wimpern prangte ein Paar blassgrüner Augen ohne eine Spur von Braun. Die äußeren Winkel zogen sich ein klein wenig in die Höhe, und auch die dichten, schwarzen Brauen darüber verliefen in einer scharf nach oben gezogenen schrägen Linie von jener magnolienweißen Haut, die in den Südstaaten so geschätzt und von den Frauen Georgias mit Häubchen, Schleiern und Handschuhen ängstlich vor der sengenden Sonne geschützt wird.«

MARGARET MITCHELL, VOM WINDE VERWEHT, 1936

Die Pracht – und vielleicht auch die Dekadenz – der amerikanischen Südstaaten in der Zeit vor dem Bürgerkrieg ist in den cremeweißen Blüten der Magnolie verkörpert. Südstaatenschönheiten wie Scarlett O'Hara aus *Vom Winde verweht* taten viel, um ihren Magnolienteint zu bewahren, letztlich jedoch verging die Gesellschaft, der sie entstammten, genauso wie die duftenden porzellanartigen Blüten der Magnolie.

Magnolien zählen zu den ursprünglichsten Blütenpflanzen. Versteinerungen von Blüten, die wie Magnolien aussahen, findet man in Ablagerungen aus der Zeit der Dinosaurier. Im Westen der Vereinigten Staaten wurden über 100 Millionen Jahre alte kreidezeitliche Blütenfossilien entdeckt, die unseren heutigen Magnolien verblüffend gleichen. Die Blüten von Magnolien und ihren Verwandten bestehen aus relativ einfachen Blattorganen: Kron- und Kelchblätter sind nicht, wie bei vielen anderen Blüten, erkennbar gegliedert, und die Fruchtblätter (mit den Samenanlagen) sitzen frei in einem »Zapfen« im Zentrum der Blüte. Die Staubblätter oder männlichen Blütenteile sind fleischig, z. T. blütenblattartig und zahlreich – ein weiteres Charakteristikum primitiver Blütenformen. Magnolienblüten lieferten erste Erkenntnisse über die Entwicklung der Angiospermen (Bedecktsamer). Es gab zwei Theorien über die Urform von Blüten: Eine ging von einer magnolienartigen Blüte aus, bei der viele nicht miteinander verwachsene Teile (fast wie Laubblätter) schraubig angeordnet und beide Geschlechter in der Blüte vertreten sind; die andere von einer winzigen eingeschlechtigen Blüte, die vermutlich windbestäubt wurde, wie die heutigen Gräser. Es gab hitzige Debatten, doch mit den Jahren setzte sich die Magnolientheorie durch – bis zur Entwicklung der Kladistik, einer differenzierten Methode, mit der sich der Stammbaum von Lebewesen rekonstruieren lässt. Damit können Botaniker ohne Apriori-Theorien Rückschlüsse ziehen, indem sie die Pflanzen selbst, nämlich durch ihre Eigenheiten, ihre Geschichte erzählen lassen. Durch die so gewonnenen Erkenntnisse gelangten Botaniker zu dem Schluss, dass die allerersten Blüten wahrscheinlich doch nicht wie Magnolien aufgebaut waren, sondern wesentlich simpler. Die modernen Verfahren der DNA-Analyse geben Botanikern die Möglichkeit, diese Beziehungen noch gründlicher zu erforschen. Sie zeigen, dass Magnolien und ihre Verwandten zwar tatsächlich zu den ursprünglichsten Blütenpflanzen gehören, dabei aber gleichzeitig recht spezialisiert sind und eine Sonderstellung einnehmen.

Der Ursprung der Blütenpflanzen ist untrennbar mit dem Aufkommen der Insekten verbunden. Insekten zählen zu den häufigsten Geschöpfen auf unserem Planeten, und besonders zahlreich unter den Insekten sind die Käfer. Diese Tatsache veranlasste den britischen Biologen J. B. S. Haldane zu der

Magnolia grandiflora, Großblütige Magnolie, G. D. Ehret, 1744

Magnolia x soulangeana, Tulpenmagnolie, Olga Makruschenko, 1999

Bemerkung, wenn es denn einen Gott gebe, müsse er eine ganz besondere Schwäche für Käfer haben. Mit Magnolien verbindet die Käfer eine höchst intime Beziehung; sie werden von den stark duftenden Blüten angelockt und fressen die mit Pollen gefüllten Staubbeutel und Nektarabsonderungen der weiblichen Blütenteile. Dabei bleibt unweigerlich Pollen an ihrem Körper hängen. Fliegen sie dann die nächste Blüte an, tragen sie die Pollenkörner, aus denen sich die männlichen Keimzellen entwickeln, und bestäuben sie. Pflanzen haben Sex, genau wie Tiere, doch sie suchen nicht aktiv nach einem Partner. Vielmehr verlassen sie sich darauf, dass jemand ihnen diese Suche abnimmt. Im Falle der Magnolie ist dies ein Käfer oder ein anderes Insekt. Idealerweise wird der Pollen einer Pflanze zu einer anderen derselben Art gebracht; das nennt man Kreuzbestäubung. Gaukelt der mit Pollen beladene Käfer jedoch ewig in derselben Blüte umher, wie vermeidet die Pflanze dann eine Selbstbefruchtung? Viele Magnolienarten umgehen diese Gefahr dadurch, dass männliche und weibliche Blütenteile zu unterschiedlichen Zeiten ausreifen; während einer Phase ist die Blüte weiblich, während einer anderen männlich.

Magnolienblüten – groß, süß duftend und zweifellos exotisch – faszinieren die Gärtner seit langem. Die ersten Magnolien, die nach Europa gelangten, kamen vermutlich im späten 17. Jahrhundert aus dem Süden der heutigen USA. Die Kolonisierung der Ostküste des amerikanischen Kontinents durch die Briten brachte jede Menge bislang unbekannter Pflanzen in europäische Gärten. Henry Compton, Bischof von London und den nordamerikanischen Kolonien, nutzte seinen Einfluss und sandte in die Neue Welt bevorzugt Männer, die dort nicht nur das Evangelium predigten, sondern auch Pflanzen für den Park von Fulham Palace sammelten. Einer von diesen, der Geistliche John Banister, schickte 1688 ein eigentümliches Gehölz nach England, das er Lorbeerblättriger Tulpenbaum nannte. Dieser Baum war immergrün und trug riesige, cremeweiße Blüten, die einen zarten Duft verströmten. Obwohl Compton die Staude mit großer Sorgfalt hegte und sie vor der

Magnolia-Art, Magnolie (stark stilisiert), ca. 1795–1805

Winterkälte schützte, gedieh sie nie sonderlich gut. 1710 bereiste der Naturforscher und Künstler Mark Catesby das heutige Carolina. Neun Jahre lang sammelte und zeichnete er die dortige Pflanzenwelt. Zu seinen Funden, die in der *Flora Caroliniana* veröffentlicht wurden, zählte der so genannte »Swamp Bay« (»Sumpflorbeer«) – dieselbe Staude, die Banister Lorbeerblättriger Tulpenbaum genannt hatte. Diese

Magnolia denudata, Yulan-Magnolie, ca. 1820–1830

Gehölze wachsen noch heute in den Sumpfgebieten im Südosten der Vereinigten Staaten, wirken verglichen mit unseren heutigen Magnolien aber recht unscheinbar.

Heute nennen wir die nämliche Pflanze nach Linné *Magnolia virginiana* (Sumpfmagnolie). Ihr Artname bezieht sich auf ihre Heimat, Virginia und Carolina; der Gattungsname erinnert an Pierre Magnol (1638–1715), den Direktor des Botanischen Gartens von Montpellier. Magnol genoss hohes Ansehen bei seinen Zeitgenossen, und der Franziskanerpater Charles Plumier, der als einer der Ersten ein botanisches Werk über die amerikanische Flora veröffentlichte, taufte zu Ehren Magnols 1703 eine herrliche von den Westindischen Inseln stammende Pflanze »Magnolia«. Heute heißt diese Art *Talauma dodecapetala*, »Magnolie mit den zwölf Kronblättern«, obwohl sie meist sogar noch mehr Kronblätter besitzt. Die lateinischen Namen, die wir heute benutzen, gehen zurück auf Linnés Abhandlung *Species Plantarum* (1753). Magnol starb lange vor Linnés (noch heute gültiger) Klassifizierung, doch sein Gedanke, Pflanzen in Familien zu unterteilen, beeinflusste den jungen Linné. Dieser besaß Magnols Flora (Pflanzenkatalog) der Region um Montpellier und betrachtete sie als vorbildlich. Er übernahm Plumiers Namen »Magnolia«, übertrug ihn aber auf die von Catesby und Banister eingeführten Pflanzen, die schon damals in europäischen Gärten weiter verbreitet waren als der Baum, den Plumier ursprünglich beschrieben hatte (und über den Linné kaum Informationen besaß).

In ihrer nordamerikanischen Heimat wachsen Magnolien mitunter zu sehr großen Bäumen heran. Viele der imposanten Herrenhäuser auf den Plantagen in den Südstaaten haben eine lange, gerade Auffahrt, die von riesigen Großblütigen Magnolien gesäumt wird: *Magnolia grandiflora*, der zweiten nach Europa importierten amerikanischen Magnolienart. Die tellergroßen Blätter dieser Sumpfmagnolie erregten in Fachkreisen großes Aufsehen, und im ausgehenden 17. und frühen 18. Jahrhundert tauchte das Gehölz u.a. in den Gärten des Bischofs von London und der Herzogin von Beaufort auf. Philip Miller, damals Kurator des Chelsea Physic Garden, pries die Pflanze 1731 in den schwärmerischsten Tönen: »Dieser Baum zählt zu den schönsten Amerikas, wo er gewöhnlich in Sumpfwäldern wächst und häufig Höhen von 60 Fuß [18 m] und mehr erreicht ... Die Blüten sollen sehr groß sein, von weißlicher Farbe und ausnehmend wohlriechend ... Er steht von Mai bis November in voller Pracht, und das Laub, das stets grün bleibt, bietet im Winter einen Anblick von trefflicher Eleganz ... Da er widerstandsfähig genug ist, die Kälte unseres Klimas im Freien zu überdauern, zweifle ich nicht daran, dass

Magnolia liliiflora, Purpurmagnolie, ca. 1820–1830

Magnolia grandiflora, Großblütige Magnolie, G. D. Ehret, ca. 1740–1750

wir in wenigen Jahren die Freude haben werden, seine herrlichen Blüten zu sehen, da unweit von London mehrere Bäume ... gepflanzt wurden ... Dieser Baum muss aus dem Auslande eingeführt und über Ableger vermehrt werden ... Denn Samen sind in keinem Teile Europas zur Keimung gelangt ... Derzeit ist er höchst selten in England, wenngleich es einstmals mehrere dieser Blütengehölze in den Gärten des Bischofs von London und denen der Herzogin von Beaufort in Chelsea gegeben hat; diese sind für uns freilich verloren, so dass es nur sehr wenige in englischen Gärten zu bewundern gibt.«

1759 hatte Miller im Park von Sir John Colliton in Exmouth, Devon, selbst einen Baum im Flor gesehen. Dieser war Millers Kenntnis nach der größte seiner Art in England und ging als Exmouth-Magnolie in die Geschichte ein. Nach Sir Johns Tod wechselte der Park mehrfach den Besitzer. Da die Art nicht verlässlich Früchte oder Samen ansetzte, vermehrten Gärtner sie über Absenker. In der zweiten Hälfte des 18. Jahrhunderts verkaufte ein Gärtner Ableger für eine halbe Guinee pro Stück, eine damals recht stolze Summe. Irgendwann erwarb ein Kaufmann die Gartenanlage und beauftragte einen Mann, einen Apfelbaum zu fällen. Zum Entsetzen des Eigentümers sägte dieser jedoch stattdessen die herrliche Magnolie um und beendete damit ihr langes und ruhmreiches Leben. Dorfbewohner erinnerten sich später, dass der Baum von einem Gerüst umgeben war, auf dem mit Erde gefüllte Holzkisten standen, in denen Absenker Wurzeln treiben sollten. Das Städtchen Exmouth nahm den Baum übrigens in sein Wappen auf, das einen von Magnolienblättern und -blüten flankierten Wehrturm zeigt. Darunter steht das Motto: *Mare ditat flores decorant* (Das Meer bereichert, die Blumen zieren).

Wenngleich die ersten Magnolien, die nach Europa kamen, aus Nordamerika eingeführt wurden, stammen nahezu alle Pflanzen, die heute unsere Gärten schmücken, ursprünglich aus Asien. Vor vielen Jahrmillionen waren die Vorfahren der Magnolien auf dem gesamten Superkontinent Laurasien verbreitet, der später auseinanderbrach und zum heutigen Nord-

Magnolia globosa, Magnolie, ca. 1820–1830

amerika und Asien wurde. Deshalb sind Magnolien auf beiden Erdteilen heimisch. Fachleute nennen die Trennung eines pflanzengeographischen Verbreitungsgebietes in nicht zusammenhängende Teile Disjunktion. Sie ist der Grund für zahlreiche ähnliche Verbreitungsmuster: eine Gruppe von Arten an der amerikanischen Atlantikküste, eine ähnliche in China, aber keine verwandten Spezies dazwischen. Bei einigen Gattungen gleichen sich die Arten zweier weit voneinander entfernter Orte ganz verblüffend; Magnolien jedoch haben sich in ihren beiden Hochburgen deutlich auseinanderentwickelt. Die Blüten asiatischer Magnolien sehen denen ihrer amerikanischen Vettern sehr ähnlich: Große, an dünnes Porzellan erinnernde Kronblätter umgeben viele fleischige Staubblätter und zahlreiche frei stehende Fruchtblätter, die in einem zapfenartigen Gebilde angeordnet sind. Für Gärtner ist deshalb vor allem das unterschiedliche Blattwachstum von Interesse. Viele asiatische Magnolien blühen im Frühjahr, bevor die Blätter erscheinen, so dass der Flor in seiner vollen Pracht zur Geltung kommt. Zwar verlieren nicht alle asiatischen Magnolien im Winter ihr Laub, aber doch viele – und genau diese bzw. aus ihnen herausgezüchtete Hybriden prangen im Frühjahr in unseren Gärten.

Magnolien werden auch in chinesischen Kräuterbüchern erwähnt, die lange vor den ersten europäischen entstanden. Der zu einem Tonikum verarbeiteten Rinde sprach man therapeutische Eigenschaften zu, die Blüten wurden gegessen. Ein Kräuterbuch aus dem 11. Jahrhundert führt drei Magnolienarten an, von denen zumindest eine als Kulturpflanze in den kaiserlichen Gärten gezogen wurde. Diese war buddhistischen Mönchen gut bekannt; sie nannten sie »Yulan« oder »Lilienbaum«, und sie erscheint als Symbol für Reinheit und Lauterkeit auf frühem Porzellan. Angeblich wurden Magnolien in China seit dem Jahr 627 kultiviert. Welche *Magnolia*-Art auf den Bildern und Keramiken dargestellt ist, wird jedoch wahrscheinlich ewig ein Rätsel bleiben. In vielen asiatischen Ländern ist bis heute eine Mischung verschiedener Magnolienknospen, *hsin-i* genannt, auf dem Markt. Sie soll gegen Kopfschmerzen, Erkältung, Fieber und Allergien helfen. Ein Extrakt aus den getrockneten Knospen einer Art enthält in der Tat entzündungshemmende Wirkstoffe und Antiallergene. Die Wirksamkeit des Tonikums ist also (wie häufig bei der chinesischen Medizin) durchaus auch chemisch zu begründen.

Wann genau die ersten zauberhaften laubwerfenden Magnolien nach Europa kamen, ist nicht bekannt. Entweder 1780 oder 1789 soll Sir Joseph Banks – führender Botaniker seiner Zeit, Präsident der Royal Society, herausragender britischer Wissenschaftler und Botaniker bei Captain James Cooks

Magnolia virginiana, Sumpfmagnolie, Peter Brown, ca. 1760–1770

großer Forschungsreise mit der *Endeavour* – eine Magnolie mit cremeweißen Blüten vorgestellt haben, die an blattlosen Zweigen trieben. Sicher ist, dass Banks 1791 eine Reihe Illustrationen von angeblich japanischen Magnolien, die der deutsche Arzt und Forschungsreisende Engelbert Kaempfer angefertigt hatte, veröffentlichen ließ. In Wirklichkeit trugen die Bilder jedoch nur japanische Namen und zeigten eine Mischung in Kultur befindlicher chinesischer und japanischer Pflanzen – die Arten, die wir heute als *Magnolia denudata* (Yulan-Magnolie), *Magnolia liliiflora* (Purpurmagnolie) und *Magnolia kobus* (Kobushi-Magnolie) kennen. Dass es im 18. Jahrhundert häufig zu Verwechslungen des eigentlichen Ursprungslandes einer Pflanze kam, ist dem frühen Handel zwischen Japan und China anzulasten. Viele eigentlich aus China stammende Arten gelangten nämlich über Japan nach Europa. Der Artname »denudata« verweist auf die Eigenart dieser Magnolie, Blüten zu treiben, bevor die ersten Blätter erscheinen. 1778 beschrieb ein französischer Autor dieselben wunderschönen Pflanzen als »nackten Walnussbaum mit einer Lilie an jedem Zweigende«.

Kein Wunder, dass diese Gehölze, die auch europäische Winter überdauern (wenngleich die Blüten selbst frostempfindlich sind), die immergrünen amerikanischen Magnolien rasch in den Schatten stellten. Die ebenfalls chinesische Purpurmagnolie, Ende des 18. Jahrhunderts in Kultur genommen, hat dunkel purpurne, aufrechte, fast geschlossene Blüten. Die heute vermutlich am weitesten verbreitete Magnolie ist eine Hybride zwischen dieser Art und Banks' cremeweiß blühender Spezies (*M. denudata*). Auf den Gedanken, diese beiden zu kreuzen, kam Etienne Soulange-Bodin, ein hoher Beamter am Hofe von Prinz Eugene, dem Stiefsohn Napoleons. Diese *Magnolia x soulangeana* (Tulpenmagnolie) blüht später im Jahr als ihre beiden Eltern und entgeht so meist den Frösten, die den zarten Blüten aller Magnolien so rasch den Garaus machen.

Als unumstrittene Königin der Magnolien gilt heute *Magnolia campbelli*, eine im Himalaja beheimatete Art aus den

Magnolia cf. *delavayi*, Magnolie, ca. 1820–1830

Magnolia grandiflora, Großblütige Magnolie, G.D.Ehret, ca. 1740–1750

Königreichen Sikkim und Bhutan. Joseph Hooker, der Sohn von William Hooker, dem ersten Direktor von Kew Gardens, und ein enger Freund Charles Darwins, wurde Zeuge, wie die Blüte dieser Art ganze Berghänge rosa färbte. Er benannte die Art nach Dr. Archibald Campbell, dem Oberaufseher von Darjeeling. Die Blüten von *Magnolia campbelli* sind riesig, fast kinderkopfgroß, und entweder cremeweiß oder von klarem Blassrosa. Sie treiben an den Enden blattloser Zweige und präsentieren sich in einer ungewöhnlichen Becherform. Diese Bäume kommen meist erst in einem Alter von 20 Jahren zur Blüte, doch der Gärtner, der so viel Geduld aufbringt, wird reich belohnt. Zu Hookers Zeit war *Magnolia campbelli* sehr weit verbreitet und überzog im Frühjahr ganze Berghänge mit einem zauberhaften Farbschleier. Leider wird ihr Holz seit langem zu Teekisten verarbeitet und als Brenn- oder Bauholz genutzt, so dass diese Bäume in ihrer Heimat heute selten geworden sind.

Nach Hooker erkundeten noch viele andere Botaniker die Wälder Ostasiens, immer auf der Suche nach Novitäten für europäische Gärten. So fanden zahlreiche asiatische Magnolienarten den Weg zu uns, von der zarten *Magnolia kobus* var. *stellata* (Sternmagnolie), deren sternförmige Blüten und süßer Duft in vielen Gärten den Frühling ankündigen, bis hin zur ungleich robusteren *Magnolia wilsonii* (Wilsons Magnolie) mit ihren nickenden schalenförmigen Blüten und leuchtend roten Staubgefäßen. Die vielen verschiedenen Arten sowie von Pflanzenzüchtern und Magnolienliebhabern gezogene Hybriden schmücken zahlreiche Gärten der gemäßigten Breiten (Frost mag nämlich keine Magnolie).

Warum wir überhaupt Magnolien anpflanzen? Sie brauchen Jahre bis zum ersten Flor, und die fleischigen, dabei aber unglaublich zarten Blüten sind beim geringsten Frost dahin. Doch Magnolien üben eine ganz eigene Faszination aus. Ob chinesischen, amerikanischen, koreanischen oder japanischen Ursprungs – alle Arten werden kultiviert und früher oder später gekreuzt, um immer noch spektakulärere Blüten zu erhalten. Eine internationale Gesellschaft fürwahr. Allein schon die Größe und Textur der Blüten, dazu der Gedanke, dass die Vorfahren dieser Pflanzen zur Zeit der Dinosaurier lebten, wird auch weiterhin für diese Faszination sorgen. Magnolienblüten beflügeln unsere Fantasie, da sie uns an das Leben selbst gemahnen: flüchtig und vergänglich, eine Kostbarkeit, die man greifen und festhalten möchte.

Magnolia pterocarpa, Magnolie, ca. 1795–1805

Die Leuchtkraft dieses Bildes aus den den Sammlungen des Natural History Museum ist in nicht geringem Maß dem Pergament zu verdanken, dessen cremeweiße Farbe und spezielle Oberflächenstruktur Schattierungen und Nuancen zum Vorschein bringen, die auf Papier untergehen würden. Hier zeigt sich Georg Ehrets herausragende Beobachtungsgabe, die seine Pflanzenporträts zu echten Studien eines lebendigen Organismus macht.

Magnolia grandiflora L. (Magnoliaceae)
Großblütige Magnolie, Immergrüne Magnolie
Georg Dionys Ehret, 1744
Wasserfarbe und Deckfarbe auf Pergament, 469 x 354 mm

Magnolia x soulangeana ist eine Hybride aus den asiatischen Arten Magnolia denudata (Sameneltern) und Magnolia liliiflora (Polleneltern). Étienne Soulange-Bodin, Direktor des Institut Royal d'Horticulture bei Paris, kreuzte diese beiden erstmals, doch die gleichen Bastarde kennt man auch aus Japan. Heute zählt diese Pflanze zu den meistkultivierten Magnolien weltweit. Aus dieser winterharten Pflanze, der Kombination zweier wunderschöner Eltern, wurden viele hundert Sorten gezüchtet.

Mangolia x soulangeana Soul.-Bod. (Magnoliaceae)
Tulpenmagnolie
Olga Makruschenko, 1999
Mischtechnik auf Karton
348 x 249 mm

Dieses Bild wurde von unbekannter Hand mit »Liriodendron grandiflorum« beschriftet. Roxburgh hatte dieselbe Pflanze Magnolia pterocarpa und Liriodendron grandiflorum benannt, doch beide Namen wurden erst lange nach Entstehung dieser Abbildung veröffentlicht. Wer wohl diesen Namen geschrieben hat und wann? Und wie kam der Verfasser auf diese korrekte Bezeichnung? Magnolia pterocarpa blüht nämlich weiß und nicht rosa, wie hier gemalt. Die abgebildete Pflanze bleibt also ein Rätsel.

Magnolia-Art (Magnoliaceae)
Magnolie (stark stilisiert)
Künstler unbekannt, ca. 1795–1805
Wasserfarbe, Deckfarbe und Tusche auf Papier
405 x 291 mm, Sammlung Fleming

Sowohl diese Art als auch Magnolia liliiflora wurden erstmals von Engelbert Kaempfer gezeichnet. Er sah beide Anfang des 18. Jahrhunderts in Kultur in Japan, wo sie den Volksnamen »Mokuren« tragen. Der in China gängige Name »Yu-Lan«, der Lilienbaum bedeutet, huldigt den wunderschönen reinweißen Blüten. In den Kaiserlichen Gärten in Peking wurde die Yulan-Magnolie auf Wurzelstöcken von Magnolia liliiflora gezogen und zu allen Jahreszeiten zur Blüte gebracht.

Magnolia denudata Desr. (Magnoliaceae)
Yulan-Magnolie
Künstler unbekannt, ca. 1820–1830
Wasserfarbe und Deckfarbe auf Papier
479 x 378 mm, Sammlung Reeves

Der chinesische Name der Magnolie, »Mu-lan«, lässt sich mit »holzige Orchidee« übersetzen, und in der Tat erinnern die purpurnen Blüten, die vor dem Laubaustrieb an den Zweigenden erscheinen, ein bisschen an Orchideen. Es sind keine wilden Vorkommen der Purpurmagnolie bekannt, aber sie wird seit Jahrhunderten in China und Japan kultiviert. Diese strauchige Art lässt sich gut in Kübeln halten und eignet sich auch zur Wurzelpfropfung für andere Arten, z. B. die Yulan-Magnolie (Magnolia denudata).

Magnolia liliiflora Desr. (Magnoliaceae)
Purpurmagnolie
Künstler unbekannt, ca. 1820–1830
Wasserfarbe auf Papier, 380 x 286 mm
Sammlung Reeves

Zum ersten Mal in England zur Blüte gelangte diese herrliche Immergrüne Magnolie in Parsons Green, dem Anwesen des britischen Marineministers Sir Charles Wager. Das Ereignis war von großem Interesse für die botanische Welt, und auch Ehret pilgerte jeden Tag zu Fuß die vier Kilometer von Chelsea nach Parsons Green, um alle Entwicklungsstadien der Blüte zu beobachten und festzuhalten.

Magnolia grandiflora L. (Magnoliaceae)
Großblütige Magnolie, Immergrüne Magnolie
Georg Dionys Ehret, ca. 1740–1750
Wasserfarbe, Deckfarbe und Graphitstift auf Papier, 277 x 428 mm, Ehret-Skizzen

Diese Himalaja-Magnolie ist von China bis Indien verbreitet und wurde erstmals 1849 von Joseph Dalton Hooker in Sikkim gesammelt. Joseph war der Sohn von Sir William Hooker, dem Direktor der Royal Botanic Gardens in Kew, und seine Expedition zum Dach der Welt diente vorwiegend dem Zweck, neue Pflanzen für Kew Gardens aufzutun.

Magnolia globosa Hook. f. & Thomson (Magnoliaceae), Magnolie
Künstler unbekannt, ca. 1820–1830
Wasserfarbe und Deckfarbe auf Papier
481 x 380 mm, Sammlung Reeves

Als eine der ersten Magnolien, die den Weg von Nordamerika nach Europa fanden, wurde die Sumpfmagnolie 1688 im Park von Fulham Palace gehalten, der Residenz des Bischofs von London (damals Dr. Henry Compton). Möglicherweise schickte der von Compton in die neuen Kolonien gesandte Geistliche John Banister diese Pflanze nach England.

Magnolia virginiana L. (Magnoliaceae)
Sumpfmagnolie
Peter Brown, ca. 1760–1770
Wasserfarbe und Deckfarbe auf Pergament
321 x 239 mm

Diese wunderschöne immergrüne Art ist nach dem französischen Jesuiten Père Jean-Marie Delavay benannt, der sie 1886 als Missionar in Südchina erstmals sammelte. Ein 230 Jahre alter Magnolia-delavayi-Baum steht im Garten des Yufeng-Tempels in Lijiang, Yunnan. Vor kurzem züchteten Botaniker am Botanischen Garten von Kunming rot und rosa blühende Sorten, die weltweit begehrt sind.

Magnolia cf. *delavayi* Franchet (Magnoliaceae)
Magnolie
Künstler unbekannt, ca. 1820–1830
Wasserfarbe und Deckfarbe auf Papier
371 x 489 mm, Sammlung Reeves

Diese Skizze bildete die Grundlage für Ehrets spätere Darstellung einer Magnolienblüte auf Pergament. Im fertigen Bild ist die Blüte vollkommen, doch hier sehen wir, wie die Elemente den Blütenblättern mitgespielt haben. Genau genommen ist diese Skizze also sehr viel realistischer und lebendiger als das kunstvolle Porträt auf Pergament, zeigt sie doch eine lebende Pflanze ganz naturgetreu und ungeschönt.

Magnolia grandiflora L. (Magnoliaceae)
Großblütige Magnolie, Immergrüne Magnolie
Georg Dionys Ehret, ca. 1740–1750
Wasserfarbe, Deckfarbe und Graphitstift auf Papier, 547 x 404 mm

Ohne es zu bemerken, benannte William Roxburgh diese Pflanze gleich zweimal: In einer Veröffentlichung heißt sie Magnolia pterocarpa, in einer späteren dann Liriodendron grandiflorum. Diese Zeichnung aus der Sammlung Fleming – eine Kopie derjenigen, nach der Roxburgh die Erstbenennung durchführte – zeigt deutlich den geflügelten »Schnabel« an den Fruchtknoten, dem die Art ihren Namen verdankt.

Magnolia pterocarpa Roxb. (Magnoliaceae)
Magnolie
Künstler unbekannt, ca. 1795–1805
Wasserfarbe und Graphitstift auf Papier
493 x 326 mm, Sammlung Fleming

HIBISKUS

Mit dem anderen Auge sah er einen Mann, der neben einem Hibiskus saß, und sein Gesicht war dasselbe, nur älter als das Gesicht auf dem Schnappschuss. Auch neben einem Hibiskus. Tim Kendal hatte die Geschichte gehört, die der Major erzählt hatte, und er sah, dass der Major ihn erkannt hatte. Also musste er ihn töten.

AGATHA CHRISTIE, KARIBISCHE AFFAIRE, 1964

Blumen gelten als Ausdruck von Liebe und romantischen Stimmungen. Hinter der Sprache der Blumen steckt das Bedürfnis, bestimmte Dinge symbolisch auszudrücken. Von den Liebes-Symbolen unter den Blumen schillert vielleicht keines so vielsagend wie der seidige, rubinrote Hibiskus. Dazu beigetragen hat sicher Paul Gauguin mit seinen in leuchtenden Farben gemalten Bildern der Frauen und des Alltagslebens auf Tahiti. Gauguins impulsive Südsee-Gemälde erzählen von einer von Liebe und Leben durchpulsten Welt ohne Mauern – dem genauen Gegenteil zur gesellschaftlichen Enge in Europa, die der Maler für immer hinter sich gelassen hatte. Der Anblick dieser Blume beschwört unmittelbar die heiße, feucht-schwüle Welt der Tropen herauf, denn ihre Extravaganz scheint so gar nicht in die gemäßigten Zonen des Nordens zu passen. Der hawaiische Brauch, eine Hibiskusblüte hinter dem Ohr zu tragen, hat angeblich seine eigene Bedeutung: Wer die Blüte links trägt, wandelt auf Freiersfüßen, wer sie rechts trägt, hat seinen Schatz bereits gefunden. Fragt sich nur, was eine Blüte hinter beiden Ohren bedeutet ... Auf Malaysia wird der Hibiskus auch »Bunga Raya«, Königin der Blumen, genannt, und einige Arten der Gattung sind die Wappenblumen von Malaysia, Jamaika, Südkorea und dem US-Bundesstaat Hawaii. Der rote Hibiskus, den wir bei dem Gedanken an Paul Gauguin und Tahiti unmittelbar vor Augen haben, ist *Hibiscus rosa-sinensis*, der Chinesische Roseneibisch. Der Hibiskus oder Roseneibisch hat trotz seines Namens mit der Familie der Rosen nicht das Geringste zu tun, sondern gehört zur Familie Malvaceae. Die Malvengewächse, zu denen übrigens auch die Baumwolle gehört, haben durchwegs jene charakteristische Blüte mit der seltsamen Säule (Columna) in der Mitte. Tatsächlich handelt es sich dabei um die zu einer röhrenförmigen Struktur verwachsenen Staubblätter. Die an der Spitze goldfarbenen Stacheln, die aus dieser Röhre herausragen, sind die Staubbeutel. Da die Staubfäden unterschiedlich lang sind, treten die Staubbeutel manchmal auf die gesamte Oberfläche der Röhre verteilt zutage, manchmal auch konzentriert auf das vordere Ende. Im Inneren dieser Röhre aus Staubblättern befindet sich der Griffel, der sich oben zu einzelnen Ästen auffächert, an deren Spitze sich im Reifezustand die gerundeten, wärzchenförmigen Narben ausbilden. Die noch nicht reifen Narben verbleiben in der Staubfadenröhre, bis sich kein Pollen mehr in den Staubbeuteln befindet. Erst dann treten die Griffeläste hervor, die Narbenfläche wölbt sich heraus und kann nun bestäubt werden. Dieser Zeitplan trägt dazu bei, Selbstbestäubung zu vermeiden, und fördert somit die genetische Vielfalt.

Die Tatsache, dass wir *Hibiscus rosa-sinensis* mit der Südsee in Verbindung bringen, spricht für das seefahrerische Können der frühen Polynesier, die landwirtschaftliche Güter wie

Hibiscus cannabinus, Kenaf, ca. 1795–1805

Hibiscus tiliaceus, ca. 1820–1830

Geflügel, Hunde, Brotfrüchte und Bananen im gesamten südpazifischen Raum verbreiteten, lange bevor die ersten Europäer dorthin kamen. In China wurde dieser Roseneibisch schon Jahrhunderte vor Christi Geburt kultiviert; dort nannte man ihn auch »Fusang«, nach der sagenhaften Insel im »Östlichen Meer«, hinter der die Sonne aufging und auf der der Riesenbaum wuchs, dessen Frucht die Menschen angeblich unsterblich machte. Vielleicht stammte der Chinesische Roseneibisch ja wirklich aus dem pazifischen Raum, aber seine Spuren verlieren sich im Dunkel der Zeit; und angesichts seiner langen Geschichte und seiner weltweiten Verbreitung werden sie wohl auch für immer verloren bleiben. Der Chinesische Roseneibisch gehört zu einer Untergruppe der Gattung, der Untergruppe *Lilibiscus* – den Lilienblütigen. Weitere Angehörige dieser Untergruppe kommen auf den Inseln im Pazifik vor – von den Maskarenen und Madagaskar im Indischen Ozean bis nach Hawaii. All diesen Arten ist gemeinsam, dass sie, bis auf *Hibiscus rosa-sinensis*, der weltweit vorkommt, endemisch sind. Auf Inseln endemisch vorkommende Arten sind die besonderen Sorgenkinder von Naturschützern. Ihr Schicksal hängt an einem seidenen Faden.

Auf Inseln sind häufig sehr spezialisierte Lebensformen heimisch. Aufgrund ihrer Isolierung entwickeln Organismen, die sich auf Inseln niedergelassen haben, besondere Eigenschaften, was bis zur Ausbildung eigener Arten führen kann. Auch wenn Fraßfeinde, die auf den größeren kontinentalen Landmassen einen Selektionsdruck ausüben, völlig fehlen, können Tiere oder Pflanzen besondere Eigenschaften entwickeln. So gab es auf vielen Pazifikinseln keine Räuber am Boden, weshalb viele Vogelarten ungestört dort nisten konnten. Als dann aber infolge des zunehmenden Schiffsverkehrs Ratten auf die Inseln gelangten, wurde ein ursprünglich sicherer Lebensraum beinahe über Nacht unsicher, was für mehrere Arten einem Todesurteil gleichkam. Ähnlich erging es den Schildkröten auf den Galapagosinseln. Sie wurden zu Hunderten von Seeräubern abgeschlachtet, die auf den Inseln Station machten, um sich mit Lebensmitteln und Wasser zu versorgen. Ein noch schlimmeres Schicksal erlitt die Dronte, ein ursprünglich auf Mauritius heimischer Riesenvogel, der bereits 1681 ausgerottet wurde. Auch Pflanzen, die auf Inseln wachsen, sind bedroht. Das größte Problem dabei ist, dass

Hibiscus tiliaceus, 1847

endemische Arten auf Inseln eben nur dort vorkommen und sonst nirgends. *Hibiscus storckii* zum Beispiel, ein Verwandter des Chinesischen Roseneibischs, war ursprünglich auf den Fidschi-Inseln heimisch und ist heute ausgestorben. Als es in den 90er Jahren auf Rodrigues nur mehr drei Exemplare von *Hibiscus liliiflorus* gab, schien die Art endgültig verloren, und nur Neuanpflanzungen konnten sie retten. Heute umfasst die

Hibiscus cannabinus, Kenaf, G. D. Ehret, 1742

Population wieder mehr als tausend Pflanzen, was noch immer nicht viel ist. Rodrigues ist ein gutes Beispiel dafür, wie die Menschen das Ökosystem einer kleinen Insel in relativ kurzer Zeit zerstören können. Als François Legat 1708 die unbewohnte Insel erstmals sah, beschrieb er sie als üppig grünes Paradies, in dem die »Quellen niemals versiegen«. Menschen kamen, besiedelten die Insel und nutzten sie für ihre Bedürfnisse, und keine 200 Jahre später erlebte der britische Botaniker Isaac Bayley Balfour sie als »von Unkraut überwucherte Ödnis«. Was für ein Unterschied!

Freiwillige konnten so manche vom Aussterben bedrohte Art in letzter Minute retten, aber Probleme bereiten nicht nur die Zerstörungen, die der Mensch unmittelbar zu verantworten hat. Wenn Inseln besiedelt werden, lassen sich auch fremde, von den Menschen eingeschleppte Arten darauf nieder und verdrängen manchmal ältere endemische Pflanzen, die Samen in geringeren Mengen produzieren oder nicht in der Lage sind, vom Menschen zerstörte Habitate weiter zu besiedeln. Auf Hawaii hat sich *Miconia*, ein Strauch, der wegen seiner hübschen roten und grünen Blätter dort eingeführt wurde, als aggressiver Eindringling in den Regenwald erwiesen, wo er sich rasant ausbreitet. Umweltschützer versuchen, die Art von Hand zu entfernen und damit unter Kontrolle zu halten, aber die Aufgabe ist enorm. Auf Hawaii, weit entfernt von den Maskarenen, gibt es auch einige Arten der Untergruppe *Lilibiscus*. Sie sind alle endemisch, und manche von ihnen kommen heute wild kaum mehr vor. Den auf Oahu endemisch vorkommenden *Hibiscus arnottianus* nahm man in Kultur, aber hauptsächlich in der Absicht, ihn mit *Hibiscus rosa-sinensis* zu kreuzen.

Die Wandelbarkeit von *Hibiscus rosa-sinensis* als Kulturpflanze löste jede Menge Verwirrung aus – es gibt weiße, rosa und gelbe Formen, gefüllte und nicht gefüllte, Formen mit rosa Blättern und Formen mit weißen Blättern. Woher dieses Wunder an Vielseitigkeit stammt, bleibt ein Rätsel. Vielleicht ist die Pflanze hybridogenen Ursprungs? Die abenteuerlich differierende Chromosomenzahl – zwischen 36 und 168 – deutet darauf hin.

Anders als bei Tieren sind Hybriden bei Pflanzen nicht ungewöhnlich. Besonders eine Art der Hybridisierung, die bei

Abelmoschus esculentus, Okra, G. D. Ehret, ca. 1740–1750

Tieren höchst selten vorkommt, ist bei Pflanzen weit verbreitet; sie tritt bei mehreren Gattungen der Malvengewächse auf, so auch beim Hibiskus. Die meisten Organismen haben einen paarigen Chromosomensatz: jeweils einen von der Mutter und einen vom Vater. Beim Menschen besteht dieser so genannte diploide Chromosomensatz aus 23 Paaren. Viele Pflanzen dagegen sind polyploid, d. h., sie können mehr als zwei Chromosomensätze haben. Aber einige polyploide Arten sind keine Hybriden, sondern die mehrfach vorhandenen Chromosomensätze sind lediglich Verdoppelungen des ursprünglichen Bestandes, weshalb diese Arten als Autopolyploide bezeichnet werden. Andere dagegen gelangen über Hybridisierung in den Besitz mehrfacher Chromosomensätze. Sie übernehmen beispielsweise je einen kompletten Satz beider Eltern und werden als Allopolyploide bezeichnet. Woher die Chromosomensätze stammen, wurde z. B. im Fall einiger Nutzpflanzen wie der Baumwolle untersucht. Diese gehört der Gattung *Gossypium* an und ist als Mitglied der Familie Malvaceae mit dem Hibiskus eng verwandt. Kulturbaumwolle ist fast immer tetraploid – die Pflanzen haben zwei komplette Chromosomensätze von je einem Elternteil, sind also allopolyploid. Auch manche *Hibiscus*-Arten sind offenbar hybriden Ursprungs; wie bei *Hibiscus rosa-sinensis* wechselt bei ihnen die Chromosomenzahl, was vielleicht auf eine gewisse Instabilität hindeutet. Bei anderen Arten scheint es lediglich zu einer Verdoppelung oder Reduktion der Chromosomen gekommen zu sein. Derartige Muster zu entwirren ist jedoch sehr aufwändig und erfordert eine detaillierte Beschäftigung mit den einzelnen Chromosomen. Deshalb ist Polyploidie bei wirtschaftlich interessanten Pflanzen wie der Baumwolle auch gut erforscht.

Hibiskus kommt überall in den Tropen vor, in der Alten wie in der Neuen Welt. In Europa gedeihen Malvengewächse wie der Echte Eibisch (*Althaea officinalis*), der in England »Marshmallow« genannt wird. Die gleichnamige Süßigkeit wurde früher aus den stark zucker- und stärkehaltigen Wurzeln des Echten Eibischs hergestellt. Das möglicherweise erste exotische Malvengewächs, das nach Mitteleuropa kam, war die Stockmalve oder Stockrose (*Alcea rosea*). Wahrscheinlich brachten Kreuzritter diese Pflanze aus dem vorderasiatischen Raum

Hibiscus mutabilis, Anfang 19. Jh.

Hibiscus cf. *platanifolius*, Anfang 19. Jh.

nach England, wo sie heute als Wildpflanze an Gräben wächst. Der weitaus spektakulärere Hibiskus wurde erst bekannt, als Entdeckungsreisende in weiter entfernte Gebiete vorstießen. Ogier Ghislain de Busbecq wurde um 1550 von Kaiser Ferdinand I. ins Osmanische Reich an den Hof von Süleiman dem Prächtigen entsandt und schickte von dort eine reizvolle rosa blühende Pflanze zurück, die Syrische Rose oder Rose von Saron genannt wurde. Damalige Botaniker gingen davon aus, dass es sich um eine in Syrien heimische und schon im Hohelied Salomos besungene Pflanze handelte. Dort heißt es (2,1): »Ich bin eine Blume zu Saron und eine Rose im Tal.«

Dabei stammt *Hibiscus syriacus*, wie die Pflanze 1753 von Linné genannt wurde, möglicherweise aus Ostasien und gelangte über die Seidenstraße an Süleimans Hof. In alten chinesischen Handschriften sind gefüllte Formen dieser Blume abgebildet, deren rosa Farbgebung allerdings mit der Zeit verblasst ist.

Busbecq war ein verwegener, abenteuerlustiger Bursche, den nicht nur die märchenhafte Geschichte des Osmanischen Reichs interessierte, sondern auch dessen Pflanzenwelt. Ihm verdanken wir die Entdeckung einer kostbaren Abschrift von *De materia medica*, dem Kräuterbuch des griechischen Arztes Pedianos Dioskurides. Es enthält eine penible Auflistung der damals bekannten Heilpflanzen und galt unter den Ärzten als Bibel. Anfang des 16. Jahrhunderts jedoch ging das heilkundliche Wissen allmählich verloren, und den Ärzten in Mitteleuropa stand *De materia medica* ohnehin nicht zur Verfügung. Medizinisches Wissen wurde nur mündlich weitergegeben und dabei teilweise verfälscht. Aus heutiger Sicht scheint es erstaunlich, dass die Ärzte im Mittelalter nicht selbst mit Heilkräutern experimentierten, sondern sich auf tradiertes Wissen, wie verfälscht auch immer, verließen. Das Buch, das Busbecq für seinen Kaiser erwarb, war eine Abschrift des Originals, entstanden viele hundert Jahre nach Dioskurides' Tod. Die Verhandlungen mit den Ärzten in Süleimans Reich zogen sich über Jahre hin, denn der Wert dieser »Bibel« war ihnen nur allzu bewusst. Nachdem das Buch erst einmal nach Wien gelangt war, dauerte es nicht lange, bis die ersten Kopien davon kursierten, und natürlich wollte man die darin beschriebenen Heilpflanzen nun unbedingt selbst suchen.

Nach Busbecq reiste 1546 Pierre Belon, ein französischer Arzt im Dienst des Kardinals von Toulon, ins Morgenland, um dort nach den Pflanzen zu suchen, die die klassischen Autoren beschrieben hatten und die für Mitteleuropäer nun erstmals in greifbare Nähe rückten. Er brachte aber keine Pflanzen mit nach Hause – sicher eine Enttäuschung für alle, die die Pflanzen des Dioskurides gerne gesehen hätten. Offenbar sammelte Belon schlicht Zweige von den Pflanzen, die er untertags entdeckte, und beschrieb sie dann am Abend, »nur um zu zeigen, dass sie in diesen Gefilden ebenso vorkommen wie bei uns«, womit er wohl meinte, dass er auch bekannte europäische Arten fand. Auf seiner Reise durch den Mittleren Osten – er besuchte Konstantinopel, Gallipoli und die Insel Rhodos, besichtigte die Pyramiden und bestieg den Berg Sinai – sah er sicher viele Arten, darunter auch den Hibiskus in den dortigen Gärten, der über die Seidenstraße von China bis vor die Haustür Europas gekommen war.

Was am Roseneibisch oder Hibiskus vor allem auffällt, sind seine üppigen und prachtvollen Blüten, die es nur in leuchtenden Farben und spektakulären Farbkombinationen zu geben scheint. So leuchten die knallgelben Blüten des häufig an Stränden verbreiteten *Hibiscus tiliaceus* gegen Ende des Tages in glühendem Orange. Aber das Vergnügen ist begrenzt: Die Blüten vieler Hibiskusarten welken bereits nach einem Tag – daher auch der Volksname der afrikanischen Art *Hibiscus trionum*, Stundeneibisch. Die gelben, im Inneren rot geflammten

Hibiscus cf. *syriacus*, Roseneibisch, 1847

Blüten öffnen sich erst spät am Vormittag, um sich am frühen Nachmittag bereits wieder zu schließen. Sogar wenn die Sonne kurzfristig hinter Wolken verschwindet, schließen sie sich – eine hochsensible Blume also! Derart vergängliche Blüten müssen möglichst schnell bestäubt werden, wenn die Anstrengung der Pflanze nicht umsonst gewesen sein soll. Eine Möglichkeit in diesem Fall wäre Selbstbestäubung, aber die besondere Konstruktion der Hibiskusblüte mit ihren entlang der Staubblatt-Röhre verteilten Staubbeuteln, die reif sind, lange bevor die Narbenäste aus dem Inneren der Röhre hervortreten, scheint dies schier unmöglich zu machen. Farbveränderungen bei der Blüte können »Signale« für potenzielle Bestäuber sein. Vielleicht ist das der Grund, warum die blassrosa Blüten von *Hibiscus syriacus* im Laufe des Tages purpurrot werden; auch das Farbfeuerwerk, mit dem die chinesische Art *Hibiscus mutabilis* aufwartet, wäre damit erklärt. Im Lauf eines Tages wechseln die Blüten von *Hibiscus mutabilis* von Weiß am Morgen über einen zarten Rosaton am Mittag und ein dunkleres Rosa am Nachmittag in ein bei manchen Sorten tiefes Rot bei Einbruch der Dunkelheit. In Party-Büchern findet sich auch der Vorschlag, die Blumen am Morgen zu schneiden und sie tagsüber im Kühlschrank aufzubewahren, um abends die Gäste mit dem ganzen Schauspiel des Farbwechsels zu überraschen.

Viele Pflanzen wurden zwar von Gesandten und Diplomaten und später von Pflanzenjägern über die Welt verbreitet, am schnellsten jedoch verbreiteten sich Nutzpflanzen. Als Linné im Jahr 1753 einer Hibiskusart das botanische Etikett *sabdariffa* verlieh, war diese ziemlich sicher bereits aus ihrer ursprünglichen Heimat über den Atlantik auf die Westindischen Inseln gekommen. *Hibiscus sabdariffa* ist eine einjährige krautige Pflanze mit hellgelben, in der Mitte rot gefärbten Blüten. Ihr ungewöhnlicher wissenschaftlicher Name ist von der türkischen Bezeichnung abgeleitet. Sie ist eine Nutzpflanze par excellence: Die Samen werden geröstet und zu Mehl vermahlen; Blätter und Schösslinge sind leicht säurehaltig und werden als Gemüse gegessen; aus den Stängeln gewonnene Fasern galten zu Beginn des 20. Jahrhunderts als möglicher Ersatz für Jute. Höchst ungewöhnlich ist die Verwendung der leuchtend roten fleischigen Blütenkelche: Sie werden ausgepresst und frisch oder vergoren getrunken. Auf den Westindischen Inseln bezeichnet man das Getränk als *sorrel*, in Lateinamerika als *rosa de Jamaica*. Aufzeichnungen aus dem Jahr 1707 belegen, dass *Hibiscus sabdariffa* von den auf Jamaika lebenden Sklaven verwendet wurde; offenbar hatte irgendein weitsichtiger Mensch die Pflanze aus Afrika mitgebracht. Die beste »Rosa de Jamaica« wächst angeblich im mexikanischen Bundesstaat Oaxaca, weit weg von ihrer afrikanischen Heimat. Wo die Pflanze wirklich heimisch ist, lässt sich schwer feststellen, da sie sich, wie die meisten Nutzpflanzen, rasant verbreitet hat. Einer Theorie zufolge ist eine im heutigen Angola domestizierte Hibiskusart über Trockenwald- und Savannengebiete in ganz Afrika verbreitet worden. Wie die Menschen in der Neuen Welt *sorrel* trinken, trinken sie im Sudan *kirkadi*, zubereitet natürlich aus den fleischigen Blütenkelchen von *Hibiscus sabdariffa*.

In der Regel verbreiten sich Pflanzen, die der Mensch als Lebens- oder Genussmittel nutzt, wie ein Lauffeuer. Man sehe sich nur an, welche Karriere die Tabakpflanze nach ihrer Entdeckung auf den Westindischen Inseln in Europa gemacht hat! Am Ende hieß es sogar, sie sei in Russland oder gar Ägypten heimisch. Dabei wussten die Menschen diese Pflanze einfach nur zu schätzen und bauten sie deshalb massenhaft an. In gewisser Hinsicht hat sich *Hibiscus rosa-sinensis* als Gartenpflanze auf ähnliche Weise verbreitet. Sie ist pflegeleicht, sie ist schön, und die Menschen haben sie eingeführt, wo immer sie gedeiht, und zu einem Wunder an Vielfalt herangezüchtet. Dass sie sich (mit der nicht uneigennützigen Hilfe des Menschen) so phänomenal erfolgreich alle möglichen Standorte erobert hat, passt so gar nicht zu dem eng begrenzten Herkunftsgebiet ihrer Vorfahren – ein weiterer Beweis dafür, dass wir die Reaktionen einer Pflanze, in deren Leben wir eingreifen, niemals abschätzen können.

Hibiscus rosa-sinensis, Chinesischer Roseneibisch, Anfang 19. Jh.

Hibiscus cannabinus L. (Malvaceae)
Kenaf
Künstler unbekannt, ca. 1795–1805
Wasserfarbe auf Papier, 457 x 312 mm
Sammlung Fleming

Dieser Hibiskus verdankt seinen Artnamen der Ähnlichkeit seiner Blätter mit den Fingerblättern der Cannabis-Pflanze (Hanf oder Marihuana), und wie Hanf ist auch diese Pflanze ein wichtiger Lieferant von Naturfasern. Vor der Erfindung der Chemiefaser wurde Kenaf an Stelle von Jute angebaut, weil er weniger Ansprüche an den Standort stellte, schnell wuchs und wenig oder gar keine Pflege brauchte.

Hibiscus tiliaceus L. (Malvaceae)
Künstler unbekannt, ca. 1820–1830
Wasserfarbe und Deckfarbe auf Papier
252 x 200 mm, Sammlung Reeves

Auf den Hawaii-Inseln, von denen dieser Hibiskus stammen könnte, wird er in der Landessprache »Hau« genannt. Aus dem leichten Holz dieser Bäume, die bis zu 20 m hoch werden, machte man Rundhölzer für Auslegerboote, obwohl andere Holzarten besser für diesen Zweck geeignet waren.

Hibiscus tiliaceus L. (Malvaceae)
Künstler unbekannt, 1847
Wasserfarbe, Deckfarbe und Graphitstift auf Papier, 475 x 374 mm
Sammlung Saharunpore Gardens

Dieser Hibiskus besiedelt die Strände des Pazifik. Seine ursprüngliche Verbreitung ist ein Rätsel, doch wurde die Pflanze von den Polynesiern früher als Holz- und Faserlieferant genutzt und möglicherweise auch in der ganzen Region verbreitet. Die Samen jedoch schwimmen auf der Wasseroberfläche, so dass der Hibiskus vielleicht auch so manche Reise auf eigene Faust unternahm.

Hibiscus cannabinus L. (Malvaceae)
Kenaf
Georg Dionys Ehret, 1742
Wasserfarbe und Graphitstift auf Papier
533 x 369 mm

Diese Pflanze wurde in England aus Samen gezogen, den »Mr. Charles Mannningham 1742 aus Bombay geschickt« hatte. Ehret hat sie möglicherweise im Chelsea Physic Garden gemalt, seinem Lebens- und Arbeitsmittelpunkt. Ehrets Frau war Susanna Kennet, die Schwägerin von Philip Miller, der den Physic Garden für die Ehrenwerte Apothekervereinigung verwaltete. Somit hat Ehret mit seiner Heirat auch seine Verbindungen zur Botanik gefestigt.

Abelmoschus esculentus (L.) Moench (Malvaceae)
Okra, Gemüse-Eibisch, Griechenhorn
Georg Dionys Ehret, ca. 1740–1750
Wasserfarbe und Graphitstift auf Papier
437 x 274 mm

Entgegen der Vermutung damaliger Botaniker ist Okra in der Neuen Welt nicht heimisch. Und so vermerkte Ehret auch: »Ketmia Brasiliensis ficus folio fructu longiore? Tourn.« (Tourneforts feigenblättrige Ketmia aus Brasilien, aber mit längeren Früchten?) Die Pflanze kam mit Sklaven aus Afrika in die Neue Welt, und ihre Früchte wurden zu einer typischen Zutat der kreolischen Küche. Gumbo beispielsweise, ein in Louisiana weit verbreitetes Eintopfgericht, ist ohne die Okraschote nicht denkbar.

Hibiscus mutabilis L. (Malvaceae)
Künstler unbekannt, Anfang 19. Jahrhundert
Wasserfarbe und Graphitstift auf Papier
460 x 380 mm, IDM-Sammlung

Weit davon entfernt, nur der Mittelpunkt der Unterhaltung bei Abendgesellschaften zu sein, signalisieren die wechselnden Farben dieser Pflanze potenziellen Bestäubern vermutlich den Reifestatus der Blüte. Über die Farbe kann angezeigt werden, dass Nektar oder Pollen aufgebraucht sind oder bereitstehen. Bei manchen Pflanzen meiden die Bestäuber Blüten einer bestimmten Farbe, denn sowohl Vögel als auch Bienen können Farben gut unterscheiden.

Hibiscus cf. *platanifolius* (Willd.), Sweet (Malvaceae)
Künstler unbekannt, Anfang 19. Jahrhundert
Wasserfarbe, Deckfarbe und Tusche auf Papier
462 x 292 mm, IDM-Sammlung

Die hier dargestellte Pflanze sieht zwar eindeutig aus wie ein Hibiskus, aber um welche Art es sich handelt, kann man nur aus dem Vermerk (»Rinde als Fasern genutzt«) und der Herkunft der Zeichnung, nämlich Indien, schließen. Die Blüten sehen nicht ganz so aus wie bei Hibiscus platanifolius, dessen am unteren Ende weiße Blütenblätter dunkelrosa getupft sind.

Hibiscus cf. *syriacus* L. (Malvaceae), Roseneibisch
Künstler unbekannt, 1847
Wasserfarbe, Deckfarbe und Tusche auf Papier
487 x 380 mm, Sammlung Saharunpore Gardens

Diese Darstellung ist merkwürdig stilisiert und sieht eigentlich gar nicht aus wie ein Hibiskus. Zum Beispiel fehlt der charakteristische Außenkelch – eine Art zusätzlicher Blütenkelch unter dem eigentlichen Kelch –, und die Staubgefäße ähneln in ihrer Darstellung nicht jener merkwürdigen Flaschenbürste, die man eigentlich erwarten würde. Der Künstler hat vielleicht versucht zu malen, was er sah, aber wie so oft waren im Kopf vorgeformte Bilder stärker.

Hibiscus rosa-sinensis L. (Malvaceae)
Chinesischer Roseneibisch
Künstler unbekannt, Anfang 19. Jahrhundert
Wasserfarbe und Deckfarbe auf Papier
416 x 298 mm, IDM-Sammlung

Als bengalischer Volksname für die Pflanze wird hier »Orhool« angegeben, doch verlieren sich die Spuren ihrer Übernahme in Kultur im Dunkel der Zeit. Vermutungen zufolge stammt sie ursprünglich aus China, von wo aus sie sicher nach Europa kam, aber wahrscheinlich ist Hibiscus rosa-sinensis hybriden Ursprungs – als Züchtung entstanden irgendwo in der Gegend zwischen dem Indischen und dem Pazifischen Ozean.

Die Rosen, die heute am Valentinstag zu Millionen verkauft werden, haben nur wenig gemein mit den Rosen früherer Jahrhunderte, denen als Symbol für die Vergänglichkeit der Liebe und weiblichen Schönheit schon früh eine Art Kultstatus zukam. Mit keiner anderen Blume hat sich der Mensch züchterisch so intensiv befasst; ständig kommen neue Sorten hinzu, und die Moden der Rosenform wandeln sich mit unglaublicher Geschwindigkeit. Viele moderne Rosen, charakterisiert durch spitze Knospen, lang haltbare Blüten und minimalen Duft, sind weit entfernt von den Wildarten, aber auch den Kulturrosen früherer Epochen. Erfreulicherweise ist diese Tendenz jedoch rückläufig. Viele Züchter erinnern sich an die Künstlern abgebildet, was Wissenschaftler allerdings bezweifeln. Die alten Griechen benutzten Öle mit Rosenduft, folglich wissen wir, dass die frühen Rosen dufteten. Aus dem dritten vorchristlichen Jahrhundert sind Ratschläge zum Pflanzen von Rosen erhalten – besonders süßen, balsamischen Duft verströmten angeblich solche aus Kyrene –, und Theophrast erwähnt sogar eine Rose »mit 100 Blütenblättern«, möglicherweise ein Hinweis darauf, dass schon damals Wildarten züchterisch verändert wurden (für gewöhnlich haben diese nämlich nur fünf Kronblätter). In der Antike waren rote wie weiße Rosen bekannt, wobei die roten aus den weißen hervorgegangen sein sollen, nachdem diese mit Frauen-

ROSEN

Weil Germanien typischen Purpurs entbehrt und das weite
Gallien nicht der leuchtenden Purpurschnecke sich rühmet,
Schenkt zum Ersatz die Rose alljährlich üppig goldgelben
Flor ihrer purpurnen Blüte, die allen Schmuck der Gewächse
Alsbald an Kraft und Duft, wie man sagt, so weit überstrahlte,
Dass man mit Recht als die Blume der Blumen sie hält …

WALAHFRID STRABO (CA. 808–849), HORTULUS

Qualitäten der »alten Rosen« und bringen deren Eigenschaften in ihre Züchtungen wieder ein. Exemplarisch für diese Entwicklung sind die »englischen Rosen«, die neue Formen mit historischem Duft verbinden. Aber auch in Deutschland und Frankreich schlagen Züchter diesen Weg wieder ein.

Die Rosenzucht ist so alt, dass sich der Geburtsort der Edelrose wahrscheinlich nie mehr mit Sicherheit bestimmen lassen wird. Zu ihrer genetischen Zusammensetzung trugen jedenfalls viele verschiedene Wildarten bei, sowohl aus dem Abend- als auch aus dem Morgenland. Und eines ist gewiss: Rosen haben in vielen Kulturen eine wichtige Rolle gespielt. Angeblich wurden sie bereits um 1500 v. Chr. von minoischen blut in Berührung gekommen waren. Der Legende zufolge eilte Aphrodite ihrem Geliebten Adonis zu Hilfe, der von einem wilden Eber angegriffen worden war, und verletzte sich in der Hast an einem Rosenbusch, worauf ihr Blut dessen Blüten rot färbte. Vermutlich waren es auch die Griechen, die die Rose in Ägypten einführten, und die Ägypter verbreiteten sie wahrscheinlich im gesamten Mittelmeerraum.

Als die Römer zur Großmacht in Europa aufstiegen, übernahmen sie den griechischen Sagenschatz – und mit ihm die Rose, die eine wichtige Rolle in Kunst und Dichtung, Küche und Religion spielte. Glaubt man der Geschichtsschreibung, ließ der für seine Exzesse berühmte Nero bei einem Festmahl

Rosa-Arten und andere Rosengewächse, Elizabeth Twining, ca. 1849–1855

Rosa-Hybride, Teerose, ca. 1820–1830

so viele Rosenblätter auf seine Gäste herabregnen, dass diese darunter erstickten. Andere berühmte Römer trugen Rosengirlanden, betteten sich auf Rosenblüten und ließen sie auf dem Fußboden verstreuen, auf dass ihr betörender Duft den ganzen Raum erfülle. Diese römischen Rosen müssen ein sehr intensives Aroma besessen haben und dienten wohl weniger symbolischen als ganz praktischen Zwecken. Mehrere Zentren der Rosenzucht versorgten die Hauptstadt des Weltreiches. Eines davon lag in Paestum, südlich von Neapel, wo vermutlich eine Form der Damaszener- oder Portlandrose (*Rosa damascena*) angebaut wurde. Die botanische Identität der Rosenblüten, mit denen sich die Römer umgaben, lässt sich nicht mehr mit absoluter Sicherheit feststellen. Sicher ist jedoch, dass ihr Duft eine Schlüsselrolle spielte, denn Plinius hielt eine Sorte, die keinen Duft verströmte, für unwürdig, den Namen Rose zu tragen.

Um den Wohlgeruch ging es auch in Persien, wo die Rosenzucht sehr weit fortgeschritten war. Der dortigen Mythologie zufolge entstanden die roten Rosen, als die Nachtigall sich so heftig in die weiße Rose, die Königin der Blumen, verliebte, dass sie hinabflog, um sie zu umarmen. Dabei verletzte sie sich an den Stacheln (der volkstümliche Begriff Dornen ist botanisch nicht zutreffend), und dort, wo die Blutstropfen zu Boden fielen, wuchsen rote Rosen. Persische Rosen dufteten ebenfalls. Im 14. Jahrhundert pries der persische Dichter Hafiz ihre Tugenden im selben Atemzug mit denen des Weins, da beide fast gleichermaßen berauschend wirkten. Zusammen mit dem Islam gelangte die persische Rose dann schließlich in den Mittelmeerraum, wo ihre Gene in die Kulturrose Europas einflossen.

Im Mittelalter war die Rose die Blume der Muttergottes. Zusätzlichen Symbolgehalt erhielt sie durch ihre fünf Blütenblätter, die als die fünf Wunden des Gekreuzigten interpretiert wurden; ihre Stacheln standen für die Dornenkrone. Weiße Rosen verkörperten die Jungfräulichkeit Mariä, rote das Blut der Märtyrer. Nun verbirgt sich bei der christlichen Interpretation hinter der Schönheit einer Rose immer auch Schmerz: Madonnendarstellungen aus dem 14. Jahrhundert, insbesondere die beliebte *Maria im Rosenhag*, prophezeien durch die Abbildung der stacheligen Stiele bitteres Leid. Der Rosenkranz basiert auf der Zahl fünf und repräsentiert im mystischen Sinn die Rosenlaube der Gottesmutter. Zum mittelalterlichen Marienkult gehörte auch, dass man im Mai Heiligenstatuen mit Rosenkränzen schmückte und so, im Dienste der Kirche, das Jungfräuliche mit dem Siegreichen verband. War Maria, die Schmerzensreiche, an einem Wunder beteiligt, stellte man dies häufig durch Rosen dar: Eine Jungfrau, die auf dem Scheiterhaufen verbrannt werden soll, besteigt ihn, zur Muttergottes betend, und das Feuer erlischt. Die brennenden Reisigbündel werden zu roten Rosen, die noch nicht entzündeten zu weißen. Rosen begleiteten die christlichen Missionare bei der Eroberung der Neuen Welt, sowohl als Symbol als auch in Form echter Pflanzen. Die Jungfrau von Guadeloupe, die erste Erscheinung Mariä mit dunkler Hautfarbe, soll den einfachen Umhang eines mexikanischen Bauern mehrere Male mit Rosen gefüllt haben, und zuletzt trug der Stoff das Bild der Muttergottes auf einem Halbmond über einer Wolke aus Rosen.

Rosa gallica, Essigrose, Margaret Meen, Ende 18. Jh.

Von der Jungfrau Maria zu Frauen im Allgemeinen ist nur ein kleiner Schritt, und so wurde die Rose bald zum Sinnbild des Weiblichen schlechthin. Die Vergänglichkeit der Rosenblüte stand für die Vergänglichkeit weiblicher Schönheit, die ebenso welkt und verblüht wie eine Rose. Das ganze Mittel-

Rosa centifolia, Moosrose, G. D. Ehret, ca. 1750–1760

alter hindurch wurden Rosen in Klostergärten gezogen, ihres Symbolwertes wegen ebenso wie zur Herstellung von Rosenöl. Als »Erfinder« des Rosenöls gilt übrigens der arabische Arzt Avicenna, der im 10. Jahrhundert Rosenblüten mit Wasserdampf destillierte. Im 14. Jahrhundert kam die Extraktion auf, und die so gewonnene Essenz war überaus rein und hoch konzentriert. Rosenöl wurde gegen eine Vielzahl unterschiedlichster Leiden eingesetzt und diente auch zur »Reinigung des Geistes«. Anfang des 9. Jahrhunderts notierte Walahfrid Strabo, der kräuterkundige Abt des Benediktinerklosters Reichenau, die Rose »erzeuget ein Öl, das nach ihrem Namen genannt wird, wie oft dieses zum Segen der Sterblichen nützlich sich zeiget – keiner der Menschen vermag es zu wissen oder zu sagen«.

Ab dem 16. Jahrhundert stand den Gärtnern eine neue Rose zur Verfügung, mit der sie eine ungeahnte Blütenfülle erzielen konnten: *Rosa centifolia*, die Hundertblättrige oder Provencerose, eine komplexe Hybride, zu deren Ahnen Essigrose (*Rosa gallica*), Hundsrose (*Rosa canina*), die spät blühende wilde Moschusrose (*Rosa moschata*) und die gezüchtete Damaszenerrose (*Rosa damascena*) zählen dürften. Damaszenerrosen sind die gefüllten, etwas zerzaust wirkenden Alten Rosen, die Gertrude Jekyll und Vita Sackville-West so sehr liebten. Einige frühe Kultivare von *Rosa centifolia* gibt es noch heute, zum Beispiel 'Rosa Mundi' mit zauberhaft blassrosa-karminrot gestreiften Blüten, die nach Fair Rosamund benannt sein soll, der Mätresse des englischen Königs Heinrich II. und Opfer von dessen mordlüsterner Gemahlin. Sie lebte im 12. Jahrhundert, die Rose jedoch wird erstmals um 1580 erwähnt. (Eine andere wunderschöne Sorte mit gestreiften Kronblättern, diesmal von *Rosa damascena* abstammend, heißt 'York and Lancaster' – nach den so genannten Rosenkriegen um die englische Krone zwischen den Häusern York und Lancaster. Historisch spielten Rosen darin übrigens keine Rolle; die Blumen ins Spiel brachte Shakespeare, den Begriff »Rosenkriege« prägte Sir Walter Scott).

Rosa cf. *centifolia*, Hundertblättrige Rose, G. D. Ehret, ca. 1750–1760

Rosa cf. *damascena*, Damaszenerrose, J. van Huysum, ca. 1730–1740

Da Rosen sich über Stecklinge bzw. durch Aufpfropfen leicht vegetativ vermehren lassen, konnten Gärtner diese (meist sterilen) Hybriden schon früh in größeren Mengen produzieren. Bei dem Versuch, die Provencerose durch Kreuzung mit der besonders große Blütenbüschel treibenden »Wildart« *Rosa phoenicia* zu vervollkommnen, kreierten niederländische Gärtner die Moosrose. Diese hatte überaus dekorative moosartige Auswüchse und Öldrüsen an den Kelchblättern und wurde von Rosenzüchtern des 17. und 18. Jahrhunderts sehr geschätzt.

Einer dieser Rosenliebhaber war Philip Miller, selbst Sohn eines Gärtners, der sich auf Zierpflanzen spezialisiert hatte. Er zog seine Rosen an den Wänden der Gärtnerei und schaffte es durch umsichtigen Schnitt, selbst im August und September noch Blüten zu erhalten, die reißend Absatz fanden, da Rosen ja gewöhnlich nur wenige Wochen lang im Juni und Juli blühen. 1722 wurde Miller Direktor des Gartens der Apothekergesellschaft, des Physic Garden in Chelsea. Dieser war im 17. Jahrhundert angelegt worden, um Pflanzen anzubauen und zu erforschen, die wirtschaftlich oder als Heilmittel interessant waren. Miller verhalf der Anlage zu großem Ansehen; keine zwei Jahre nach seiner Berufung veröffentlichte er die erste Ausgabe eines Gartenbaukompendiums, *The Gardeners and Florists Dictionary*, das u. a. Kulturhinweise und Porträts der beliebtesten Pflanzen für alle möglichen Gärten enthielt. Zu Millers Lieblingsblütensträuchern zählte die Rose. In der 1724 erschienenen Ausgabe des *Dictionary* wies er darauf hin, dass Rosen unter den gärtnerisch angebauten Sträuchern die mit den meisten Gesichtern sind, und listete 29 Sorten auf, die in Londoner Gärtnereien erhältlich waren. Außerdem erwähnte er, dass die Herzogin von Beaufort in ihrem Park in Badminton noch weitere Sorten besitze.

1730 erschien Millers *Catalogue of Plants at the Physic Garden*. Darin nennt er vier Rosenarten, *alba, canina, damascena* und *rubra*, wobei mit der letzten die medizinisch bedeutsame rote Essigrose gemeint war. Miller erweiterte sein Roseninventar beständig und fügte eifrig jede neue Sorte hinzu, die ihm begegnete. Er kultivierte auch Moosrosen, damals eine Neuheit in London. Millers Lieblingsrose blieb freilich *Rosa centifolia*, deren Duft er immer wieder hervorhob und die er für einen wichtigen Bestandteil eines jeden Blumengartens des 18. Jahrhunderts hielt. Wiederholt bekräftigte er, Rosen seien

Rosa centifolia, Moosrose, William King, ca. 1750–1760

»die wertvollsten aller Arten von Blütensträuchern ... die herrliche Vielfalt der verschiedenen Sorten, für Kübel ebenso wie für den Garten«. Gleichzeitig kritisierte er Gärtner, die die einfache gelbe *Rosa lutea* für teures Geld verkauften, da diese nur kurz blühe und keinerlei Duft verströme. Ab der achten Auflage seines *Dictionary* unterschied Miller auch deutlich zwischen Wildarten, die er häufig von anderen Gärtnern aus dem Ausland erhielt, und Kultursorten. »Eine große Vielzahl gefüllter Rosen [werden] heute in Englands Gärten kultiviert. Die meisten kamen zufällig durch Samen zustande, weshalb man sie nicht als andere Art ansehen darf. Ich werde daher nur die volkstümlichen Namen nennen, unter denen sie im Garten bekannt sind, damit diejenigen, die alle Sorten zu sammeln bestrebt sind, wissen, wie sie sie bezeichnen sollen.«

Stellen Sie sich das heute vor: dass man alle bekannten Kultursorten der Rose sammeln kann! Wie sich die Zeiten doch seit Millers Tagen geändert haben. Im Physic Garden züchtete Miller selbst mehrere Sorten seiner geliebten Provencerose, die er aus Samen heranzog. Mit großer Sorgfalt arbeitete er für sein Buch zudem eine Blütenfolge aus – angefangen mit Zimt- oder Mairosen und Damaszenerrosen bis hin zu den Moschusrosen, die bei milder Witterung bis in den Oktober hinein halten. Und er fügte Anweisungen zu Vermehrung und Schnitt hinzu. Einige der von ihm detailliert beschriebenen Methoden werden noch heute angewendet.

Weil Rosen sich so einfach vermehren lassen, war es auch leicht, sie an andere interessierte Züchter um die halbe Welt zu schicken. Dies dürfte etwa bei der Bourbonrose der Fall gewesen sein. Über diese Gruppe kursieren viele verschiedene Geschichten, doch allen liegt die Entdeckung einer faszinierenden neuen Rose auf der Insel Réunion (früher Bourbon) zugrunde, wo französische Siedler ihre Grundstücke mit Hecken aus einheimischen und Kulturrosen umgaben. Anfang des 19. Jahrhunderts gelangte ein Ableger unter dem Namen 'Rose Edouard' nach Frankreich, wurde dort vermehrt und in aller Herren Länder verbreitet.

Einen ultimativen Rosengarten, wie man heute sagen würde, gab es freilich schon vorher: Kaiserin Josephine hatte sich nämlich vorgenommen, im Schlosspark von Malmaison sämtliche bekannten Rosenarten zu sammeln, und ihre Leidenschaft für die Königin der Blumen gab dem Rosenhandel in Frankreich einen entscheidenden Impuls. Unterstützt wurde sie von dem Rosenzüchter André DuPont. Ein Jammer, dass Josephine vor Bekanntwerden der Bourbonrose starb, denn die Entdeckung einer neuen Rosengruppe auf einer tropischen Insel (sie selbst stammte aus Martinique) hätte sie gewiss begeistert. Trotzdem wird ihr Rosengarten immer mit Bourbonrosen in Zusammenhang gebracht werden, denn 1843 taufte ein Lyoner Züchter eine wunderschöne neue Bourbonrose 'Souvenir de la Malmaison'.

Nachdem immer mehr Rosen aus China und Indien nach Europa gelangten und hier mit bereits vorhandenen Kultursorten gekreuzt wurden, stieg die Zahl der Rosensorten sprunghaft an. Kreuzungen aus Bourbonrosen und den bereits aus Paestum bekannten Portlandrosen führten zu den ersten mehrfach blühenden Sorten. Vielleicht hat die Mär von den zweimal im Jahr blühenden römischen Rosen auch hier ihren Ursprung. Rosen aus China blühten nämlich tatsächlich mehr als einmal. Darüber hinaus besaßen diese Chinarosen, Sorten der *Rosa chinensis*, auch glattere Stängel als europäische und blühten den ganzen Sommer hindurch, mit Hoch-Zeiten in Frühjahr und Herbst. Chinareisende hatten die dort meist in Kübeln gezogenen Pflanzen aus dem Reich der Mitte mitgebracht und Rosenzüchtern übergeben, was einen wahren Boom an Hybridzüchtungen auslöste. Kreuzungen aus zwei Chinarosen ergaben die Teehybriden (so benannt, weil ihr Duft angeblich an frischen chinesischen Tee erinnert), die sich durch spitze Knospen und große Blüten auszeichneten. Der Einsatz dieser Hybriden bei weiteren Kreuzungen führte zu einer fantastischen Vielfalt von Formen und Farben, und an der Wende zum 20. Jahrhundert bereicherten die leuchtenden Orange- und Gelbtöne der im Iran heimischen Gelben Rose

Rosa canina, Hundsrose, Ralph Stennett, 1807

Rosa cf. *chinensis*, Bengalrose, ca. 1820–1830

(Rosa foetida) die Farbpalette noch weiter. Durch Kreuzung von Kultursorten mit der schottischen Dünen- oder Bibernellrose *(Rosa pimpinellifolia)* entstanden die Pimpinellifolia-Hybriden. Floribundarosen bringen große Blütendolden hervor, die ihrerseits wiederholt zur Blüte kommen und auch Hobbygärtnern viel Freude bereiten.

Ein von Isaac Newton formuliertes Naturgesetz besagt, dass es auf jede Aktion eine Reaktion gibt, und tatsächlich ließ die Gegenreaktion auf die Überzüchtung der Rose nicht lange auf sich warten. Der Schriftsteller und Dichter Sacheverell Sitwell bemerkte Ende der 30er Jahre: »Was Rosen angeht, ist der Fortschritt zu weit gegangen – so weit, dass darüber die tiefere Bedeutung der Rose verlorenging.« Diese romantische Sichtweise, der die »altmodischen« Bauernrosen vielleicht noch am ehesten entsprechen, sollte auch die Rosenzucht beeinflussen. In den 50er Jahren spöttelte Vita Sackville-West, die Gartenkolumnistin des Londoner *Observer*, »in traditionellem Denken verhaftete Menschen finden, eine Rose sollte auch wie eine Rose aussehen, womit sie offenbar jene aufgeblasenen rosafarbenen, roten oder gelben Dinger meinen, die, an und für sich nicht übel, doch die subtile Eleganz herkömmlicher Rosen vermissen lassen«. Ihr Engagement für Sitwells »altmodische« Blüten bedeutete auch, dass traditionelle Rosensorten wie die von Philip Miller gezogenen eine Renaissance erlebten.

Aber was ist eine Rose nun wirklich? Haben die Rosenzüchter das vergessen? Vielleicht. Vielleicht aber auch nicht, denn ungefähr um dieselbe Zeit, zu der Sitwell den Niedergang der Rose beklagte, schrieb Gertrude Stein ihr berühmtes *»A rose is a rose is a rose«* – und erinnerte damit uns alle daran, dass auch die Rose nur eine Blume ist.

Vielleicht ist eine Rose immer das, was derjenige, der sie sieht, hört oder darüber schreibt, in sie hineininterpretiert. Jedenfalls ist sie in gewisser Hinsicht ungleich mehr als einfach nur eine Blume. Sie ist ein Symbol – ein Sinnbild, das der Mensch im Laufe der Geschichte bewahrt, aber eben auch immer wieder verändert hat.

Rosa multiflora, Vielblütige Rose, Franz Bauer, ca. 1800

Rosa-Arten und andere Rosengewächse (Rosaceae)
Rosen, Himbeeren, Erdbeeren
Elizabeth Twining, ca. 1849–1855
Wasserfarbe und Deckfarbe auf Papier
400 x 260 mm

Auf diesem Bild kommt die Vielfalt der Rosengewächse zum Ausdruck – die orangefarbene Blüte ist die Gelbe Rose (Rosa foetida), Elternteil vieler gelborange blühender Kultursorten. Ihre Blüten riechen zwar etwas, duften aber nicht. Der Ursprung der meisten Kulturrosen ist nicht mehr rekonstruierbar, aber bei fast allen sind verschiedene Wildarten aus Ost und West eingeflossen.

Rosa (möglicherweise *gigantea x rugosa*) (Rosaceae)
Teerose
Künstler unbekannt, ca. 1820–1830. Wasserfarbe und Deckfarbe auf Papier
453 x 345 mm, Sammlung Reeves

Der poetische chinesische Volksname dieser Rose lautet »Cha wei« – Teerose oder Kamelienrose. Der landläufigen Meinung zufolge heißen Teerosen so, weil sie zart, aber unverkennbar nach Tee riechen. Es könnte freilich auch sein, dass diese Bezeichnung aus China kommt und sich auf die Ähnlichkeit der Blüte mit Kamelienblüten bezieht (der Teestrauch, Camellia sinensis, gehört zur Gattung der Kamelien).

Rosa gallica L. (Rosaceae)
Essigrose, Apothekerrose
Margaret Meen, Ende 18. Jahrhundert
Wasserfarbe und Deckfarbe auf Karton
457 x 324 mm

Glaubt man der Überlieferung, so hat Thibault IV., König von Navarra, die Essigrose 1250 von einem Kreuzzug aus dem Heiligen Land ins nordfranzösische Provins gebracht, wo man die arzneilichen Kräfte der Pflanze mit der Mariensymbolik verknüpfte. In der Nähe von Provins gab es riesige Rosenfelder, auf denen Rosa gallica als Heilpflanze angebaut wurde.

Rosa centifolia L. (Rosaceae)
Moosrose, Hundertblättrige Rose, Provencerose
Georg Dionys Ehret, ca. 1750–1760
Graphitstift und Wasserfarbe auf Papier
220 x 180 mm

Bei dem »Moos« im Namen der Moosrose handelt es sich um die vielen kleinen Auswüchse an den Blütenstielen und Kelchblättern – feine Borsten, die, wenn man so will, auf halber Entwicklung zum Stachel stehengeblieben sind. Philip Miller sah sehr richtig, dass es sich um eine Form der Provencerose handelte: »Die Blüten haben dieselbe Form und Farbe wie die Provencerose und auch denselben angenehmen Duft.«

Rosa cf. *centifolia* L. (Rosaceae)
Hundertblättrige Rose, Provencerose
Georg Dionys Ehret, ca. 1750–1760
Graphitstift und Wasserfarbe auf Papier
199 x 161 mm

Genau wie viele beliebte Gartenpflanzen, die durch immer neue Kreuzungen »verbessert« werden, haben Rosen sehr vielfältige Ursprünge. Centifoliarosen entstanden im späten 16. Jahrhundert in den Niederlanden, vermutlich aus einer Kreuzung zwischen Damaszenerrosen (Rosa damascena, selbst bereits eine Hybride) und Albarosen (eine alte römische Rose, möglicherweise eine Hybride aus Damaszener- und wilder Hundsrose).

Rosa cf. *damascena* L. (Rosaceae)
Damaszenerrose
Jacob van Huysum, ca. 1730–1740
Wasserfarbe und Deckfarbe auf Papier
525 x 365 mm

Jacob van Huysum verbrachte die letzten Jahres seines Lebens in London und lernte dort Georg Ehret kennen, der sich 1736 in England niedergelassen hatte. 'Van Huysum', eine zauberhafte rosafarbene Damaszenerrosensorte neueren Datums, ist nach Jacobs Bruder Jan van Huysum benannt, einem der größten niederländischen Blumenmaler.

Rosa centifolia L. (Rosaceae)
Moosrose, Hundertblättrige Rose, Provencerose
William King, ca. 1750–1760
Wasserfarbe und Deckfarbe auf Papier
336 x 253 mm

Philip Miller, der Direktor des Chelsea Physic Garden, sah die Moosrose zum ersten Mal »in Mr. Boerhaaves Garten bei Leiden [Niederlande], der mir freundlicherweise eine Pflanze überließ. Doch woher sie stammte, vermochte ich nicht in Erfahrung zu bringen. Vermutlich handelte es sich um eine Sorte aus Samen irgendwelcher anderer Rosen«.

Rosa canina L. (Rosaceae)
Hundsrose
Ralph Stennett, 1807
Wasserfarbe und Deckfarbe mit Gummiarabikum auf Papier, 545 x 406 mm

Die Hundsrose wächst wild als Heckenrose in vielen Teilen Europas. Aus ihren Blüten entwickeln sich die leuchtend roten Hagebutten, die besonders viel Vitamin C enthalten. Die getrockneten Früchte gießt man zu einem aromatischen Tee auf, der bei Infektionen aller Art helfen und die Wundheilung beschleunigen soll. Beliebt ist auch die Verarbeitung zu schmackhaftem Hiefenmark. Roh sind sie freilich ungenießbar. Die Borstenhaare im Inneren der Früchte wirken wie Juckpulver, und die kleinen Kerne sind steinhart.

Rosa cf. *chinensis* L. (Rosaceae)
Bengalrose, Chinarose
Künstler unbekannt, ca. 1820–1830
Wasserfarbe und Deckfarbe auf Papier
439 x 378 mm, Sammlung Reeves

Der chinesische Name für diese zarte Rose lautet »Yang gui fei«, was so viel heißt wie »beschwipste kaiserliche Konkubine Yang«. Yang war eine gefeierte Schönheit und die Favoritin des Kaisers. Bei einem Spaziergang durch den Park schnupperte sie an dieser Rose, wurde davon trunken und geriet ins Taumeln, berauscht allein von der Herrlichkeit des Duftes.

Wasserfarbe auf Papier
Rosa multiflora Thunb. (Rosaceae)
Vielblütige Rose
Franz Bauer, ca. 1800
506 x 340 mm

Die kletternde chinesische Rosa multiflora gehört zu den Stammeltern vieler Kultursorten, insbesondere der so genannten Rambler, deren Wuchsform auf diese Wildart zurückgeht. Heute gibt es kaum mehr gefüllte Formen, doch im 19. Jahrhundert waren diese weit verbreitet. Rosa multiflora galt früher als beliebte Veredelungsunterlage für zartere Rosen, denn sie ist von Natur aus robust.

PALMEN

»Die Mirití ist eine gesellige Palme. Sie bedeckt riesige Flächen in den Überschwemmungsgebieten am unteren Amazonas. Hier stört kein Unterholz den Blick über die endlosen Weiten riesiger Säulenstämme, die ohne jeden Ast, ohne jedes Blatt fünfundzwanzig, ja dreißig Meter emporragen, – ein riesiger natürlicher Tempel, der denen von Palmyra oder Athen weder an Erhabenheit noch Schönheit nachsteht.«

ALFRED RUSSEL WALLACE, PALM TREES OF THE AMAZON, 1853

Palmen sind das »Großwild« der Pflanzenjäger. Einen Herbarbeleg einer Palme zu bekommen ist kein einfaches Unterfangen, denn dazu sind Planung, Geschick und vor allem Hingabe nötig. Mit dem Herbarbeleg einer Mohnpflanze oder Magnolie etwa hat der Botaniker weit weniger Mühe. Dazu schneidet er ein etwa unterarmlanges Stück der Pflanze (bei kleineren Gewächsen mehrere Pflanzen) ab und legt es in ein gefaltetes Stück Zeitungspapier. Sodann wird dieses abwechselnd mit saugfähigem Löschpapier und Wellpappe in eine Presse geschoben, die man anschließend fest anzieht, damit alles darin befindliche möglichst flach gedrückt wird. Dann wird das Ganze unter Wärmezufuhr getrocknet. Nach mehreren Stunden, manchmal auch Tagen, löst man das Bündel wieder – und siehe da, die Pflanzen sind flach und getrocknet, wie gepresste Blumen, nur eben Zweige oder Stängel mit Blüten oder Früchten daran. In den Tropen ist es wichtig, die Belege so rasch wie möglich zu trocknen, da Mikroorganismen in der schwülen Hitze rasch wachsen und Pilze ein wunderschönes Exemplar im Nu total ruinieren können. Der ganze Prozess erscheint einfach, wenn man es mit kleinen Pflanzen wie Mohn oder Narzissen zu tun hat, wird mit zunehmender Größe des Belegs aber komplizierter. Zudem ist es dann auch oft schwieriger, an das Gewünschte überhaupt heranzukommen. Bei Bäumen sitzen die Blüten meist weit oben, und ein entsprechendes Aststück zu ergattern kann zu einer echten Herausforderung werden. Deshalb schossen manche Sammler (David Douglas etwa, nach dem die Douglastanne benannt ist) Äste aus dem Baumwipfel. Palmen jedoch, diese stattlichen, herrlichen Tropenwaldbewohner, spielen in einer noch höheren Liga.

Trotz ihrer Größe sind Palmen keine normalen Bäume. Die meisten Bäume weisen sekundäres Dickenwachstum auf: die Ringe, die wir bei einer gefällten Buche oder Fichte sehen. Diese Ringe enthalten Xylem, das wasserführende Gewebe des Stammes, das jedes Jahr nach außen ergänzt wird. Palmenstämme hingegen haben eine völlig andere Struktur. Ihr Speicher- und Leitungsgewebe ist nicht kreisförmig, sondern in so genannten Leitbündeln über den gesamten Stamm verteilt, gleicht also eher kleinen Inseln als einem Ring. Ein Palmenstamm besteht aus dicht gepackten, ungemein starken Fasern (beim Abholzen eines Stücks Primärwald bleiben Palmen meist am längsten stehen; am schlanken Stamm kann eine Machete leicht brechen). Der eigentliche Palmenkörper ist ein Spross, ein Stängel, der in einer Blätterkrone endet. Für den Betrachter, der von unten hinaufblickt, ist sie von einem normalen Baum nicht zu unterscheiden.

Wenn ein Pflanzenjäger eine Palme in seine Sammlung aufnehmen will, stellt sich die Frage: Wo anfangen? Ein guter Herbarbeleg ist repräsentativ für die Pflanze, besteht im Ideal-

Licuala peltata, Strahlenpalme, ca. 1795–1805

Livistona humilis, Livistonie, Ferdinand Bauer, ca. 1803–1814

Livistona humilis, Livistonie, Ferdinand Bauer, ca. 1803–1814

fall also aus Stängel, Blättern, Blüten und Früchten sowie einer genauen Darstellung des gesamten Organismus, vom Habitus (Erscheinungsbild, Wuchsform) bis hin zum mikroskopischen Aufbau. Doch was tun, wenn der Stamm so dick und hart ist, wenn die Blätter mehr als einen Meter lang sind und Blüten und Früchte in Blütenständen von der Größe eines kleinen Elefanten stehen? Problematische Pflanzen fürwahr, und vielleicht auch deshalb von normalen Sammlern gerne vernachlässigt.

Für Palmenliebhaber jedoch kann »das gemächliche und sorgsame Anlegen des Herbarbelegs einer majestätischen Palme überaus befriedigend« sein. Als Erstes gilt es hinaufzukommen, durch Klettern gewöhnlich, was aufgrund von Dornen, Ameisen oder Wespen nicht ungefährlich ist. Dann braucht man ein komplettes Blatt mit Ansatz (das ist wichtig zur Bestimmung). Da Palmwedel mitunter sehr groß sind, nimmt der Palmensammler »Muster«, d. h. jeweils ein Stück vom unteren Teil, eines aus der Mitte und die Spitze. Dazu wird die gesamte Blattlänge notiert, die Anordnung der Fiedern und die Färbung sowie die Höhe der Pflanze, Stammumfang etc. Häufig müssen sogar die »Muster« gefaltet werden, um in die Pflanzenpresse zu passen. Doch damit nicht genug. Der Palmensammler braucht natürlich auch Muster des Blütenstands, und heutzutage kommen noch Makroaufnahmen dazu. Das Ergebnis, genau wie andere Herbarbelege in Zeitungspapier gewickelt, ist ein mittleres Paket von der Größe einer Orangenkiste. Aber das ist nur ein Beleg, und Botaniker sammeln für gewöhnlich immer mindestens zwei von derselben Art (Doubletten). Eine Menge Arbeit, doch das Resultat ist wirklich etwas ganz Besonderes. Und da nur wenige Leute Palmen sammeln, erzielen gute Belege auch einen entsprechend hohen Preis.

Angesichts all dieser Mühen möchte man annehmen, dass Palmensammeln kein Sport für ältere Herren ist. Irrtum. Liberty Hyde Bailey verbrachte sein Leben »als Sprachrohr der amerikanischen Farmer und der Landbevölkerung«, mit dem Ziel, den Menschen, die ihr Brot mit Ackerbau verdienten, grundlegende Botanikkenntnisse zu vermitteln. 1858 als Sohn eines Pioniers geboren, verbrachte Bailey einen Großteil seines Lebens in enger Beziehung zur Scholle – zuerst auf der Farm seines Vaters, dann am Agricultural College in Michigan und schließlich als Botaniker in Harvard. Als seine Alma Mater ihn auf einen Lehrstuhl für Garten- und Landschaftsbau berief, meinten Botanikerkollegen, das sei es dann wohl gewesen.

Schließlich sind Botaniker Wissenschaftler, Gartenbauer hingegen nichts als bessere Gärtner. Doch Bailey belehrte sie eines Besseren und untersuchte, neben seiner Tätigkeit als Dozent, die Botanik und Klassifikation von Nutzpflanzen: Himbeeren, Kürbisse und, im Alter dann, Palmen. Die Anzahl seiner Publikationen war unglaublich. Ein Foto zeigt ihn neben einem Stapel seiner Werke, der ihm bis auf Augenhöhe reicht.

Angeblich begann seine Leidenschaft für Palmen während eines Urlaubs in der Karibik, wo seine Frau ihm vorwarf, er schimpfe sich Botaniker, kenne aber nicht einmal die Namen bestimmter Palmen. Bailey war damals 68, und er verbrachte die nächsten Jahrzehnte damit, sich Wissen über diese faszinierenden Pflanzen anzueignen, die, wie er sehr bald erkannte, in ihrer tropischen Heimat wahre »Lebensbäume« sind: Palmen liefern dem Menschen Nahrung, Fasern, ein Dach über dem Kopf, Öl und pflanzliches Elfenbein. Bailey begann weltweit Palmen zu sammeln und plante sogar eine Afrikareise (nicht gerade eine Spritztour für einen 91-Jährigen im Jahr 1949). Seine Freunde reagierten entsetzt. Was, wenn er dort starb? »Dann werde ich eben dort begraben«, soll er lakonisch geantwortet haben. Letztlich kam es nicht dazu, denn er brach sich bei einem Sturz die Hüfte und konnte danach keine Feldforschung mehr betreiben. Wie andere Palmenspezialisten vor ihm – Alexander von Humboldt, der Engländer Richard Spruce, der deutsche Brasilienforscher Karl Friedrich Philipp von Martius und der italienische Botaniker Odoardo Beccari – war er dieser Leidenschaft mit Haut und Haaren verfallen. Sein Name ist allen gartenbaulich Interessierten noch heute ein Begriff und lebt auch in der Institution fort, die er gründete und der er seine gewaltige Sammlung vermachte, dem Liberty Hyde Bailey Hortorium. Das Wort Hortorium ist eine Schöpfung Baileys, der damit die Verbundenheit der Institution zu Kulturpflanzen einerseits und Wildpflanzen andererseits zum Ausdruck bringen wollte. Letztere werden ja gewöhnlich in einem Herbarium (systematisch geordnete Sammlung gepresster und getrockner Pflanzen und Pflanzenteile) aufbewahrt.

Pandanus-Art, Schraubenbaum, ca. 1795–1805

Bailey entwickelte eine spezielle Aufbewahrungsmethode für die voluminösen Palmenbelege, die bis heute Anwendung findet. Da er erkannte, dass sich die übliche Methode, Pflanzen oder Pflanzenteile auf Papier zu kleben, für die großrahmigen Palmen nicht eignete, lagerte er seine Palmenbelege in Schachteln. So waren alle Teile beisammen, und man konnte sie zudem umdrehen und auch die Rückseite betrachten, was bei Stücken, die Teil eines weit größeren Organismus sind, besonders zweckdienlich ist. Die Taxonomie (Einordnung der Lebewesen in ein biologisches System) von Palmen am Bailey-Hortorium war noch in vollem Gang, als Bailey Ende der 40er Jahre einen jungen Botaniker aus Harvard kennen lernte und unter seine Fittiche nahm. In einem Brief bezeichnete er ihn als »überaus eifrigen jungen Mann«, ein großes Lob aus dem Mund eines selbst so tatkräftigen und aktiven Menschen. Harold E. Moore, wie dieser »eifrige junge Mann« hieß, sollte später – nach ausgedehnten Forschungsreisen in alle Welt, auf denen er nahezu alle Gattungen in ihrer natürlichen Umgebung sah – die gesamte Palmentaxonomie revidieren. Alle seine Expeditionen konzentrierten sich auf das Sammeln von Palmen – harte Arbeit, die aber gewiss auch Spaß machte. Einem Kollegen beschrieb er das Sammeln einer neuen Gattung auf Fidschi (*Alsmithia*, benannt nach dem Autor der Flora von Fidschi) als »durchaus auch vergnüglich«. Das Vergnügen beinhaltete u. a. eine Nacht inmitten eines Zyklons sowie das Laufen über einen Teppich aus Blättern und Ästen und über umgestürzte Bäume hin zu dem Palmenhain, wo er nach Begutachtung der Sturmschäden bemerkte: »Lassen Sie sich ja nicht weismachen, dass sich Kokospalmen bei einem Hurrikan nur neigen«; die Stämme waren glatt durchgebrochen.

Leider sollte dies Hal Moores letzte Reise sein. Sein plötzlicher Tod erschütterte die botanische Welt – Laien ebenso wie

Borassus flabellifer, Palmyrapalme, ca. 1795–1805

Cocos nucifera, Kokospalme, ca. 1820–1830

Wissenschaftler, denn seine Erfahrung mit (und Forschungsreisen auf der Suche nach) Palmen, den Fürsten der Pflanzenwelt, hatten ihn weit über die Kreise der Palmenfreunde hinaus bekannt gemacht. Moores Begeisterung für die Tropen und seine sorgfältigen Forschungsmethoden ließen ihn zum Vorbild für Generationen von Studenten werden. Anders als die Pflanzenjäger des 19. Jahrhunderts hatte er von Anfang an sein Wissen und seine Leidenschaft an Jüngere weitergegeben. In gewisser Hinsicht macht genau dies den Unterschied zwischen moderner und früherer »Pflanzenjagd« aus: Für viele Pflanzenjäger früherer Jahrhunderte bestand das Ziel darin, eine Pflanze zu entdecken und »zu Hause« in Kultur zu nehmen – ein ehrenwertes Ziel, das unsere Gärten immens bereichert hat. Heutige Sammler sind indessen hinter Informationen her, die unser Verständnis der Natur verbessern. Die Abenteuer sind fast dieselben, die Arbeit ist genauso anstrengend, die Motivation aber eine etwas andere. Nach Hal Moores Tod vervollständigten und veröffentlichten zwei seiner Kollegen, John Dransefield aus Kew und Natalie Uhl aus Cornell, sein Lebenswerk: ein Kompendium der Palmengattungen unserer Erde.

Palmen sind von einem romantischen Nimbus umgeben. Sie sind Symbol für die Tropen, Inbegriff südlicher Gefilde. Wir sehen herrliche, von Kokospalmen gesäumte Sandstrände vor uns und einzelne Palmen, die das Kronendach des Regenwalds überragen. Die Seychellenpalme hat die größten Samen der Welt – ein einziger kann über 20 Kilo wiegen. Lange Zeit war der Ursprung der faszinierenden zweilobigen Nüsse, die an den Küsten der Inseln des Indischen Ozeans angespült oder von frühen Seefahrern auf den Wellen treibend gesichtet wurden, ein Rätsel. Manche meinten, sie müssten wohl dem Garten Eden entstammen. Und in der Tat haben die Seychellen, wo diese unglaublichen Pflanzen zu Hause sind, etwas Paradiesisches. *Lodoicea*, so der lateinische Gattungsname, wächst nur auf zwei kleinen Inseln und ist ebenso selten wie interessant.

Nun können Palmen sich aber auch recht hinterhältig gebärden. Rotangpalmen etwa klettern mit rückwärts gerichteten

Wallichia caryotoides, ca. 1791–1794

Stacheln oft über mehrere Bäume hinweg hoch in das Kronendach des Regenwalds. Sie zufällig zu streifen ist kein angenehmes Gefühl. Aber sie sind sehr schön, und der große Forscher Alfred Russel Wallace, der praktisch gleichzeitig mit Charles Darwin die Evolutionstheorie begründete, beschrieb sie recht poetisch: »Mit ihren fedrigen Blattkronen bilden sie eine attraktive Abwechslung in dem ansonsten eintönigen Laubdach, und jede endet, einem Blitzableiter gleich, in einem aufrechten Widerhaken-Blatt«. Wallace war ein großer Palmenliebhaber. Gemeinsam mit Henry Walter Bates reiste er Mitte des 19. Jahrhunderts zum Amazonas, um Naturalien, also Pflanzenbelege, Vögelbälge, aufgespießte Insekten etc., zu sammeln, die später auf Londoner Auktionen verkauft werden sollten. Anfangs war er mehr an Käfern und Vögeln interessiert als an Pflanzen, da diese, zumal Palmen, weit mühsamer zu sammeln und zudem schlechter verkäuflich waren. Doch Wallace war ein aufmerksamer Beobachter und bemerkte bald, dass Palmen für die Ureinwohner eine wichtige Rolle spielen. In seinem ersten Buch *Palm Trees of the Amazon and Their Uses* beschreibt er im Detail, wie bedeutsam diese Gewächse für die Menschen der Region »für so viele alltägliche Bedürfnisse [waren]; sie gaben ihnen Obdach, Nahrung und Waffen«. Wallace hatte sein Palmenbuch aus dem Gedächtnis verfasst, da sein Schiff mitten auf dem Atlantik in Brand geriet und sank. Er kam mit dem Leben davon, büßte aber bis auf einige wenige Skizzen alle Aufzeichnungen und Belege ein. Nach seiner Rückkehr vom Amazonas segelte er nach Südostasien, wo seine Begeisterung für Palmen neuen Nährboden fand (Palmen waren für die Völker der altweltlichen Tropen nicht weniger wichtig als für die der Neuen Welt).

Nun denkt man bei Palmen automatisch an Baumaterial – sowohl für Hüttenwände als auch als Bedachung werden häufig Palmen verwendet –, doch sie sind auch eine wichtige Nahrungsquelle. Das gilt nicht nur für ihre Früchte (die Datteln, die wir im Winter gerne essen, sind die Früchte der Dattelpalme *(Phoenix dactylifera)*; die Menschen im Amazonasgebiet decken ihren Vitamin-A-Bedarf mit *Aguaje*; die geschuppten Früchte der Aguaje-Palme *(Mauritia flexuosa)*, und Kokosnüsse sind wichtiger Bestandteil der Ernährung von Küstenbewohnern weltweit), sondern auch für eher ungewöhnliche Teile der Pflanze. Mit am merkwürdigsten in dieser Hinsicht ist die Sagopalme *(Metroxylon)* aus Südostasien.

Um die Verwendung von Sagopalmen verstehen zu können, müssen wir uns etwas mit den Lebenszyklen der Pflanzen beschäftigen. Wir stellen uns die meisten Gewächse als Mehrjährige vor, die nach Erreichen des fortpflanzungsfähigen

Caryota urens, Fischschwanzpalme, ca. 1791–1794

Sabal palmetto, Palmettopalme, William Young, 1767

Alters in einem bestimmten Rhythmus blühen. Eine Rose treibt Jahr um Jahr neue Knospen, Kiefern bekommen alle paar Jahre viele Zapfen, und Orchideen bringen mehrmals in ihrem Leben Blüten hervor. Doch es gibt auch Pflanzen, die nur einmal blühen und dann sterben. Einjährige wie Mohn oder Jungfer im Grünen, auch Gretel im Busch genannt, sind gute Beispiele; doch sie leben vor der Vermehrung nur kurz. Wirklich faszinierend sind langlebige Pflanzen, die nur einmal zur Blüte kommen und dann vergehen. Fachleute nennen solche Pflanzen monokarpisch oder hapaxanth: Sie wachsen zur »Erwachsenengröße« heran und leben dann viele Jahre lang scheinbar steril, ohne Blüten oder Früchte hervorzubringen. Ist das vegetative Wachstum abgeschlossen, steckt die Pflanze alle aufgesparten Reserven in einen einzigen grandiosen Blütenstand samt Fruchtansatz und geht dann, völlig ausgezehrt, zugrunde. Eine solche Lebensweise basiert auf dem Aufbau enormer Nährstoffreserven, und bei vielen hapaxanthen Palmen wie etwa der Schopfpalme *(Corypha)*, erreicht der Blütenstand die Größe des gesamten Blattwipfels. Wohl deshalb sprach der Tropenbiologe E. J. H. Corner auch von »fantastischen Blütenständen, die an paläozoische Waldbildungsversuche erinnern«. Bei der Verwendung der Sagopalme, einer weiteren hapaxanthen Pflanze, nutzt der Mensch die im Laufe der Jahre im Stamm angesammelte Stärke. Eine Sagopalme wächst 15 Jahre oder länger, bis sie »erntereif« ist. (Der richtige Zeitpunkt ist schwer festzustellen: zu früh, und die Ernte fällt mager aus, zu spät, und man geht leer aus, da die Pflanze ihren Lebenszyklus abschließt). Der beste Zeitpunkt zum Fällen ist drei Jahre vor der Blüte, weshalb Erfahrung nötig ist. Doch wo die Sagopalme ein Grundnahrungsmittel darstellt, ist die Bevölkerung in aller Regel recht gut darin, den optimalen Reifegrad einzuschätzen. Dann wird die Palme geschlagen und das stärkehaltige Mark (Sago) herausgeschält, gewaschen und sofort verwendet oder getrocknet und zu Mehl verarbeitet. Wallace war fasziniert von der Sagoernte: »Es ist

Cycas angulata, Palmfarn, Ferdinand Bauer, ca. 1803–1814

Corypha umbraculifera, Talipotpalme, ca. 1791–1794

ein wahrhaft außerordentliches Erlebnis, mit anzusehen, wie ein ganzer Baumstamm, vielleicht 20 Fuß [6 m] lang und mit einem Umfang von 4 oder 5 Fuß [1,2–1,5 m] ohne viel Mühe und Vorbereitung so viel Nahrung spendet.« Nicht umsonst gilt die Sagopalme als unglaublich ergiebige Nahrungsquelle und war auf den Inseln Südostasiens die Grundlage einer eigenen Sago-Kultur. Natürlich erscheint es kurzsichtig, die Palme zu schlagen – schließlich bringt es die Pflanze um –, doch die meisten Sagopalmen treiben unterirdische Ausläufer, so dass sie in weiteren Pflanzen fortleben, die dann ihrerseits entweder zur Blüte kommen oder aber irgenwann abgeerntet werden.

Weil Palmen nahezu immer aus einer einzigen Sprossspitze treiben, sterben sie, wenn man sie fällt. *Euterpe edulis*, die Kohl- oder Assaipalme, war lange Zeit der einzige Produzent von Palmherzen. Diese blassen, weichen Sprossspitzen mit den jungen Blattanlagen sind eine geschätzte Delikatesse, schmecken aber lange nicht mehr so gut, wenn man bedenkt, dass dafür eine ganze Pflanze sterben muss. Sämtliche Palmen haben solche zarten Sprossspitzen, doch die von *Euterpe* galten schon immer als besonders schmackhaft. Mancherorts ist die Kohlpalme bereits ausgerottet, weil der einzige Trieb gekappt wird und diese Art, anders als die Sagopalme, keine Ausläufer bildet. In Brasilien wird sie inzwischen auf Plantagen kultiviert, und Botaniker haben Ausläufer bildende Sorten gezüchtet, die dafür sorgen sollen, dass diese Palme in der freien Natur nicht ausstirbt. Allerdings kommen auch andere Arten auf den Palmherzenmarkt. In Paraguay wächst *Copernicia alba* in großen Beständen in den Sumpfregionen des Chaco, wo Nandus (Pampasstrauße) die Samen verbreiten.

Was wie eine unglaublich robuste und widerstandsfähige Pflanze aussieht, ist in Wahrheit also ein überraschend verletzliches Lebewesen. Etwas Sorgfalt vorausgesetzt, dürfen wir jedoch hoffen, unseren Planeten auch weiterhin mit diesen herrlichen Pflanzen teilen zu dürfen, die Linné so treffend als »Principes« bezeichnete – als Fürsten des Pflanzenreichs.

Ptychosperma elegans, Faltenpalme, Ferdinand Bauer, ca. 1803–1814

Licuala peltata Roxb. (Arecaceae)
Strahlenpalme
Künstler unbekannt, ca. 1795–1805
Wasserfarbe und Graphitstift auf Papier
372 x 241 mm, Sammlung Fleming

Die Blattform dieser Fächerpalme ist unverkennbar – wie ein Regenschirm, dessen fast perfektes Rund durch Spalten in viele keilförmige Segmente unterteilt ist. Ähnliche Wedel findet man nirgendwo sonst in der Palmenfamilie. Einige Licuala-Arten haben sogar völlig runde, ungeteilte Wedel, die so aussehen, als hätte man aufgespannte grüne Sonnenschirme in den Urwaldboden gesteckt.

Livistona humilis R. Br. (Arecaceae)
Livistonie, Fächerpalme, Schirmpalme
Ferdinand Bauer, ca. 1803–1814
Wasserfarbe auf Papier, 527 x 356 mm

Palmen der Gattung Livistona *sind ausnehmend hübsch: stattlich und aufrecht, mit schönen, fast runden gefältelten Wedeln und großen Büscheln leuchtend gefärbter Früchte. Die Blattbasen tragen ein Netz gewebter Fasern, so dass der Palmenforscher E. J. H. Corner meinte, der Mensch habe das Weben durch Nachahmen dieser Palmblätter erfunden. Die Skizze, nach der dieses Bild entstand, fertigte Ferdinand Bauer im Januar 1803 in der Blue Mud Bay, Northern Territory, Australien.*

Livistona humilis R. Br. (Arecaceae)
Livistonie, Fächerpalme, Schirmpalme
Ferdinand Bauer, ca. 1803–1814
Wasserfarbe auf Papier, 524 x 357 mm

1803 lag die Investigator vor der Nordküste Australiens – der erste europäische Segler, der der frühen niederländischen Handelsroute durch die Torresstraße gefolgt war. Die Region war Neuland für Naturforscher, aber auch enttäuschend, wie Ferdinand Bauer an seinen Bruder Franz schrieb: »Wir waren voller Hoffnung auf den Carpentariagolf, mussten aber feststellen, dass die gesamte nach Osten gerichtete Seite sehr flach ist, so dass unser Schiff gar nicht in Landnähe kommen konnte.«

Pandanus-Art (Pandanaceae)
Schraubenbaum
Künstler unbekannt, ca. 1795–1805
Wasserfarbe und Tusche auf Papier
462 x 287 mm, Sammlung Fleming

Pandanaceen erinnern vom Erscheinungsbild her stark an Palmen. Sie haben oft Stützwurzeln, häufig spitze Stacheln und von einem Hochblatt umgebene kolbige oder kopfige Blütenstände. Doch damit sind die Ähnlichkeiten auch schon erschöpft. Die schwertförmigen Blätter wachsen in Zeilen wie ein Schraubengewinde um den Stamm herum (daher der Name), und die Sammelfrüchte, die wie Ananas aussehen, sind bei Vögeln und Menschen sehr begehrt.

Borassus flabellifer L. (Arecaceae)
Palmyrapalme
Künstler unbekannt, ca. 1795–1805
Wasserfarbe auf Papier, 467 x 326 mm
Sammlung Fleming

Ein alter tamilischer Lobgesang rühmt die 801 Nutzungsmöglichkeiten dieser Palme, deren Saft zu dem berühmten, Toddy genannten Palmwein vergoren oder zu Zucker eingedickt wird. Zur Gewinnung wird der Blütenstand abgebunden, so dass er sich nicht öffnen kann, dann schlägt man kräftig darauf, um den Saftfluss anzuregen. So behandelt, liefert jeder Blütenstand pro Tag etwa zwei Liter Flüssigkeit, und dies mehrere Monate lang.

Cocos nucifera L. (Arecaceae)
Kokospalme
Künstler unbekannt, ca. 1820–1830
Wasserfarbe und Deckfarbe auf Papier
396 x 493 mm, Sammlung Reeves

Die Kokosnuss gilt als »größtes Geschenk der Natur an den Menschen«. Grüne Kokosnüsse enthalten beim Öffnen die begehrte eiweißreiche Kokosmilch; ist die Frucht reif, ist die Flüssigkeit aufgebraucht. Die Kokosmilch ist Bestandteil der Endosperm-Entwicklung: Im grünen Stadium ist das Nährgewebe gallertig, verfestigt sich aber mit der Zeit zu dem bekannten weißen Kokosfleisch.

Wallichia caryotoides Roxb. (Arecaceae)
Künstler unbekannt, ca. 1791–1794
Wasserfarbe und Tusche auf Papier
480 x 341 mm, Sammlung Roxburgh

William Roxburgh benannte diese Gattung erst nach seinem jungen dänischen Assistenten Nathaniel Wallich und dann noch einmal: Wrightea, zu Ehren des britischen Botanikers William Wright, der Ende des 19. Jahrhunderts von den Spaniern in der Karibik gefangen gehalten wurde. Wallichia wurde jedoch zuerst veröffentlicht und bleibt daher der offizielle Name. Wallich wurde übrigens Roxburghs Nachfolger als Direktor des Botanischen Gartens von Kalkutta.

Caryota urens L. (Arecaceae)
Fischschwanzpalme
Künstler unbekannt, ca. 1791–1794
Wasserfarbe und Tusche auf Papier
480 x 340 mm, Sammlung Roxburgh

Fischschwanzpalmen können gewaltige Ausmaße erreichen; die im Palmenhaus in Kew musste geschlagen werden, als sie das Dach zu beschädigen drohte. In der Natur spielt das natürlich keine Rolle, erschwert jedoch das Sammeln von Herbarbelegen. Selbst für geübte Affen stellt die Fischschwanzpalme ein Problem dar. E. J. H. Corners »erster botanischer Affe starb beim Sammeln von Belegen«. (Wegen der hohen Konzentration von Oxalatkristallen sind die Früchte sehr gefährlich.)

Sabal palmetto (Walter) Lodd. ex Schult. & Schult. f. (Arecaceae)
Palmettopalme
William Young, 1767
Wasserfarbe auf Papier, 378 x 234 mm

Diese fantasievolle und fast kindlich überschwängliche Darstellung einer Palme, die symmetrisch mit einer Fülle von Epiphyten bewachsen ist, weist wenig Ähnlichkeiten mit einer wirklichen Palme aus dem Südosten der Vereinigten Staaten auf. Immerhin war die Palmettopalme eine der wenigen einheimischen Palmen, die der Künstler in North Carolina hätte finden können. Palmettopalmen sind in Brackwasser-Küstenregionen zu Hause.

Cycas angulata R. Br. (Cycadaceae)
Palmfarn
Ferdinand Bauer, ca. 1803–1814
Wasserfarbe auf Papier, 524 x 355 mm

Auch wenn sie ein bisschen wie Palmen aussehen, sind Palmfarne definitiv keine Palmen. Ja, sie sind nicht einmal Blütenpflanzen. Cycadaceen, die zu den einfachsten Samenpflanzen zählen, gab es bereits zur Zeit der Dinosaurier. Robert Brown sammelte Belege auf dem von ihm so benannten Turtle Island (Bountiful Island) vor Queensland im Carpentariagolf. Auch Bauer muss dort gewesen sein, denn diese Abbildung ist präzise bis auf die kleinste Wedelfieder.

Corypha umbraculifera L. (Arecaceae)
Talipotpalme
Künstler unbekannt, ca. 1791–1794
Wasserfarbe auf Papier, 480 x 345 mm
Sammlung Roxburgh

Wie die Sagopalmen ist auch diese Schopfpalme monokarpisch. Der riesige Blütenstand entwickelt sich erst nach 50 bis 70 Jahren, wird 5 bis 6 m hoch und erreicht einen Durchmesser von über 10 m. Die winzigen Früchte brauchen mehr als ein Jahr zur Reife, und danach stirbt die Pflanze. Die Investition für diesen Ertrag ist – buchstäblich – gewaltig: Talipotpalmen können bis 30 m hoch werden und einen Stammdurchmesser von 1 m erreichen, bevor sie zur Blüte kommen.

Ptychosperma elegans (R. Br.) Blume (Arecaceae)
Faltenpalme, Faltensamenpalme
Ferdinand Bauer, ca. 1803–1814
Wasserfarbe auf Papier, 525 x 358 mm

Genau wie Herbarbelege müssen auch botanische Zeichnungen von Palmen immer aus mehreren Teilen bestehen. Für dieses Exemplar fertigte Ferdinand Bauer drei Zeichnungen an: einmal die gesamte Pflanze mit Details der Wedel, dann einen fruchtenden Blütenstand und schließlich diese hier, auf der der männliche Blütenstand mit Details männlicher und weiblicher Blüten zu sehen ist. Damit lieferte Bauer alle wichtigen Informationen.

MASSLIEBCHEN & SONNENBLUMEN

Die Jungfrau war … eine Blume gleich der Sonnenblume, die den ganzen Tag mit ihrer einfachen Blüte der Sonne folgt, die aber nach dem Untergang und vor dem Gewitter sich mit Flammen füllt.

JEAN PAUL, D. KATZENBERGERS BADEREISE, 1809

Maßliebchen, Sonnenblumen, Disteln und Löwenzahn – sie alle gehören zur Familie der Korbblütler, botanisch Compositae oder auch Asteraceae. Die zweite Bezeichnung ist aufgrund der sternförmigen, strahlenden Blüten ohne weiteres nachvollziehbar, woher aber kommt die andere? Wer sich ein Gänseblümchen oder eine Sonnenblume genauer ansieht, wird feststellen, dass es sich dabei in Wirklichkeit um einen aus vielen dicht gepackten Einzelblüten zusammengesetzten Blütenstand handelt. Dieser charakteristische Blütenstand-Typ, Blütenköpfchen oder Capitulum genannt, kommt bei allen Kompositen vor, wenn auch mit zahlreichen Variationen. So besteht das Köpfchen bei der Gänseblume aus gelben röhrenförmigen Einzelblüten, die sich von außen zum Mittelpunkt hin öffnen. Man nennt diese Blüten Scheibenblüten, denn genauso wirken sie. Um die Scheibe herum gruppieren sich weiße Zungenblüten, die wie die Blütenblätter bei einer normalen Blume aussehen. Ihre Zahl variiert – sonst hätte das Er-liebt-mich-er-liebt-mich-nicht-Spiel ja auch wenig Sinn. Sie sind, wie die Scheibenblüten, röhrenförmig, aber im Gegensatz zu diesen nicht durchweg fünfzählig, sondern höchst unregelmäßig gebaut; oft kommt es bei den unterschiedlich langen Zungenblüten sogar zu Verwachsungen. Sie sind manchmal steril, bilden niemals Samen aus und dienen in erster Linie zur Zierde. Die Zungenblüten sind von Hochblättern umgeben, modifizierten Blättern der Blütenstandshülle, die das Capitulum schützt, solange es sich entwickelt.

Entfernt man sämtliche Scheiben- und Zungenblüten, dann liegt der Köpfchenboden frei, jener flache oder gewölbte Teil der Pflanze, auf dem sich die Blüten entwickeln. In der Regel ist er schuppig oder stachelig. Vermutlich stehen diese Schuppen in Zusammenhang mit den Einzelblüten und sind deren schuppenförmige Tragblätter, so genannte Spreublätter. In jedem Fall sind sie wichtig für die Klassifizierung innerhalb der Familie der Kompositen. Und noch eine Eigenart haben die Korbblütler: Sie verfügen über keine Kelchblätter im herkömmlichen Sinn. Die kleinen röhrenförmigen Blütenkronen sitzen direkt auf dem Fruchtknoten, der sich zu einer hartschaligen Frucht, die nur einen Samen trägt, entwickelt. Ein gutes Beispiel dafür ist die Sonnenblume. Meist sind die Früchte der Korbblütler ausgestattet mit einer Art Flugorgan, dem so genannten Pappus. Dieses haar-, schuppen- oder grannenförmige Gebilde hat sich aus dem Kelch entwickelt und ist von großer Bedeutung für die Bestimmung der Kompositen. Es kann u. a. die Form von Distelwolle annehmen oder die des Fallschirms beim Löwenzahn.

Das Thema Scheiben- und Zungenblüten findet innerhalb dieser Familie unendliche Variationen. Mit fast 25 000 Arten bilden die Korbblütler die größte Familie blühender Pflanzen.

Syncarpha vestita, Strohblume, Ralph Stennett, 1807

Anacyclus valentina, Ringblume, Simon Taylor, Mitte 18. Jh.

Calotis lappulacea, F. P. Nodder, 1780

Manche Kompositen, wie etwa Disteln, haben nur Scheibenblüten, und ihre strahlend lilafarbenen Blüten sind durchweg regelmäßig gebildet. Gänseblümchen und Sonnenblume weisen sowohl Scheiben- wie auch Zungenblüten auf, wobei die Zungenblüten das Blütenköpfchen wie die Blütenblätter einer »normalen« Blume umgeben. Manche Kompositen wie der Löwenzahn bestehen sogar nur aus Zungenblüten. Diese unterschiedlichen Kombinationsmöglichkeiten dienen dazu, Gruppen innerhalb der Familie zu definieren, da eine derart große Vielfalt sonst nur schwer überschaubar ist. Wissenschaftlich systematisch vorzugehen heißt, unter Berücksichtigung spezifischer Charakteristika Gruppen zu bestimmen, die alle Nachfahren eines gemeinsamen Vorfahren umfassen (so genannte monophyletische Gruppen). Allerdings gibt es innerhalb der Kompositen auch viele Parallelentwicklungen, die die wahre Verwandtschaft verschleiern. Diese zu eruieren ist dank der großen strukturellen Vielfalt bei den Blütenständen der Korbblütler eine faszinierende Aufgabe. Wer sich damit beschäftigt, bekommt nicht nur wunderschöne Organismen zu Gesicht, sondern begibt sich geradezu auf eine Schatzsuche – wobei der Schatz das Wissen um die entwicklungsgeschichtliche Herkunft allen Lebens ist.

Die effiziente Anordnung der Scheibenblüten im Capitulum der Sonnenblume etwa ist atemberaubend: Bei genauem Hinsehen erkennt man Muster sich überschneidender links und rechts drehender Spiralen. Nicht nur Botaniker waren von den Spiralmustern bei Korbblütlern fasziniert, sondern auch Mathematiker, die hier ein schönes Beispiel für das Vorkommen von Fibonacci-Zahlen in der Natur vorfanden. Der italienische Mathematiker Leonardo di Pisa (um 1170 – nach 1240), genannt Fibonacci, führte als einer der Ersten das arabische Zahlensystem in Europa ein. 1202 erschien sein Rechenbuch, das berühmte *Liber abacci* (Das Buch des Abakus). Darin erläuterte er das neue System, nicht ohne seinen Lesern nebenbei noch eine Rechenaufgabe zu stellen: »Ein Kaninchenpaar wird innerhalb eines Monats fruchtbar und bringt anschließend Monat für Monat ein neues Pärchen hervor. Wie viele Pärchen sind es nach zwölf Monaten?« Die Antwort besteht in einer Zahlenfolge (1, 1, 2, 3, 5, 8, 13, 21, 34 ...), bei der sich jede Zahl aus der Summe der beiden vorhergehenden ergibt. Im 19. Jahrhundert erkannte der französische Mathematiker Edouard Lucas ihre Bedeutung und prägte dafür

Edmondia sesamoides, Strohblume, Ralph Stennett, 1807

den Begriff Fibonacci-Zahlen. Diese Abfolge kommt in den erstaunlichsten Zusammenhängen vor: bei Stammbäumen, bei der Anzahl der Nachkommen der Honigbiene, der Anzahl der Blütenblätter unterschiedlichster Blumen ... und bei der Anordnung der Scheibenblüten in den Blütenköpfen von Kompositen. Zählt man die schwindelerregenden Spiralwindungen in der Capitula – zunächst die linksdrehenden, dann die rechtsdrehenden –, dann fällt auf, dass die beiden Summenwerte Nachbarn in der Fibonacci-Reihe sind. Was zunächst merkwürdig erscheint, nämlich dass sich die Natur nach einer obskuren mathematischen Reihe richten soll, ist letztlich doch sinnvoll, da die Anordnung der Blüten auf dem Blütenboden einem breiten Spektrum von Capitula-Größen gerecht werden muss, von der kleinen Capitula der Kamille bis zur tellergroßen bei einigen Varietäten der Sonnenblume. Dank dieser präzisen, der Fibonacci-Reihe entsprechenden Anordnung sind die Blüten in allen Entwicklungsstadien optimal auf dem Blütenkopf verteilt, nicht zu dicht gedrängt in der Mitte und auch nicht zu lose an den Rändern, so dass alle Früchte oder Samen auch wirklich ausreifen können. Hinter dieser optimalen Verteilung steht eine weitere verblüffende mathematische »Regel«, denn die Einzelblüten halten in ihrer Entwicklung eine bestimmte Abfolge ein: Sie stehen jeweils in einem Winkel von exakt 137,5 Grad zueinander. Auf diese Weise entstehen die Spiralmuster, und der Winkel wird, was nicht weiter erstaunt, Fibonacci-Winkel genannt.

Teilt man eine Fibonacci-Zahl durch die vorhergehende, erhält man stets dasselbe Ergebnis – den Wert 1,618, der auch als Goldener Schnitt bezeichnet wird. Und »zufällig« beträgt der Abstand zwischen den Einzelblüten genau den 1618ten Teil einer Umdrehung. Zählt man also von der Mitte nach außen durch, erhält man 1618 Blütenstände für jede vollständige Spiralwindung. Der Wert für den Goldenen Schnitt ist eine irrationale Zahl – wie die Zahl Pi hat sie unendlich viele Dezimalstellen –, die hinter dem Bauprinzip der Pyramiden und vieler bekannter Meisterwerke aus Kunst und Architektur

Centaurea glastifolia, Waidblättrige Flockenblume, Simon Taylor, Mitte 19. Jh.

Arctotis-Art, Bärenohr, Gertrude Metz, 1777

steht. Dass der Goldene Schnitt auch in der Natur eine Rolle spielt, hat nichts mit einer mystischen Ordnung zu tun, sondern, wie im Fall der Sonnenblume und ihrem Blütenteller, mit ganz praktischen Erfordernissen. Aus Blüten entwickeln sich Samen und diese müssen, solange sie an der Elternpflanze reifen, optimale Bedingungen vorfinden. In der Natur kommen noch mehr numerische Muster vor, in den meisten Fällen aber eher als faszinierende Tendenz denn als Gesetzmäßigkeit. Da wir es mit wachsenden Organismen zu tun haben, kommen diese numerischen Verhältnisse niemals so exakt wie in der Theorie vor, aber die Grundmuster sind so weit verbreitet, dass sie die Menschen einfach faszinieren müssen.

Obschon die zotteligen Blüten von *Chrysanthemum* scheinbar nichts mit der mathematischen Präzision des Blütenkopfes der Sonnenblume zu tun haben, gehören sie doch auch zur Familie Compositae. Und bei genauem Hinsehen würden wir vielleicht feststellen, dass ihre Einzelblüten ebenfalls in Fibonacci-Spiralen angeordnet sind. Die Faszination, die von Chrysanthemen ausgeht, ist jedoch eine andere. Während sie in nördlichen Breiten wegen ihrer unterschwelligen Beziehung zum Tod nicht ausnahmslos geliebt werden, verehrt man sie in China als Symbol für Langlebigkeit und die Fähigkeit, widrigen Umständen zu trotzen. Die ersten chinesischen Chrysanthemen hatten gelbe Blüten und wurden schon im 7. Jahrhundert v. Chr. schriftlich erwähnt. In der Tang-Dynastie im 8. Jahrhundert ging es dann steil bergauf mit der Kultivierung dieser Pflanze und dem Kult um sie: Erstmals erschienen weiße Varietäten, dann tauchten violette in der Dichtung auf. Der Aufschwung der Chrysantheme als Zierpflanze ist selektiver Züchtung und Kultivierung zu verdanken, ihre Herkunft jedoch liegt im Dunkeln. Die Kulturchrysantheme ist eine komplexe Hybride und wahrscheinlich das Ergebnis der Einkreuzung mehrerer Wildarten. Das »x« in ihrem botanischen Namen *Chrysanthemum x morifolium* besagt, dass es sich dabei um eine Gattung hybriden Ursprungs handelt. Die sprunghafte Zunahme der Chrysanthemenarten in China fällt in den Zeitraum zwischen dem späten 10. und dem frühen 19. Jahrhundert, vielleicht weil die Pflanze zwischenzeitlich nach Japan exportiert worden war und in der Folge Neuzüchtungen wieder zurück nach China gelangten. Zu Beginn des 10. Jahrhunderts erschien eine *Ju Pu* betitelte gärtnerische Abhandlung über Chrysanthemen von einem Verfasser namens Liu Meng – allem Anschein nach nahmen die immer raffinierteren Zuchtbemühungen bisweilen höchst bizarre Züge an. Man verfügte allgemein über gute gärtnerische Kenntnisse, und Düngung, Schnitt und Pfropfen waren keine Fremdwörter. Aber daneben kursierte auch der Glaube, aus einer vertrockneten, im Boden vergrabenen Blüte könnten neue Sorten entstehen. Die Technik des Pfropfens war so weit entwickelt, dass die Gärtner Reiser mehrerer Sorten auf eine Unterlage aufbringen konnten, woraus merkwürdig aussehende Pflanzen entstanden, die offenbar Blüten in mehreren Farben trugen. Schösslinge von Kulturvarianten wurden auf Wildarten anderer Kompositen, etwa die Beifuß-Ambrosie, aufgepfropft; die daraus entstandene Pflanze trug große, robuste Blüten, die nach Ansicht des schottischen Pflanzensammlers Robert Fortune »auf jene, die sie nur am Stamm gesehen haben, ziemlich seltsam gewirkt haben«.

Helianthus mollis, F. P. Nodder, 1776

Ende des 17. Jahrhunderts gelangten gelb blühende Sorten nach Europa, tauchten 1764 vorübergehend im Chelsea Physic Garden in London auf, verschwanden dann aber wieder.

Die Chrysantheme wurde zu Beginn des 18. Jahrhunderts erneut in Europa eingeführt – mit ein Verdienst von John Reeves von der holländischen Ostindienkompanie. Nach dem Ende des berüchtigten Opiumkriegs zwischen Großbritannien und China im Jahr 1842 stand den Pflanzensammlern China via Hongkong offen, und Reeves drängte die Horticultural Society, einen Sammler dorthin zu schicken. Bereits elf Monate später konnte Robert Fortune als Sammler aus dem Vollen schöpfen. Er verbrachte 19 Jahre in China und Japan, und ihm verdanken wir die Einführung vieler beliebter Arten in britischen Gärten. Die Japan-Anemone (*Anemone hupehensis* und Hybriden), die Weiße Glyzinie und der Winterjasmin (*Jasminum nudiflorum*) – sie alle hat Fortune entdeckt. Um die Einschränkung der Bewegungsfreiheit für Ausländer zu umgehen, verkleidete er sich sogar als Chinese, bis hin zu rasiertem Kopf und Zöpfchen. So gelangte er in die für ihre Raritäten bekannten Baumschulen von Soochow. Unterwegs schlief er, um nicht aufzufallen, auf dem Schiff, wo ihm nachts sämtliche Kleider gestohlen wurden. Davon unbeeindruckt, schickte er seinen Diener los, um neue Kleider zu kaufen, und setzte die Reise fort. Die erste Pflanzenlieferung, die er nach London schickte, umfasste zwei Chrysanthemen, von denen die heutigen Pompon-Varietäten abstammen. Fast zwei Jahrzehnte später versuchte Fortune sein Glück in Japan. Dabei stieß er auf eine Baumschule außerhalb Tokyos, die für ihre Chrysanthemen berühmt war. Schnell erkannte er den großen Unterschied zu den in China gesammelten Pflanzen und die Möglichkeiten, die sich daraus für die Züchtung in Europa ergaben. Nachdem er mit Argusaugen darüber gewacht hatte, dass ja die richtigen Schößlinge abgeschnitten wurden, ließ er sie sich persönlich aushändigen und nicht wie sonst an die britische Gesandtschaft schicken. Um sicherzustellen, dass seine Pflanzen unbeschadet in England ankamen, teilte Fortune eine Partie oft in drei oder vier Teile auf und schickte sie auf verschiedenen Schiffen oder zeitlich versetzt auf die Reise. Auch wenn man ohne Übertreibung sagen kann, dass Fortune ein durch und durch misstrauischer Mann war, ist es seiner Sammeltätigkeit zu verdanken, dass fast 200 neue Pflanzen nach Europa gelangten, darunter einige wirklich spektakuläre Chrysanthemenarten.

Chrysanthemen gibt es heute in einer erstaunlichen Formenvielfalt – von den Sorten mit kleiner Pomponblüte, die von Fortunes in China gesammelten Pflanzen abstammen, bis hin zu den riesengroßen Ballchrysanthemen. Auch das Spektrum möglicher Farben macht den Betrachter staunen. Die ursprünglich rein gelben Blüten erscheinen heute in strahlendem Gelb, in Orange, Burgunder, Rostbraun, Violett und allen Schattierungen dazwischen; sogar grün blühende Sorten gibt es. Manche Kultursorten haben sowohl Scheiben- als auch Zungenblüten, wie etwa die einjährigen Chrysanthemen, die Goldblume oder Kronen-Wucherblume (*Chrysanthemum coronarium*); andere wiederum haben nur Zungenblüten, von denen die äußeren übermäßig vergrößert und fransig sind. Diese Vielfalt zeugt davon, was mit dem Prinzip der Selektion, angewandt auf den natürlichen Artenbestand, erreicht werden kann. Mit der Züchtung dieser atemberaubenden Hybriden haben die Menschen ihrer Fantasie wirklich freien Lauf gelassen.

So extravagant und extrem uns viele Kompositen auch erscheinen mögen, gibt es doch auch viele wild vorkommende Arten, die eher klein und unscheinbar sind. Auch sie können heftige Leidenschaften hervorrufen, und sei es nur wegen der Personen, nach denen sie benannt sind. Der in Kalifornien heimische Strauch *Eastwoodia*, eine Pflanze mit kleinen gelben Blüten und harzig-klebrigen Blättern, ist nach einer großen Naturforscherin benannt, der Botanikerin Alice Eastwood (1859–1953). Da sie schon als kleines Mädchen in Kanada ein Faible für Pflanzen hatte, lässt sich mit Fug und Recht behaupten, dass sie ihr ganzes 94 Jahre langes Leben Botanikerin war. Ihre Sammeltätigkeit begann in Colorado, wo sie,

Phaenocoma prolifera, Strohblume, Ralph Stennett, ca. 1800–1810

zunächst als Studentin an der High School, dann selbst als Lehrerin zu Fuß, zu Pferd und oft allein die Rocky Mountains durchstreifte. Anfangs ritt sie, wie es sich für junge Frauen ihrer Zeit geziemte, im Damensattel, ging aber bald dazu über, rittlings auf dem Pferd zu sitzen; im Lauf der Zeit entwickelte sie sogar einen neuen Kleidungsstil für Sammlerinnen. Aus heutiger Sicht klingt das nicht weiter ungewöhnlich, aber Eastwood lebte immerhin im prüden viktorianischen 19. Jahrhundert. Als der berühmte Naturforscher Alfred Russell Wallace, damals 60 Jahre alt und weltberühmt, auf einer seiner Reisen auch nach Denver kam, erhielt die junge Miss Eastwood Gelegenheit, mit ihm zusammen die alpine Flora auf dem Gray's Peak zu erkunden. Später sollte sie das als eines der wichtigen Ereignisse in ihrem Leben bezeichnen. 1892 übersiedelte sie nach Kalifornien, wo sie von Thomas und Kate Brandegee, den damaligen Leitern der expandierenden botanischen Sammlung an der Akademie der Wissenschaften in San Francisco, zu deren Stellvertreterin ernannt wurde. Nach deren Ausscheiden übernahm sie die Leitung. Im Jahr 1906 jedoch schlug das Schicksal zu. Das Erdbeben, das San Francisco vollständig zerstörte, hätte auch das Herbarium, Eastwoods Lebenswerk, nicht verschont, wenn sie nicht den Mut aufgebracht hätte, bis ins oberste Stockwerk des wankenden Gebäudes vorzudringen und mehr als 1000 Objekte vor dem Feuersturm zu retten, der kurz darauf losbrach. Wie sie den Verlust trug, war typisch für diese starke und unbeirrbare Frau: »[Es] ist ein schwerer Verlust für die Welt der Wissenschaft und ein nicht wieder gutzumachender Verlust für Kalifornien. Meinem eigenen Werk trauere ich nicht nach, aber ich hatte meine Freude daran, es aufzubauen, und diese Freude kann ich jetzt, da ich von vorne anfange, noch einmal empfinden.« Der Ankündigung folgten Taten. Zusammen mit ihrem Assistenten John Thomas Howell trug sie im gesamten amerikanischen Westen mehr als 300 000 Pflanzen zusammen, eine Sammlung von Weltformat. Vor diesem Hinter-

Chrysanthemum x morifolium, Chrysantheme, ca. 1820–1830

grund ist nur schwer nachvollziehbar, warum die Gattung *Eastwoodia* in dem von der Kalifornischen Akademie herausgegebenen und von Willis Linn Jepson, einem Zeitgenossen Eastwoods, verfassten *Manual of the Flowering Plants of California* nicht erscheint. Jepson war ein jähzorniger Mann, selbst seinen Freunden gegenüber. Seinem Nachruf zufolge stand sein Leben unter keinem guten Stern. Er war beherrscht von der »Angst, seine ›Feinde‹ könnten ihm mit ihren Machenschaften den ihm gebührenden Platz in der Geschichte absichtlich streitig machen«. Besonders misstraute er der Kalifornischen Akademie, die mehr und mehr in Konkurrenz zu seiner eigenen Wirkungsstätte, der Universität von Kalifornien, trat, und die er als »Feind« bezeichnete. Obwohl er privat »nicht immer nur freundliche Worte« für Eastwood fand, trat er ihr öffentlich ausgesprochen höflich gegenüber und nahm sogar an der Feier zu ihrem 80. Geburtstag in der Akademie teil. Freunde waren die beiden jedoch nicht. Alle in Kalifornien heimischen Pflanzen, die nicht in Jepsons *Manual* aus dem Jahr 1926 vorkommen, können entweder unter andere Gattungen subsumiert werden oder fehlen, weil sie zu spät beschrieben wurden, als dass Jepson sie gekannt hätte. Auf *Eastwoodia* trifft beides nicht zu. Vielleicht war es ein Versehen, dass er die Pflanze, mit der Alice Eastwoods Lebenswerk fortlebt, nicht in sein eigenes Lebenswerk aufnahm, vielleicht aber auch ein versteckter Affront. Wir wissen es nicht, fest steht nur, dass Pflanzen unglaubliche Emotionen wecken.

Chrysanthemum x morifolium, Chrysantheme, ca. 1820–1830

Chrysanthemum x morifolium, Chrysantheme, ca. 1820–1830

Syncarpha vestita (L.) B. Nord. (Asteraceae)
Strohblume
Ralph Stennett, 1807
Wasserfarbe und Deckfarbe auf Papier
527 x 424 mm

Im Englischen wird diese Blume auch »Cape snow« genannt. Der Name kommt nicht von ungefähr, denn zur Zeit ihrer Blüte erscheinen weite Flächen am Kap wie mit Schnee bedeckt. Dabei sind nicht die Blüten für den Eindruck verantwortlich – die sind nämlich violett gefärbt –, sondern die glänzenden papierartigen Hochblätter.

Anacyclus valentina L. (Asteraceae)
Ringblume
Simon Taylor, Mitte 18. Jahrhundert
Wasserfarbe und Deckfarbe auf Pergament
495 x 326 mm

Alexandre Henri-Gabriel de Cassini, französischer Botaniker und Spezialist für Kompositen (1784–1832), durchlief eine wechselvolle Karriere; von der Astronomie, die er aufgab, als seine Familie in den nachrevolutionären Wirren verfolgt wurde, kam er zur Jurisprudenz. Gänseblümchen studierte er sein ganzes Leben lang, jene »Wesen, die in Hülle und Fülle um mich herum wuchsen, in einer ebenso bunten wie anmutigen Formenvielfalt, Wesen, die ich mitleidslos verstümmeln, auseinanderschneiden und zerstören konnte«.

Calotis lappulacea Benth (Asteraceae)
Frederick Polydore Nodder, 1780
Wasserfarbe und Tusche auf Papier
540 x 360 mm, Sammlung Cook

Nicht alle der von Joseph Banks und Daniel Solander auf ihrer Reise mit der Endeavour gesammelten Pflanzen waren groß und auffallend. Dieses Gänseblümchen erhielt seinen Namen erst rund 100 Jahre, nachdem die beiden Botaniker von der Botany Bay zurückgekehrt waren, beladen mit Neuheiten, die zumeist mehr Aufmerksamkeit erregten als dieses unscheinbare Pflänzchen.

Edmondia sesamoides (L.) Hilliard (Asteraceae)
Strohblume
Ralph Stennett, 1807
Wasserfarbe auf Papier, 442 x 251 mm

Strohblumen haben ihren Namen von den papierartigen Hochblättern, die das Blütenköpfchen umgeben. Die leicht transparenten Gebilde sind sehr dauerhaft, weshalb sich die getrockneten Köpfchen auch hervorragend für Gestecke eignen. Das Sammeln von Wildblumen am Kap bietet vielen Menschen Arbeit und einen gesicherten Lebensunterhalt in einem Landstrich, der sonst wenig zu bieten hat.

Centaurea glastifolia L. (Asteraceae)
Waidblättrige Flockenblume
Simon Taylor, Mitte 19. Jahrhundert
Wasserfarbe und Deckfarbe auf Pergament
510 x 340 mm

Die Tatsache, dass die Blätter (von den Hochblättern des Blütenstands bis hin zu den Blüten) umso kleiner werden, je weiter oben am Stiel sie sitzen, veranlasste Goethe zu der Hypothese, die Blüte sei lediglich ein modifizierter Trieb. In seiner Metamorphose der Pflanzen spricht er von der Gleichheit aller Pflanzenteile; ihre Form verändere sich lediglich je nach Position und Funktion.

Arctotis-Art (Asteraceae)
Bärenohr, Südafrikanisches Gänseblümchen
Gertrude Metz, 1777
Wasserfarbe und Deckfarbe auf Pergament
537 x 386 mm

Gertrude Metz gehört zu einer Reihe von Pflanzenmalern, die im Anschluss an Sydney Parkinson für Joseph Banks arbeiteten. Nach seiner erfolgreichen Reise auf der Endeavour wurde Banks zum Doyen der britischen Naturwissenschaften, der überall mitmischte, auch in Fragen des Gartenbaus. Diese Komposition, entstanden in »Lees Garten«, zeigt ein Südafrikanisches Gänseblümchen, verschlungen mit den Blüten der Kronen-Lichtnelke (Lychnis coronaria).

Helianthus mollis Lam. (Asteraceae)
Frederick Polydore Nodder, 1776
Deckfarbe auf Papier, 525 x 365 mm

Diese amerikanische Art begann just zu der Zeit in europäischen Gärten Fuß zu fassen, als sich die amerikanischen Kolonien vom Mutterland lösten. Die Sonnenblume ist ein typisches Gewächs der Prärie, und so finden sich viele Arten gerade im Mittleren Westen der Vereinigten Staaten und in Kanada. Die strahlend gelben Blütenköpfe richten sich nach der Sonne und gehen im Lauf des Tages mit ihr mit, so dass den reifenden Samen in der Mitte der Blume ein Maximum an Energie zuteil wird.

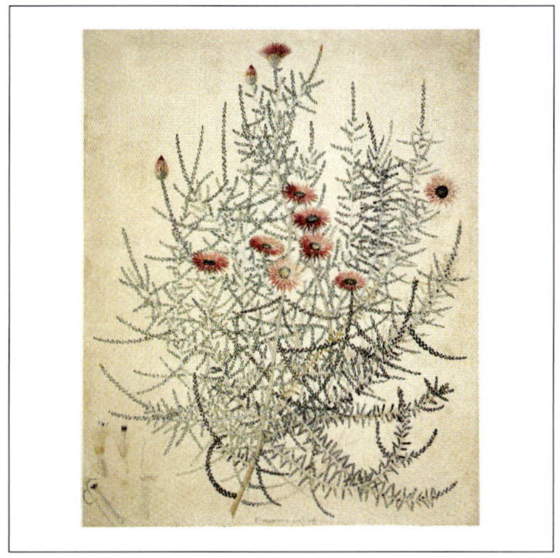

Phaenocoma prolifera (L.) D. Don (Asteraceae)
Strohblume
Ralph Stennett, ca. 1800–1810
Wasserfarbe auf Papier, 539 x 435 mm

Die detaillierte Darstellung der Scheibenblüten dieser wunderschönen südafrikanischen Strohblume zeigt deutlich, worauf sich die Bezeichnung Korbblütler oder Kompositen bezieht. Die fünf Staubblätter sind entlang ihrer Pollensäcke verklebt und bilden so eine Röhre, aus welcher der Griffel mit der zweiästigen Narbe hervortritt.

Chrysanthemum x morifolium Ramat. (Asteraceae)
Chrysantheme
Künstler unbekannt, ca. 1820–1830
Wasserfarbe und Deckfarbe auf Papier
470 x 375 mm, Sammlung Reeves

Die Entwicklung von Knospe und Blüte der Chrysantheme steht in direktem Zusammenhang mit den kürzer werdenden Tagen im Herbst. Heute werden Chrysanthemen in Gewächshäusern ganzjährig gezogen, indem man die Lichtverhältnisse künstlich reguliert. In China sind sie noch immer Spätblüher wie schon im 18. Jahrhundert, als sie den ganzen Herbst und Winter über den Palast des Kaisers schmückten.

Chrysanthemum x morifolium Ramat. (Asteraceae)
Chrysantheme
Künstler unbekannt, ca. 1820–1830
Wasserfarbe und Deckfarbe auf Papier
441 x 375 mm, Sammlung Reeves

Die chinesischen Schriftzeichen auf diesen Blättern geben die poetischen Volksnamen dieser hochgeschätzten Kulturpflanzen wieder: Die gelbe Blume wird »Huang luo shan« (Gelber Regenschirm) genannt, die weißen Blumen tragen den Namen »Qiu bo bai« (Weiße Herbstwogen). Die meisten chinesischen Bezeichnungen für Chrysanthemen beziehen sich auf Farbe und Form der Blüten.

Chrysanthemum x morifolium Ramat. (Asteraceae)
Chrysantheme
Künstler unbekannt, ca. 1820–1830
Wasserfarbe und Deckfarbe auf Papier
475 x 378 mm, Sammlung Reeves

Die übergroßen Blüten von »Zi long qiu« (Violetter Kugeldrache) bestehen ausschließlich aus Zungenblüten; Scheibenblüten in der Mitte der Blume fehlen ganz. Violette Spielarten der Chrysantheme fanden als Letzte Eingang in die chinesische Poesie und waren vielleicht deshalb besonders geschätzt. Riesige Blüten wie diese rang man der Pflanze ab, indem man ihr sämtliche Seitentriebe wegnahm, so dass ihre ganze Kraft in eine einzige Blüte floss.

PASSIONSBLUMEN

Bildschöne Blume mit Dornen und Nägeln,
Und sattsam Spritzern von rotem Blute.
Unsterblich ist sie und birgt doch den Tod in sich.
Kein Auge hat je geschaut den Flor einer prächtigeren Blume,
Und verlangst du ihren Namen zu hören,
Da sie Jesus gleicht: Die Blume ist Christus.

SIGNOR F. B. IN JACOMO BOSIO, FLOS PASSIONIS, 1609

Der Name Passionsblume *(Passiflora)* mag manchen Leser an lustvolle Leidenschaft denken lassen, doch mit Passion ist hier die Leidenszeit Christi gemeint, weshalb diese Blume auch religiöse Assoziationen weckt und keine romantischen. Im Mittelalter wurden Rosen und Lilien mit christlichem Symbolgehalt befrachtet, und als sich dann die Missionare aufmachten, das Christentum (teils mit echter Menschenliebe, weit öfter aber mit Gewalt) über den ganzen Erdball zu verbreiten, brauchten sie für die neuen Länder auch neue Symbole – als Beweis für die Gläubigen, dass sie das Recht auf ihrer Seite hatten und wirklich das Wort Gottes verkündeten. Die Passionsblume ist eine solche Symbolpflanze. Es gibt viele verschiedene Versionen ihrer Geschichte, die mit Sicherheit auch deshalb immer wieder verändert wurde, weil ständig neue Arten dieser faszinierenden Gattung über den Großen Teich kamen.

Allerdings gelangten wissenschaftliche oder auch nur systematische Erkenntnisse über die Pflanzen der Neuen Welt nur sehr zögerlich nach Europa, da ein 1556 von der spanischen Krone erlassenes Edikt jegliche Verbreitung von Informationen über die Kolonien bei Strafe untersagte – vermutlich um zu verhindern, dass andere Mächte, in erster Linie natürlich England, etwas über das Ausmaß der überaus reichen Natur- und Bodenschätze erfuhren. Jede Veröffentlichung über die Kolonien bedurfte einer Genehmigung von höchster Stelle, und nicht ein einziges Mal wurde eine solche erteilt. Andererseits ging diese Maßnahme Hand in Hand mit einem staatlich geförderten Programm zur Erforschung der Naturgeschichte und Völkerkunde. Die 16 Folianten über die Naturgeschichte Mexikos, die Francisco Hernández im Rahmen einer fünfjährigen, von der spanischen Regierung finanzierten Forschungsreise verfasst hatte, fristeten ihr Dasein in der Bibliothek des Klosters Escorial, bis diese 1671 einen Brand zum Opfer fiel und Hernández' Werk der Wissenschaft für immer verloren ging. Zum Glück waren einige der Illustrationen und Texte kopiert worden, die Mitte des 17. Jahrhunderts in Rom veröffentlicht wurden.

Die meisten Informationen über die Flora und Fauna der Neuen Welt, die, nur sehr bruchstückhaft, durchsickerten, stammten aus der Feder von Geistlichen; neben den Konquistadoren hatten die Spanier nämlich auch Missionare verschiedener Orden ausgesandt, die die Bewohner der eroberten Gebiete zum christlichen Glauben bekehren sollten. Im frühen 17. Jahrhundert zeigte ein Augustinermönch dem Klosterschüler Jacomo Bosio, der an einer Abhandlung über das Kalvarienkreuz arbeitete, Zeichnungen von einer höchst merkwürdigen Pflanze, die er in Mexiko entdeckt hatte. Anfangs glaubte Bosio nicht an die Existenz einer solchen Blume; sie erschien ihm einfach zu fantastisch, um echt zu sein. Nichts

Passiflora laurifolia, Wasserlimone, Sydney Parkinson, 1767

Passiflora edulis, Purpurgranadille, J. van Huysum, ca. 1730–1740

Vergleichbares war jemals in Europa gesehen worden, und obgleich die Jesuiten, die mit den Konquistadoren in die Neue Welt segelten, anmerkten, dass die Pflanzen und Tiere dort fremdartig genug seien, um eine Dualität der Schöpfung zu postulieren, wollte er dies nicht wahrhaben. In seinen Augen war diese Blume nichts als ein weiterer Beweis für den Triumph des Kreuzes, das Thema seines umfassenden Traktats. Wohl um sich nicht der Sünde des Hochmuts schuldig zu machen, zögerte er noch, sie in sein Werk aufzunehmen. Erst als durch andere Jesuiten immer mehr Abbildungen und Beschreibungen den Weg von Mexiko nach Rom fanden und Dominikaner in Bologna Zeichnungen, Essays und Gedichte über die nämliche Pflanze in Umlauf brachten, war Bosio endlich bereit zu glauben, dass es diese fantastische Blume tatsächlich gab. Und schließlich waren die Beweise für ihre Existenz derart erdrückend, dass er es als seine Pflicht ansah, der ganzen Welt die wunderbare Geschichte der Passionsblume zu verkünden.

Bosios Ansicht nach repräsentiert die Passionsblume den gesamten Leidensweg Christi. Die bizarre Form der Blüte – unglaublich, wenn man sie nicht mit eigenen Augen gesehen hat – wurde mit religiösem Symbolgehalt befrachtet: Die mittlere Säule stand für das Kreuz, die von deren Basis ausgehende Nebenkrone (der von Staubfäden gebildete innere Kreis) für die Dornenkrone, deren 72 Staubfäden den 72 Dornen gleichgestellt wurden. Die Staubfäden hatten rosarote Spitzen, Zeichen dafür, dass eine Geißel den Leib des Erlösers zum Bluten gebracht hatte. Die drei Narben auf der Säule wurden als die drei Nägel interpretiert, mit denen Jesus ans Kreuz geschlagen worden war, und in den fünf Flecken am Blütenboden sah man die fünf Wundmale Christi. Manche Autoren haben diese Flecken als Staubbeutel gedeutet, doch Bosios Beschreibung ist so weit von der Realität des *Passiflora*-Aufbaus entfernt, dass das schwer zu beurteilen ist. In seiner Originalschrift beschrieb er die Blätter als lanzettenförmig und mit dunklen, runden Punkten gezeichnet, die die 30 Silberlinge darstellen sollten, die Judas für seinen Verrat erhalten hatte.

Bevor die Blüte sich öffnet, bildet sie eine glockenförmige Knospe. Die Blüte bleibt einen Tag offen und schließt sich dann erneut zu einer Glocke. Bosio zog daraus folgenden Schluss: »Es mag sehr wohl sein, dass es Ihm in Seiner unergründlichen Weisheit gefallen hat, sie so zu erschaffen, geschlossen und geschützt, um darauf hinzuweisen, dass die wunderbaren Mysterien des Kreuzes und Seines Leidens vor den heidnischen Menschen dieser Länder bis zu einem von Ihm vorbestimmten Zeitpunkt verborgen bleiben sollten.« Die Passionsblume wurde also als Zeichen des »Croce trionfante« angesehen, als göttlicher Fingerzeig für den Sieg des christlichen Glaubens.

Zu jener Zeit war die Signaturenlehre weit verbreitet, derzufolge jede Pflanze einen bestimmten Daseinszweck hatte, der sich aus ihrer Form und Farbe erschloss. Zeitgenossen dürften also keinerlei Probleme gehabt haben, eine solche Symbolik zu akzeptieren. Spätere Autoren änderten die Geschichte dann jeweils entsprechend der *Passiflora*-Art, die sie vor Augen hatten, ab (vor allem dann, als Passionsblumen auch in Europa kultiviert wurden), doch im Kern blieb sie immer gleich. In späteren Versionen hieß es, die Kron- und Kelchblätter, zusammen zehn an der Zahl, verkörperten die zehn Apostel, die bei der Kreuzigung anwesend waren (Petrus und Judas fehlen, weil sie den Herrn verleugnet bzw. verraten hatten), und die

Passiflora suberosa, Korkartige Passionsblume, ca. 1795–1805

Passiflora serratifolia, Gesägtblättrige Passionsblume, John Miller, 1772

drei großen Deckblätter symbolisierten die Dreifaltigkeit. Als Ende des 17. Jahrhunderts die Blaue Passionsblume (*Passiflora caerulea*) aus Südbrasilien nach Europa gelangte, wurden ihre fünflappigen Blätter zu den Händen der Peiniger Jesu und die Ranken zu den Stricken, mit denen man ihn gefesselt hatte. Auch heute noch hat die Blaue Passionsblume einen festen Platz in der Symbolsprache der Blumen, wo sie für christlichen Glauben und – pikanterweise – Leichtgläubigkeit steht.

Passionsblumen haben eine Schauwirkung, die auch Menschen fasziniert, die in ihre Blüten keinerlei tiefere Bedeutungen hineinlesen. Die fünf Kron- und die ebenfalls fünf Kelchblätter sind bei Blütenpflanzen nichts Besonderes, doch die Nebenkrone ist in der Tat spektakulär. Sie besteht aus langen, fädigen Auswüchsen der Kronblätter an genau der Stelle, wo diese mit den Kelchblättern zu einer Röhre verwachsen. Der Aufbau der Nebenkrone spielt eine wichtige Rolle in der Taxonomie – manche Passionsblumenarten besitzen in einer oder mehreren (bis zu acht!) Reihen angeordnete fädige Gebilde von unterschiedlicher Länge. Im Normalfall ist die äußerste Reihe die längste und häufig auch intensiv gefärbt oder sogar gestreift (wir erinnern uns an das Rosarot in Bosios *Flos passionis*). Die inneren Reihen sind meist kürzer, häufig auch dunkler in der Färbung, und manchmal tragen sie verdickte Spitzen oder präsentieren sich in Schwertform. Innerhalb der strahligen Nebenkrone liegt über dem Nektarium eine Art Deckel, der den zuckerhaltigen Saft vor trockener Luft schützt. Und als wäre dies alles noch nicht kompliziert genug, ragt aus dem eingetieften Blütenboden ein stielartiges Gebilde, auf dem, hoch über den Kronblättern, die Fortpflanzungsorgane der Blüte (Fruchtknoten und Staubblätter) sitzen. Diese verlängerte Blütenachse, die früher mit dem Kreuz gleichgesetzt wurde, wird Androgynophor genannt – Zwitterblütenträger oder, wörtlich übersetzt, »Podest, auf dem Mann und Frau sitzen«. Oben auf dem Androgynophor sitzt der Fruchtknoten mit drei Griffeln, die jeweils in einer

Passiflora incarnata, Inkarnat-Passionsblume, John Miller, ca. 1770–1780

Passiflora quadrangularis, Melonengranadille, James Sowerby, 19. Jh.

verbreiterten, oft leuchtend grünen oder gelben Narbe enden. Direkt unterhalb des Fruchtknotens befinden sich fünf große Staubblätter, die Pollen tragenden männlichen Fortpflanzungsorgane. Angesichts einer solchen Komplexität überrascht es vielleicht doch nicht, dass diese Blume wie kaum eine andere zu symbolischen Deutungen Anlass gab.

Nun sind Passionsblumen heutzutage nicht nur ihrer fantastischen Blüten wegen bekannt, sondern ebenso wegen ihrer Früchte, die früher nur in den Tropen erhältlich waren. Kaum ein Bewohner der nördlichen Hemisphäre hatte damals je eine Banane, geschweige denn eine Ananas gekostet, denn der Transport war langwierig und teuer. Heute machen Luftfracht und ausgefeilte Kühlsysteme sie für jedermann erschwinglich. Passionsfrüchte gibt es in allen erdenklichen Formen und Farben, von winzigen blauschwarzen Kugeln mit einem Zentimeter Durchmesser bis hin zu den großen ovalen melonenartigen Früchten der Riesengranadille, *Passiflora quadrangularis*, die bis zu einem Kilo schwer werden. Bei sämtlichen Passionsfrüchten sind die Samen von saftigem Fruchtmark umschlossen, das bei vielen Wildarten sehr sauer schmeckt, bei Kulturarten aber aromatisch-süß. Vier *Passiflora*-Arten aus der Neuen Welt werden ihrer Früchte wegen angebaut. Wirtschaftlich die größte Bedeutung hat *Passiflora edulis* (Purpurgranadille oder Maracuja), die ursprünglich in Brasilien heimisch ist, mittlerweile jedoch überall in den Tropen und Subtropen für Obsthandel und Saftindustrie angepflanzt wird. Schon im 19. Jahrhundert entstanden die ersten Plantagen in Australien, und in den 60er Jahren des 20. Jahrhunderts brachte allein Hawaii jährlich rund 9000 Tonnen auf den Markt.

Doch Menschen sind keineswegs die einzigen Lebewesen, die den Geschmack von Passionsfrüchten schätzen. Viele verschiedene Vögel und Fledermäuse lassen sich das reife Fruchtfleisch munden. Obwohl die Bauart der Blüten bei allen Passionsblumen gleich ist, gibt es innerhalb der Gattung doch eine faszinierende Vielfalt an Blütengrößen, -farben und -formen, die ihrerseits das breite Spektrum an Bestäubern spiegelt, die diese Blüten besuchen. Bei einigen großen rot blühenden sind es Kolibris; andere Arten mit süß duftenden weißen Blüten locken Bienen an, und wieder andere mit hängenden Blüten, deren Nebenkrone einen großen Becher bildet, werden allem Anschein nach von Fledermäusen bestäubt. Der Aufbau der Passionsblüte – die großen Narben und die langen, biegsamen Staubgefäße reifen zu unterschiedlichen Zeiten – erhöht die Chancen auf Kreuzbestäubung, wenn dasselbe Tier zuerst eine Blüte und dann eine andere derselben Art anfliegt. Die bei weitem innigste – bzw. am meisten spezialisierte – Beziehung findet man jedoch zwischen Passionsblumen und einer Schmetterlingsgruppe, deren Raupen nur von den Blättern leben. Der leuchtend gefärbte tropische Passionsfalter *(Heliconius sp.)* legt seine Eier ausschließlich auf *Passiflora*-Arten ab. In den Regenwäldern der Neuen Welt sieht man auffällig rot, schwarz und gelb gefärbte Schmetterlinge über Lichtungen und Wege gaukeln, die immer wieder Blumen besuchen. Entdeckt der weibliche Falter einen passenden Ort zur Eiablage, untersucht er die Blätter nochmals ganz genau und scheint auch die Umgebung zu prüfen. Ist die Pflanze die richtige Art (manche Heliconiden akzeptieren nur bestimmte Passionsblumen), legt er gelborangefarbene Eier auf die jungen Triebspitzen. Die Raupe beginnt sofort nach dem Schlüpfen gierig zu fressen – gut für sie, aber weniger günstig für die Pflanze, deren junge Triebe so konstant gekappt werden.

Die Beziehung zwischen Passionsfalter und Passionsblume ist ein klassisches Beispiel für die so genannte Koevolution, die wechselseitige Beeinflussung der Entwicklung zweier Arten im Laufe der Evolution. Viele Fälle von Koevolution sind mutualistisch, d. h., sowohl Pflanze als auch Insekt profitieren davon (etwa bei der Bestäubung). Profitiert jedoch immer nur ein Partner, spricht man von Schmarotzertum. In solchen Fällen ist häufig ein regelrechtes entwicklungsgeschichtliches »Wettrüsten« zu beobachten, denn beide Seiten erfinden immer neue Verteidigungsmechanismen. Passionsblumen haben chemische Abwehrstoffe gegen die Schmetterlingslarven entwickelt, doch

Passiflora biflora, Zweiblütige Passionsblume, G. D. Ehret, ca. 1760–1770

die Heliconiden sind mit der Zeit dagegen immun geworden; nicht einmal die giftigen Alkaloide, die man in *Passiflora*-Blättern findet, können den Raupen etwas anhaben. Aber obwohl Pflanzen ortsgebunden und scheinbar statische Organismen sind, können sie dennoch zurückschlagen, und so besitzen einige *Passiflora*-Arten eine dichte hakenförmige Blattbehaarung, in der sich die Borsten der Raupe verhaken und die ihr tödliche Verletzungen zufügen können. Ein weiteres typisches Merkmal der Passionsblume, das vermutlich der Abwehr von *Heliconia*-Faltern dient, ist die auffällige Vielfalt von Blattformen der Gruppe. Dahinter steckt möglicherweise die Absicht, den weiblichen Schmetterling zu verwirren. Doch verlassen die Falter sich bei der Suche nach einem geeigneten Eiablageplatz nicht allein auf Äußerlichkeiten. Vielmehr prüfen sie die angeflogenen Blätter genau, vielleicht sogar auf chemischem Weg. Aber die Pflanzen haben sich noch mehr einfallen lassen, um sich gegen die Schmarotzer zu schützen. Dazu muss man wissen, dass die Raupen einiger Heliconiden zum Kannibalismus neigen; begegnet eine Raupe einer anderen kleineren oder aber einem Ei, frisst sie es (möglicherweise um Nahrungskonkurrenz auszuschalten). Ein weiblicher Passionsfalter sieht also ganz genau nach, ob auf der Pflanze womöglich bereits gelblich-orange Eier liegen. Ist dies der Fall, sucht er für seinen Nachwuchs einen anderen Platz. Einige *Passiflora*-Spezies machen sich diese Tatsache zunutze. Sie haben auf Blättern und Stängeln leuchtend orangegelbe Auswüchse, die Schmetterlingseiern verblüffend ähnlich sehen. Experimente haben gezeigt, dass diese vorgetäuschten Eigelege zwar nicht unbedingt verhindern, dass der Falter seine Eier auf einer bestimmten Pflanze ablegt, aber immerhin sorgen sie dafür, dass dies nicht in unmittelbarer Nähe der Triebspitze geschieht, was der Pflanze besonders schaden würde. Manche der faszinierenden Blattmerkmale der Passionsblumen sind also ganz offensichtlich Folge eines evolutionären Rüstungswettlaufs zwischen ihnen und den auf sie spezialisierten Pflanzenfressern. Was wohl der nächste Schritt sein wird?

Passiflora quadrangularis, Melonengranadille, G. D. Ehret, 1761

Passiflora kermesina, Karmesinrote Passionsblume, ca. 1850

Passionsfalter mögen an den jungen Trieben zwar beträchtlichen Schaden anrichten, aber für Botaniker, die nach diesen seltenen Pflanzen suchen, sind sie ein wahrer Segen. Im Regenwald Passionsblumen aufzuspüren ist äußerst schwierig, da diese Rankpflanzen sehr lange Triebe bilden, die nur oben im Kronendach blühen und daher für den Pflanzenjäger nicht erkennbar sind. Häufiger begegnet man sterilen Individuen – Jungpflanzen ohne Blüten und Früchte –, die sich nur sehr schwer bestimmen lassen. Bei einer Südamerikaexkursion wurde mein Interesse an Passionsblumen nicht zuletzt deshalb geweckt, weil mein Kollege die Schmetterlinge erforschte, die sich von ihnen ernähren. Wenn wir auf eine Pflanze stießen, die wir nicht einordnen konnten, warteten wir, bis sie blühte, und entdeckten auf diese Weise viele neue Arten. Eine Art jedoch entzog sich uns beharrlich. Zwar hatten wir mehrmals Jungpflanzen gefunden, und mit ihren charakteristischen Blättern, die wie kleine Regenschirme aussehen, war sie auch unverkennbar. Und wir hatten einen bestimmten Passionsfalter (*Eueides lineata*) ausfindig gemacht, der diese Blätter fraß, was an und für sich schon eine Neuentdeckung war, da noch niemand vor uns hatte herausfinden können, wovon sich die Raupen dieses Schmetterlings ernähren. Wo immer wir den Falter sahen, suchten wir nach der Passionsblume. Wir waren sicher, dass es sich um eine neue Art handelte, aber nie entdeckten wir Blüten oder gar Früchte. Nun muss ein Botaniker, der eine neue Pflanzenart benennen will, streng wissenschaftlich vorgehen und sie samt Blüten und Früchten exakt beschreiben, um zu beweisen, dass sie sich tatsächlich von anderen Arten der Gattung unterscheidet. Es ist ungeheuer spannend, etwas Neues zu entdecken, bedeutet aber auch Verantwortung, da man beim Beschreiben neuer Arten größte Sorgfalt und Genauigkeit walten lassen muss. Schließlich geht jede veröffentlichte Beschreibung in die Literatur ein und wird von anderen Botanikern, Gartenbauingenieuren und Gärtnern verwendet. Jedenfalls hatten wir wochenlang ergebnislos gesucht, als wir ohne Hintergedanken irgendwo am Straßenrand anhielten, um uns ein bisschen umzusehen. Und da, direkt vor unserer Nase, flogen mehrere der Schmetterlinge, die von der neuen *Passiflora*-Art lebten. Wir folgten ihnen ins Dickicht. Da war sie, die *Passiflora*, und sie blühte! Es wäre uns egal gewesen, wenn sie noch so winzige und unscheinbare Blüten getragen hätte. Aber nein, es war eine echte Schönheit mit großen, prächtigen, süß duftenden Blüten. Und wir hätten sie nie entdeckt, hätten die Falter uns nicht darauf aufmerksam gemacht. Ich nahm Belege von der Pflanze, wir fotografierten sie, und zu Ehren unserer geflügelten »Führer« benannten wir die neue Passionsblumenart nach ihnen: *Passiflora eueidipabulum*, Nahrung des Passionsfalters *Eueides*.

Passionsblumen zu suchen ist eine spannende Beschäftigung. Sie sind keine Massenblüher, die ins Auge stechen. Meist gibt es nur eine oder zwei Blüten pro Trieb, die sich noch dazu im Kronendach verstecken. Doch wenn man auch nur eine findet, hat sich die Mühe gelohnt – so komplex, so zauberhaft ist sie, dass man sich niemals satt sieht. Ja, man kann eine Blüte stundenlang betrachten und entdeckt immer wieder etwas Neues. Für viele Menschen sind Passionsblumen auch heute noch ein Symbol, nicht mehr des Christentums vielleicht, aber der Schönheit und der Geheimnisse des Regenwalds, wo sie in so mannigfaltiger Gestalt zu Hause ist.

Passiflora aurantia, Goldgelbe Passionsblume, F. P. Nodder, 1780

Passiflora-Art, Fra Donato d'Eremita, 1619

COPIA DEL FIORE, ET FRVTTO, CHE NASCE NELLE INDIE OCCIDENTALI,

Qual di nouo è ſtato preſentato alla Santità di N.S.P. Paolo V.

Del Sig. Dottor Giouanni Capponi.

QVeſto Fior, che tu uedi, Anima pura,
Mentre in Croce pendea Gieſù traffitto,
Sì di ſangue, e di duol ſegnato, e ſcritto,
Per pietà del ſuo Dio formò Natura.
Stupido in così pia nobil fattura
Tutte fiſsò le luci Auerno afflitto;
E uide l'empio in queſto Fior deſcritto
Lo ſcorno ſuo, la noſtra alta uentura.
E per celar le ſue uergogne altrui.
De l'oppoſto Emiſpero infrà i teſori
Portollo in terra alor diuota à lui.
Mà che gli ualſe? Or gl'Indi abitatori
Di già pur ſanno in Fè ſimili à noi
I tormenti di Dio legger ne' Fiori.

Del Sig. Giſmondi Santi.

LA ne l'Occidentale Indico lito
Sorge (pregio de' Campi) eccelſo Fiore
Non per uirtù di Sol, non per humore
Di brina, ò per ſoſpir d'aura gradito;
Ma de la Trina luce a' raggi uſcito
S'apre al fiato, che ſpira il gran Fattore;
S'auuiua a' nembi del diuin fauore,
Di beati rubin molli nodrito:
Così cred'io; non ſi douean men degni
Fabri à celeſte Parto, in cui ſi ſcerne
Del Crocifiſſo Amor gli amari ſegni;
Nè teatro mortal glorie ſuperne
Aprir potea del Re di tutti i regni;
Nè Fior terren ſanguigne poma eterne.

Di queſta Pianta hà ſcritto Nicolò Monardes Medico di Siuiglia nella ſua hiſtoria de Semplici del Mondo nouo, nel 3. lib. tradotto in latino da Carlo Cluſio, e ſtampato in Anuerſa l'anno 1593. à car. 423.

ALL'ILLVSTRISS.MA SIG.RA LA SIGNORA GIERONIMA Conſorte dell'Illuſtriſs. Sig. il Signor Ottauian Malipiero.

MANDAI à i giorni paſſati alla ſtampa vna breue narratione con l'effigie del miſterioſiſſimo Fiore dell'Indie Occidentali. Doppo hò hauto più chiara notitia d'alcuni particolari, ſpettanti all'hiſtoria; e per non defraudare le perſone pie, e deſideroſe di ſapere, hò penſato di riſtampare l'iſteſſo Fiore con nuouo, e più diligente intaglio, con la narratione alquanto più piena, e limitata; e per darle autorità, e ſplendore piglio ardire di farne dono à V. S. Illuſtriſs. ſtimando che ella così gradirà queſto Fiore, che ci rappreſenta celeſti miſteri con l'opera, e frutto della noſtra redentione; come con animo generoſo, e pio hà diſpregiato i caduchi, e fallaci del Mondo.

Naſce in molte parti più amene dell'Indie Occidentali, ma con maggiore abbondanza nel Balio di Cuſco, già reſidenza de gl'Imperatori Indiani, & in quello di Lima, adeſſo Metropoli del Perù, oue riſeggono i Vice Rè di S. Maeſtà Cattolica, una pianta chiamato Granadiglio, di fuſto ſottile, e lungo, come è le vite ne i paeſi noſtri; e così non da ſe ſteſſa, ma con l'aiuto di palo, ò d'arbore ſi ſoſtiene, abbracciando il ſuo ſoſtegno, con ramoſi tralci, ripieni di ſpeſſe, grandi, e verdi foglie, che rappreſentano la figura della Lancia, che piagò il ſacroſanto petto di Chriſto Signor noſtro.

Da queſta pianta naſce il Fiore miſterioſo quì figurato, la cui grandezza è come vna roſa delle noſtre maggiori, di colore, nelle foglie, violato, fregiato di punti roſſi, che paiono tante ſtille di ſangue. Il campo di mezo è giallo; & hà nel ſeno cinque porpurei bottoncini, rotondi, come coralli, poſti dall'Auttore della Natura, per figurarci le cinque principali piaghe del crocifiſſo Saluatore. Dal centro del circolo, che formano i ſopradetti coralli, ſpunta vna colonnetta gialla, e roſſa, con baſe, e capitello. In memoria della flagellatione alla Colonna del noſtro Redentore. Dalla parte di ſopra della colonetta eſcono cinque verghette dell'iſteſſo colore che auuiticchiandoſi inſieme formano una Corona ſpinoſa di ſettantadue ſpine, come fù quella, che trafiſſe il capo del noſtro Chriſto. Nel mezo di queſta Corona ſtanno tre germogli di colore di ferro, che ſembrano giuſto trè chiodi, come quelli, che inchiodorono il Signore in Croce, la punta de i quali ſi poſa ſopra il capitello della colonetta, da cui germogliano.

Tutto il corpo del Fiore hà ſopra la foglia violata certe verghette gialle, che eſcono dal centro, che ſono come raggi di ſplendore, & in punta ui ſono alcune linette roſſe. Sotto ſono ſette uerdi frondi, lunghe, ſtrette, & acute, che cuſtodiſcono il Fiore quando è chiuſo, e lo ſoſtentano quando è aperto, il qual venuto à qualche maturità s'apre la mattina al naſcere, e ſi chiude al tramontare del Sole.

Et il ſopradetto Fiore è di ſoauiſſimo odore, più grato, e più conferente del muſchio; onde lo portano addoſſo gl'Indiani, per renderſi odoriferi. Si chiama il Fiore della Granadiglia, ſe bene rappreſentando (come ſi vede) i miſteri principali della Paſſione del Saluatore, è chiamato da quelli, che ſono nella ſanta fede ammaeſtrati, il Fiore della Paſſione del Signore, ſino da i fanciulli.

Da queſto naſce il frutto di grandezza, e forma d'vn'vuouo delli maggiori. Et quando è maturo, hà la ſcorza facile à romperſi, bella, e vaga di colore giallo, dorato, tempeſtato di piccole macchie leonate. E' pieno d'un liquore dolciſſimo più del mele, di colore bianco, di tanta ſoauità, e guſto, che non c'è in Europa frutto, ò cibo artifitiato, che con quello paragonar ſi poſſa. E quel, che più importa è ſommamente ſalutifero al corpo; & in particolare gioueuole allo ſtomaco. E parmi, che con queſto habbia uoluto Iddio ſignificarci, che dalle ſpine, e tormenti della doloroſa Paſſione del ſuo benedetto Figlio, che quaſi languido Fiore ſtè pendente in Croce, naſce il dolciſſimo frutto della noſtra redentione, e della vita eterna.

Nell'iſteſſa pianta ſi ueggono tutto l'anno i fiori, & i frutti, che ogni meſe maturano, cominciando à produrre, e poi à maturare quelli, che ſono più vicini alla radice.

Il ſeme di queſto frutto è ſimile à quello del mellone, con queſta differenza, che è alquanto nero, e tondetto. Si conſeruano detti frutti, ſtaccati dal la pianta lungo tempo, ſenza corromperſi. Et vno di queſti Fiori è ſtato portato i meſi paſſati à Roma, e preſentato alla Santità di Noſtro Signore Papa Paolo Quinto; & alcuni graui Religioſi, che dal Perù ſono ſtati à Roma, paſſando nel ritorno per Bologna, hanno dato di tutto il narrato fedele, e minuto ragguaglio, col teſtimonio d'altre autoreuoli perſone, & in particolare d'un Gentil'huomo, nato, & alleuato nella Città di Lima, il quale di preſente ſi troua allo ſtudio in queſta Città nel Collegio di Spagna.

In queſto ſoggetto ſi ſtampa vn'opera, oue con proſe, e con rime latine, e toſcane ſi dichiara ingegnoſamente, con molti belli, e miſterioſi concetti, le proprietà, e ſignificato del ſopradetto Fiore, e frutto.

Per fine fo humiliſſima riuerenza à V. S. Illuſtriſſima pregandole accreſcimento di felicità per caparra dell'eterna gloria nel Cielo.

Di Venetia 20. di Agoſto 1609.

Di V. Sig. Illuſtriſs.

Humiliſsimo, & deuotiſſimo Seruitore

Donato Raſciotti.

Passiflora-Art, Donato Rasciotti, 1609

Passiflora laurifolia L. (Passifloraceae)
Wasserlimone
Sydney Parkinson, 1767
Wasserfarbe auf Pergament, 448 x 326 mm

Durch Darstellungen wie diese, möglicherweise angefertigt nach Pflanzen aus der Handelsgärtnerei Lee and Kennedy in Fulham, wurde der namhafte Naturforscher Joseph Banks auf den jungen Sydney Parkinson aufmerksam. Der liebenswürdige, talentierte und äußerst gewissenhafte Parkinson schien Banks der ideale Begleiter für seine geplante Reise nach Schweden zum großen Linné. Letztlich fuhren sie jedoch gar nicht nach Schweden, sondern segelten um die Welt.

Passiflora edulis L. (Passifloraceae)
Purpurgranadille, Maracuja
Jacob van Huysum, ca. 1730–1740
Wasserfarbe, Deckfarbe und Gummiarabikum auf Papier, 525 x 365 mm

Passionsblumen werden nicht nur ihrer wunderschönen Blüten wegen kultiviert – mindestens ebenso wertvoll ist die Frucht. Heute bekommt man Passionsfrüchte in jedem besseren Supermarkt. Die meisten bei uns erhältlichen sind purpurrot, es gibt aber auch gelbe Formen. Die harte Schale schützt die Samen, die jeweils von einem saftigen säuerlichen Arillus (Samenmantel) umgeben sind. Das ist das Fruchtfleisch, das wir essen.

Passiflora suberosa L. (Passifloraceae)
Korkartige Passionsblume
Künstler unbekannt, ca. 1795–1805
Wasserfarbe auf Papier, 452 x 269 mm
Sammlung Fleming

Nicht alle Passionsblumen haben große Schauwirkung. Verglichen mit den prachtvollen und kompliziert aufgebauten Blüten ihrer Vettern wirken die winzigen weißen Blüten dieser Art ausgesprochen unscheinbar, aber auch sie weisen die typische Passiflora-Bauart auf. Diese Passionsblume kommt auf der ganzen Welt vor oder wurde weltweit verbreitet – trotz ihrer scheinbar langweiligen Blüten.

Passiflora serratifolia L. (Passifloraceae)
Gesägtblättrige Passionsblume
John Miller, 1772
Wasserfarbe, Graphitstift und Tusche auf Papier
553 x 361 mm

Verwandte Passionsblumenarten werden auch von verwandten Heliconius-Schmetterlingen besucht, was als klassisches Beispiel für Koevolution gilt. Mitglieder der Allianz, zu der Passiflora serratifolia gehört, dienen den Raupen des Falters Heliconius melpomene als Nahrung; versucht man, dieselben Blätter den Raupen von Heliconius erato zu füttern, gehen die Tiere ein.

Passiflora incarnata L. (Passifloraceae)
Inkarnat-Passionsblume
John Miller, ca. 1770–1780
Wasserfarbe und Graphitstift auf Papier
381 x 247 mm

Diese Art, die John Miller »Virginia-Passionsblume« taufte, ist im Süden der Vereinigten Staaten zu Hause. Sie ist zwar mit der essbaren Passionsfrucht verwandt, schmeckt aber sehr säuerlich. Die Blätter bilden die Nahrung tropischer Schmetterlinge, die den Sommer im Norden verbringen. Bevor der Winter einsetzt, müssen die Raupen ihren Lebenszyklus vollendet haben und in den Süden zurückkehren.

Passiflora quadrangularis (Passifloraceae)
Melonengranadille, Riesengranadille
James Sowerby, 19. Jahrhundert
Handkolorierter Kupferstich, Wasserfarbe auf Papier, 560 x 393 mm

Die Früchte von Passiflora quadrangularis können wahrhaft riesig werden. 1835 stellte ein Mr. John Miller aus Bristol bei einer örtlichen Gartenbauausstellung eine nahezu vier Kilo schwere Frucht vor. Dass diese den ersten Preis gewann, versteht sich von selbst. Der lateinische Name der Pflanze leitet sich allerdings von dem vierkantigen Stängel her, der auf Sowerbys Stich gut erkennbar ist.

Passiflora biflora Lam. (Passifloraceae)
Zweiblütige Passionsblume
Georg Dionys Ehret, ca. 1760–1770
Wasserfarbe, Deckfarbe und Graphitstift
auf Papier, 436 x 273 mm, Ehret-Skizzen

Die gelben Auswüchse auf den Blattunterseiten dieser Passionsblume sind dekorativ, erfüllen aber auch einen ganz praktischen Zweck: Sie gleichen den Eiern der Passionsfalter (Heliconius) und gaukeln den zur Eiablage anfliegenden Schmetterlingen vor, ein anderer Artgenosse sei ihnen zuvorgekommen. Täuschend ähnlich sehen die Auswüchse den Eigelegen vor allem an den Triebspitzen, wo gefräßige Raupen den größten Schaden anrichten würden.

Passiflora quadrangularis L. (Passifloraceae)
Melonengranadille, Riesengranadille
Georg Dionys Ehret, 1761
Graphitstift mit Wasserfarbe auf Papier
423 x 331 mm, Ehret-Skizzen

Die Schale der Passionfrucht ist für gewöhnlich hart und ungenießbar, bei manchen Arten aber auch saftig und schmackhaft. Nur auf sehr wenigen im 18. Jahrhundert entstandenen Passiflora-Abbildungen sind auch Früchte zu sehen – möglicherweise weil diese im Vergleich zu den extravaganten Blüten langweilig wirkten. Vielleicht setzten die Pflanzen aber auch keine Früchte an. Diese Art beispielsweise ist nicht selbstbefruchtend. Man braucht also immer mindestens zwei Exemplare.

Passiflora kermesina Link & Otto (Passifloraceae)
Karmesinrote Passionsblume
Künstler unbekannt, ca. 1850
Wasserfarbe auf Papier, 463 x 304 mm
Sammlung Saharunpore Gardens

Diese Art wurde erstmals 1826 beschrieben, und zwar nach (ursprünglich aus Rio de Janeiro stammenden) Pflanzen im Botanischen Garten von Berlin. Sie wird seit langem in Europa kultiviert und hat inzwischen Eingang in Botanische Gärten weltweit gefunden. Passiflora kermesina lässt sich gut mit anderen Arten kreuzen, und so taucht diese ostbrasilianische Pflanze im Stammbaum vieler moderner Gärtnerhybriden auf.

Passiflora aurantia G. Forst. (Passifloraceae)
Goldgelbe Passionsblume
Frederick Polydore Nodder, 1780
Wasserfarbe auf Papier, 545 x 365 mm
Sammlung Cook

Sydney Parkinsons Notizen über die Farbe von Blüten und Blättern enthielten manchmal auch Korrekturanweisungen zu den Abbildungen. Zu dieser am Endeavour River gesammelten Passiflora schrieb er: »Blätter lebhaft grasgrün, mit kleinen Adern unterseits, blass graugrün, Früchte erbsengrün, grüne Ranken, brauner Mittellappen muss verkürzt werden«.

Passiflora-Art (Passifloraceae)
Fra Donato d'Eremita, 1619
Kupferstich mit Deckfarbe auf Papier
332 x 217 mm

Die hier abgebildete Pflanze ähnelt einer brasilianischen Art, die heute weltweit verbreitet ist: Passiflora edulis. Die dreilappigen Blätter und die strahlige Nebenkrone sind anatomisch mehr oder minder korrekt, und auch die Farben stimmen – der Künstler hat also mit größter Wahrscheinlichkeit eine lebende Pflanze gesehen. Die Detaildarstellung der Samen oben rechts zeigt die Anordnung im Fruchtknoten.

Passiflora-Art (Passifloraceae)
Donato Rasciotti, 1609
Kupferstich mit Deckfarbe auf Papier
383 x 262 mm

Dies ist der älteste Stich einer Passionsblume in den Sammlungen des Natural History Museum. Die Betonung der christlichen Symbolik ist unübersehbar: die Staubfäden werden zur Dornenkrone, die drei Narben zu Speerspitzen oder den Nägeln, mit denen Christus ans Kreuz geschlagen wurde. Man darf annehmen, dass der Künstler diese Abbildung nach einer poetischen Beschreibung schuf, nicht nach dem Leben. Diese Darstellung gleicht nämlich keiner heute bekannten Passionsblumenart.

NADELHÖLZER

Die Tropfen aus Harz, die sich an den Bruchstellen einer vom Nordwind verletzten Kiefer zeigen, sind die Tränen, die Pitys weint, wenn sie an ihre Jugend denkt, an ihren Geliebten Boreas und wohl auch an Pan ... Der Ursprung dieser Sage ... ist leicht nachvollziehbar; jedermann kann sehen, dass eine Kiefer glitzernde Tränen weint.

NICOLAS T. MIROV UND JEAN HASBROUK, THE STORY OF PINES, 1976

Nadelbäume sind derzeit aus der Mode. Gartenpflanzen kommen und gehen wie die Rocklänge, und in den Gärten von heute scheint kein Platz für Nadelbäume zu sein. Sie schießen zu sehr in die Höhe und werden im Alter nicht schöner; struppig und ungepflegt, hemmen sie nur das Wachstum anderer Pflanzen. Im 19. Jahrhundert jedoch waren die Nadelhölzer wahre Stars, die überall auf der Welt begehrt waren. Der englische Landadel war ganz verrückt nach Koniferen: Die nordamerikanische so genannte Weiße Kiefer *(Pinus strobus)* hielt schon 1705 Einzug in die Parks der Herzogin von Beaufort und des Vicomte von Weymouth und wird heute allgemein Weymouthskiefer genannt. Mit dem Aufkommen des klassischen englischen Landschaftsgartens stieg der Bedarf an gliedernden Pflanzen. Und immergrüne hohe Nadelhölzer eigneten sich ideal dafür, ganzjährig Naturräume zu schaffen. Die Vorliebe für immergrüne Pflanzen ging sogar so weit, dass man eigene, Pinetum genannte Gärten dafür anlegte. Das erste, von Lord Grenville 1810 in der Nähe von Windsor gepflanzte Pinetum war nur ein Vorläufer eines Booms, der dazu führte, dass englische Pflanzenjäger auf der Suche nach neuen Koniferen den Westen der Vereinigten Staaten durchkämmten.

Um 1850 waren Koniferen gefragt wie nie zuvor, und als William Lobb 1853 Samen des Mammutbaums vom Calaveras Grove in der Sierra Nevada nach England brachte, wusste er, dass er auf dem richtigen Weg war. Ein kalifornischer Bärenjäger war in den Ausläufern der Sierra Nevada zufällig auf diese Baumriesen gestoßen, und als er seinen Gefährten ihre Größe schilderte, meinten sie, er sei nicht ganz richtig im Kopf. Wer konnte sich schon Bäume mit einem Umfang von 25 Metern vorstellen, deren schiere Größe einem den Atem raubte? Lobb hörte an der neu gegründeten Kalifornischen Akademie der Wissenschaften davon und erkannte sofort, welche Möglichkeiten darin für die Baumschulen in England schlummerten. Er kehrte vorzeitig von seiner Sammelreise für den Londoner Gartenbau-Giganten Veitch & Sons zurück, um zu vermeiden, dass ihm die Konkurrenz zuvorkam. Obwohl Veitch & Sons schon zu Beginn des Jahres 1854 Sämlinge des neuen Baums für zwei Guineen (3.40 Dollar) pro Stück verkaufte, hatte Lobb das Rennen im Grunde genommen verloren. John Matthew, ein schottischer Gutsbesitzer, hatte ebenfalls Samen der Sequoia, wie dieser Baum auch heißt, gesammelt und an seine Freunde verteilt. Seltsamerweise erreichte keine der in England gepflanzten Sequoias jemals einen Umfang wie in den USA, wo man mit dem Auto durch einen Tunnel im Stamm fahren kann. Aber sie wurden trotzdem zu einem Renner. Strittig war, wie man dieses Wunder aus der Neuen Welt botanisch nennen sollte; die Engländer favorisierten den Namen »Wellingtonia«, während amerikanische Wissenschaftler

Pinus palustris, Sumpfkiefer, G.D. Ehret, Mitte 18. Jh.

"I. communis var suecica ?"
Fruit Dec. 18th 1804.

für »Washingtonia« plädierten – beides Männer von großer Statur, wie der Baum. John Lindley von der Horticultural Society in London veröffentlichte den Namen *Wellingtonia gigantea*. Damit hatte er die Nase zunächst scheinbar vorn; allerdings wusste er nicht, dass der Name bereits 13 Jahre früher für eine ganz andere Pflanze vergeben worden war. Nach den geltenden Regeln war Lindleys Benennung damit ungültig, und am Ende hatte sich keine der beiden Parteien durchgesetzt. Die korrekte botanische Bezeichnung für den Mammutbaum lautet *Sequoiadendron giganteum*, womit auch der Bezug zu einem nahen Verwandten, der Küstensequoia *(Sequoia sempervirens)*, hergestellt wird.

Lobb war auf den Spuren des Entdeckungsreisenden David Douglas nach Kalifornien gereist, dessen Name von jeher mit Koniferen in Verbindung gebracht wird. Douglas war zu Beginn des 19. Jahrhunderts Gärtner am Botanischen Garten von Glasgow, wo William Hooker, der damalige Direktor, auf ihn aufmerksam wurde. 1823 empfahl dieser Douglas an Joseph Sabine weiter, den Schatzmeister der 1804 gegründeten Horticultural Society in London. Dank ihrer namhaften Gründer, unter ihnen John Wedgwood, der berühmte Porzellanfabrikant, William Forsyth, Gärtner von König Georg III., und Joseph Banks, Präsident der Royal Society, konnte die Society bald in den entferntesten Winkeln der Welt nach Raritäten für die Gärten ihrer wohlhabenden Mitglieder suchen lassen. Anfang der 20er Jahre schickte die Society eigene Spezialisten auf Expeditionen – meist erfahrene Gärtner, die hart im Nehmen waren. Die damaligen Gärtner mussten zähe Burschen sein, denn sie wurden miserabel bezahlt, lebten unter elenden Bedingungen und mussten bei anhaltend schlechtem Wetter nicht selten mit Entlassung rechnen. Douglas war erst 23, als er seine Stelle im Botanischen Garten von Glasgow aufgab und sich auf eine höchst abenteuerliche Reise machte. Ursprünglich sollte er nach China geschickt werden, von wo viele aufregende Neuentdeckungen kamen, aber wegen der unsicheren politischen Lage wurde er nach Nordamerika beordert. Dort

Juniperus communis, Wacholder, Franz Bauer, 1804

Cedrus libani, Libanonzeder, G. D. Ehret, 1744

sollte er Obstbäume und andere interessante Baumarten sammeln, insbesondere Eichen, die zur Wiederaufforstung in England benötigt wurden. Douglas fuhr an die Ostküste der erst seit kurzem unabhängigen Vereinigten Staaten, und die sechs Monate, die er dort verbrachte, waren ein voller Erfolg. Zwar kehrte er später als geplant zurück, aber das von ihm gesammelte Material kam großenteils lebend an und war botanisch so interessant, dass seine Auftraggeber sofort erkannten, welchen Schatz sie damit in der Hand hatten.

Die Schätze von der Ostküste der Vereinigten Staaten erzielten einen guten Preis, aber den Köpfen der Society war nicht entgangen, dass die eigentlich interessante Region noch weiter westlich lag. Ende des 18. Jahrhunderts hatte George Vancouver mit seinem Schiff die Pazifikküste Nordamerikas erforscht – Vancouver Island, die Insel im Südwesten von British Columbia, ist nach ihm benannt. Mit an Bord war der Arzt und Naturforscher Archibald Menzies, dessen Aufzeichnungen und Pflanzensammlungen Botaniker in ganz Europa ins Schwärmen brachten. 1805 hatten Merriwether Lewis und William Clark den amerikanischen Kontinent zu Fuß durchquert; zwei Jahre zuvor hatten die USA ihr Staatsgebiet mit dem »Kauf« von Louisiana fast verdoppelt. Lewis und Clark sammelten einige Pflanzen, darunter die in Amerika heimische Tabakpflanze *Nicotiana quadrivalis* – aber vor allem öffneten sie das Tor zu den botanischen Reichtümern des gebirgigen und nahezu unbekannten Westens der Vereinigten Staaten.

Dorthin wurde Douglas von der Horticultural Society geschickt. Nach einer Passage auf der *Mary and Anne*, einem Schiff der Hudson's Bay Company, landete er an der Küste von Oregon und folgte von dort aus dem Columbia River landeinwärts. Eine Reise an die Westküste des amerikanischen Kontinents war an sich schon ein Abenteuer und dauerte über acht Monate. An der Hudson's Bay Company kam damals niemand vorbei, der in den Westen vorstoßen wollte – Pelzhändler der Company hatten Routen und Stützpunkte etabliert, und ihre festen Berater waren mit den Einheimischen und

Larix griffithii, 1855

Pinus strobus, Weymouthskiefer, G. D. Ehret, ca. 1740–1750

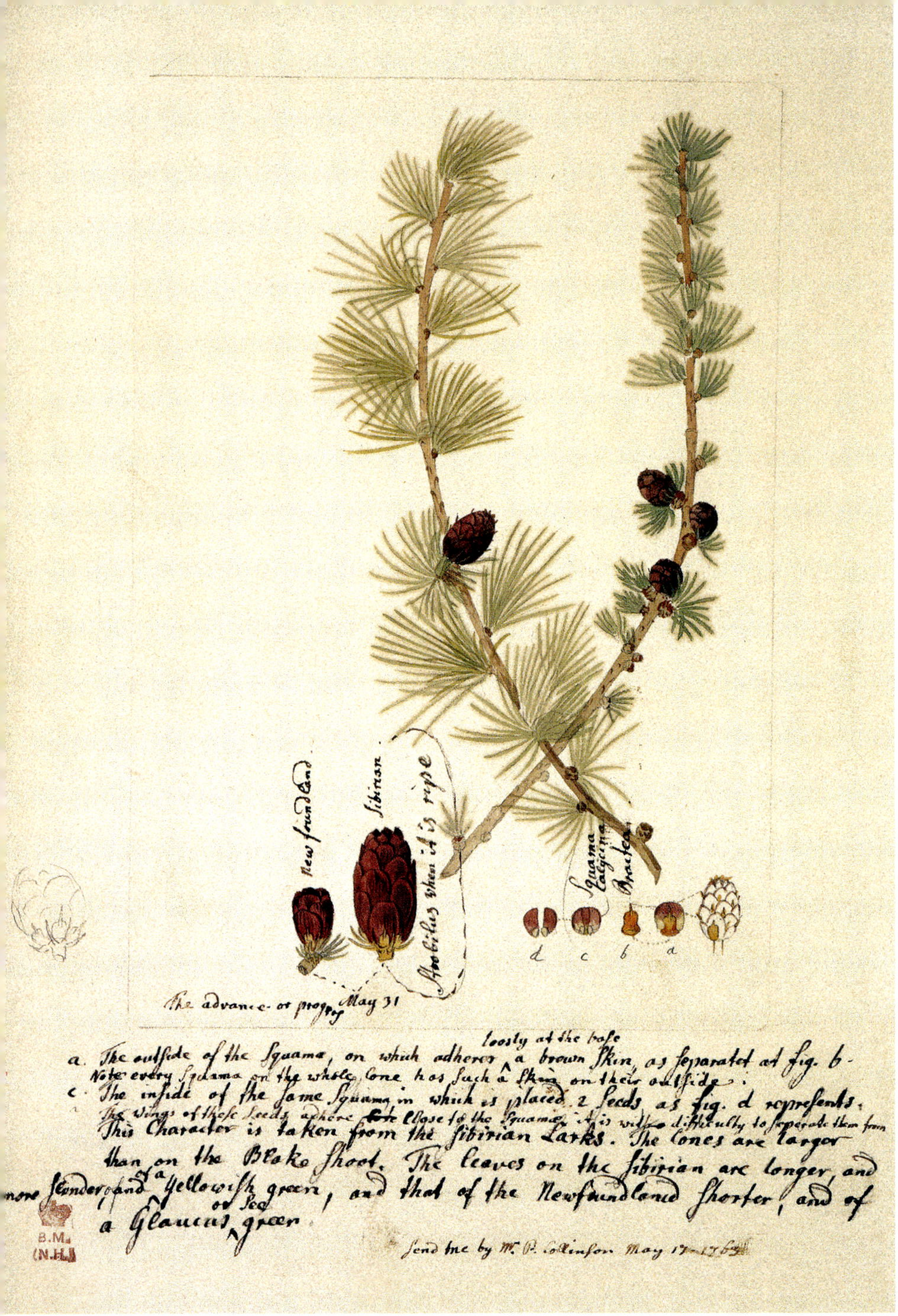

Rechts: *Larix laricina*, Amerikanische Lärche; links: *Larix sibirica*, Sibirische Lärche, G. D. Ehret, 1763

der Region bestens vertraut. Rund ein Jahr lang durchforstete Douglas die Wälder und legte dabei, den Willamette und die Stromschnellen des Columbia hinauf und hinunter, nicht mehr als 3000 Kilometer zurück. Nach Beendigung seiner Mission entschied er sich zu bleiben, anstatt mit seinen Pflanzen nach London zurückzukehren. Einer der ersten Pflanzen, die Douglas gesammelt hat, ist es zu verdanken, dass wir bei der Nennung seines Namens automatisch an Koniferen denken: der Douglastanne, *dem* Baum schlechthin in den Jungwäldern im Nordwesten. Hoch und gerade, wurde und wird er als Bauholz teuer gehandelt, so dass naturnahe Altwälder heute fast der Vergangenheit angehören. Aber Douglas war gar nicht der eigentliche Entdecker der Douglastanne. Bereits 40 Jahre früher hatte Archibald Menzies ein Exemplar in seiner Sammlung. Douglas jedoch sammelte Zapfen und Samen – immerhin war er im Gartenbau tätig –, und genau davon wurden die ersten dieser Bäume in Schottland kultiviert. Heute erinnert der Baum an beide Männer – an David Douglas mit dem Volksnamen und an Archibald Menzies mit dem botanischen Namen, *Pseudotsuga menziesii*. Das wirtschaftliche Potenzial der Douglastanne überstieg selbst Douglas' kühnste Vorstellungen. Er selbst schrieb über diese Bäume: »Sie gehören zum Beeindruckendsten, was ich je in der Natur gesehen habe … Das Holz könnte sich als äußerst nützlich erweisen.«

Nachdem Douglas im Nordwesten geblieben war, wurde er als Entdecker erst so richtig aktiv. Als erster Europäer bestieg er die Blue Mountains südöstlich des Städtchens Walla Walla im heutigen Bundesstaat Washington. Der Aufstieg im grellen Licht forderte seinen Tribut: Eine Augenentzündung schwächte seine Sehkraft mehr und mehr. Seine Führer wollten sich auf das forsche Tempo, das Douglas vorgab, nicht einlassen, doch einer von ihnen überzeugte die übrigen, dass Douglas ein mächtiger Medizinmann sei und sie jederzeit in Grizzlybären verwandeln könne. In den Jahren 1826 und 1827 erkundete Douglas den Nordwesten und stieß sogar bis zur Hudsonbai vor. Ein ganz bestimmter Nadelbaum beschäftigte seine Phantasie wie kein anderer: die Zuckerkiefer. Am Willamette River hatte er gesehen, dass die Einheimischen die Samen einer Kiefer aßen, die angeblich unglaublich groß war und in den Bergen im Süden vorkam. Damals konnte er keinen anständigen Samen bekommen, und die Kiefer wurde zu einer Obsession. Der Entdecker und Trapper Jean-Baptiste McKay verschaffte ihm zwar einen Zapfen, aber er hatte noch immer keinen keimfähigen Samen. Also machte er sich selbst auf die Suche. An

Thuja orientalis, Lebensbaum, G.D.Ehret, 1740

Cedrus libani, Libanonzeder, Ferdinand Bauer, ca. 1804

Hooker schrieb er, die Umpqua-Indianer verwendeten das Harz wie Zucker und die gemahlenen Nüsse wie Mehl. Allein die Größe von McKays Zapfen – 25 mal 40 Zentimeter – bestärkte ihn in seiner Entschlossenheit, den Baum zu finden. Zu Ehren des Kiefern-Experten Aylmer Bourne Lambert bezeichnete er ihn vorläufig als *Pinus lambertiana*.

Auf dem Columbia River machte sich Douglas von Fort Vancouver aus auf nach Süden. Im Umpqua Valley wurde er von den Einheimischen gastlich aufgenommen; sie retteten ihm sogar das Leben, als er in eine Schlucht stürzte und bewusstlos liegen blieb. Schließlich fand er die Bäume, nachdem er einen Zapfen gezeichnet und einem Indianer gezeigt hatte, der ihn hinbegleitete. Als er einzelne Zweige von den hohen Bäumen schoss, lockte der Lärm acht Männer an, »alle mit roter Erde bemalt, bewaffnet mit Pfeil und Bogen, Knochenspeeren und Steinmessern, die alles andere als freundlich aussahen«. Er hielt sie mit dem Gewehr auf Abstand, bis ihm der Anführer bedeutete, dass sie Tabak wollten. Sie bekamen ihn, gingen ihrer Wege, und Douglas kümmerte sich wieder um seine Bäume. An Hooker schrieb er später: »Ich freue mich, Ihnen von einer neuen Kiefernart berichten zu dürfen, der vornehmsten der ganzen Gattung, vielleicht sogar der prächtigsten Spezies in der Welt der Pflanzen.«

Die Entdeckung dieser Kiefer gehörte sicher zu den großen Momenten in Douglas' Leben. Seine Reise in den Süden des Landes dauerte knapp zwei Monate. In dieser Zeit stürzte er in Schluchten, wurde von strauchelnden Pferden kopfüber in Flüsse geworfen und von Grizzlybären angegriffen. Sein Ziel jedoch hatte er erreicht, und der Samen, den er an die Horticultural Society schickte, keimte und gedieh. Von allen Douglas-Koniferen jedoch war ausgerechnet der Zuckerkiefer der geringste Erfolg beschieden, da sie in Großbritannien schlecht gedeiht und daher bei den Kunden nicht gefragt war. Im Lauf seiner Reisen durch den Westen Nordamerikas entdeckte Douglas 7 der 17 in dieser Region heimischen Kiefern, vier Tannen, darunter die Edeltanne und natürlich die Douglastanne, sowie die Sitkafichte *(Picea sitchensis)*. Seine Entdeckungen bilden heute das forstwirtschaftliche Rückgrat vieler Länder und haben das Bild unserer Parks und Gärten nachhaltig verändert. Ohne diese immergrünen Bäume hätte der Landschaftsgarten nie eine derartige Beliebtheit erlangt, und fast alle Arten, die wir heute dort antreffen, wurden von David Douglas gesammelt.

Nadelgehölze sind nicht nur ein Blickfang im Garten, sondern auch Rekordhalter innerhalb der Pflanzenwelt. Die höchsten, mächtigsten und ältesten Pflanzen sind ausnahmslos Koniferen – eine erstaunliche Meisterleistung für eine Gruppe von Pflanzen, die schon vor den Dinosauriern auf dieser Erde gelebt hat. Der größte lebende Organismus ist angeblich ein Riesenmammutbaum, ein über 3000 Jahre altes Exemplar von *Sequoiadendron giganteum* mit einem geschätzten Gewicht von über 2270 Tonnen. Die Scheibe des Riesenmammutbaums im National History Museum in London hat Generationen von Schulkindern fasziniert, lässt sich an ihr doch der Beginn des Islam ablesen, die Kaiserkrönung Karls des Großen, die Unterzeichnung der Magna Charta, die Unabhängigkeitserklärung der Vereinigten Staaten ... Der Baum war 1335 Jahre alt, als er 1892 gefällt wurde, aber Koniferen können noch weitaus älter werden. Auch der älteste lebende Organismus ist eine Konifere: Eine Borstenkiefer *(Pinus longaeva)* in den White Mountains in Nevada soll über 5000 Jahre alt sein, aber im Gegensatz zur Riesensequoia ist sie nicht hoch und stattlich, sondern knorrig und verkrüppelt. Diese Bäume leben in einer extremen Umgebung und können nur überdauern, indem sie sehr, sehr langsam wachsen.

Nadelgehölze kommen in allen Regionen der Welt vor, von den Nadelwäldern der nördlichen Hemisphäre bis zu den Bergwäldern in tropischen Zonen, doch in gewisser Weise sind sie Relikte längst vergangener Zeiten. Ihre große Zeit erlebten sie im Mesozoikum, vor mehr als 100 Millionen Jahren, noch bevor die Bedecktsamer, die Blütenpflanzen, die Szene betraten. Eine erstaunliche Pflanze, *Metasequoia glyptostroboides*, der Urweltmammutbaum, war lange nur als Fossil bekannt, bis in den 40er Jahren des 20. Jahrhunderts ein Exemplar in Zentralchina entdeckt wurde – ein echtes lebendes Fossil, das gegenwärtig vom Aussterben bedroht ist. Unlängst wurde in Tasmanien eine völlig neue Koniferengattung entdeckt, die Wollemi-Kiefer *(Wollemia nobilis)*. Sie ist nun wirklich ein lebender Dinosaurier, mit Eigenschaften, die wir bisher nur von Fossilien, nicht aber von lebenden Arten her kannten. Im Allgemeinen finden wir die großen Nadelwälder dort, wo Blütenpflanzen nur schwer Fuß fassen, sei es weil die Böden zu mager sind, wie auf Neukaledonien, oder weil die Vegetationsperiode zu kurz ist, wie in den subarktischen Regionen Eurasiens. Koniferen sind Nacktsamer. Im Gegensatz zu den Bedecktsamern werden ihre Samen nicht von einer Frucht umschlossen, sondern liegen lediglich auf Schuppen auf. Die verholzten Schuppen eines Kiefernzapfens sind ein Beispiel dafür; jede Schuppe »trägt« einen oder zwei Samen. Der Kiefernzapfen ist der weibliche Blütenstand, und bei genauerem Hinsehen entdeckt man auch die männlichen Blütenstände – kleinere Zapfen, in denen Pollen in großen Mengen gebildet wird. Die Kiefer ist eine klassische Konifere mit immergrünen nadelförmigen Blättern und Zapfen. Aber nicht alle Koniferen haben diese Merkmale. Die Lärche *(Larix)* und der Urweltmammutbaum werfen ihre Nadeln im Herbst ab, während bestimmte Arten der Gattung *Araucaria*, die Schuppentanne etwa, oder der Gattung *Agathis*, etwa die Kaurifichte, breite Nadeln haben. Der Wacholder trägt fleischige, beerenähnliche

Picea glauca, Weißfichte, G. D. Ehret, ca. 1740–1750

Pinus mugo, Bergkiefer, G. D. Ehret, ca. 1740–1750

Abies spectabilis, Himalayatanne, ca. 1850–1860

Samenstände, und bei der Eibe sind die einzelnen Samen von einem fleischigen Samenmantel, dem so genannten Arillus, umhüllt.

Höchstwahrscheinlich jedoch steht für viele von uns die wirtschaftliche Bedeutung der Koniferen im Vordergrund. Kiefer, Tanne und Fichte sind bedeutende Holzlieferanten, eine Rolle, die in der südlichen Hemisphäre von der Kaurifichte übernommen wird. Die Verwendung des Rohstoffes Holz durch die Menschen ist so alt wie die Menschheit. Die Bibel berichtet von der Verwendung der Libanon-Zeder *(Cedrus libani)* zum Tempelbau; die Polynesier verwendeten verschiedene Nadelhölzer zum Bau ihrer Kanus, mit denen sie die pazifische Inselwelt erforschten; und die Chinesen setzten Nadelholz schon vor Jahrtausenden für den Haus- und Schiffsbau ein. Erst in jüngster Zeit allerdings ist die Verwendung des Rohstoffes Holz zu einem Problem für die Koniferen geworden, denn die schnell wachsenden »billigen« Nadelhölzer bilden auch die Grundlage der Papierindustrie – und unser Papierverbrauch ist uferlos. Der saure Regen, Einschläge bis zum Kahlschlag und Wiederaufforstung mit fremden Arten – das alles trägt zur gegenwärtigen Notsituation unserer Nadelbäume bei. Es mag uns vielleicht so vorkommen, als müssten diese Bäume, die doch schon seit der Zeit der Dinosaurier existieren, auch dem Menschen trotzen können. Aber die Zahlen sind erschreckend. Von den rund 600 derzeit auf der Welt vorkommenden Koniferenarten sind 45 Prozent gefährdet und mindestens 25 Prozent vom Aussterben bedroht. Obwohl die tropischen Regenwälder auf der Liste der Umweltschützer ganz oben stehen, wird auch das Überleben der überwiegend aus Koniferen bestehenden Regenwälder in den gemäßigten Zonen zunehmend zum Problem. Das betrifft vor allem die Naturwaldbestände im Nordwesten, wo Douglas erstmals der so beeindruckenden Douglastanne begegnete. Wir können nur hoffen, dass wir uns den Planeten auch weiterhin mit diesen großartigen Gewächsen teilen, die schon so vieles überlebt und so manches gesehen haben.

Pinus gerardiana, ca. 1850–1860

Pinus palustris Miller (Pinaceae)
Sumpfkiefer
Georg Dionys Ehret, Mitte 18. Jahrhundert
Wasserfarbe auf Papier, 545 x 433 mm

Die Sumpfkiefer kommt im Süden der Vereinigten Staaten von Texas bis North und South Carolina vor. Ihr widerstandsfähiges, hartes Holz bildet den Maßstab, an dem andere, weichere Holzarten gemessen werden. Deshalb wird sie im Holzhandel auch als Parkettkiefer bezeichnet. Ihre feuerresistenten Nadeln helfen ihr, in einer Region zu überleben, in der Waldbrände keine Seltenheit sind.

Juniperus communis L. (Cupressaceae)
Wacholder
Franz Bauer, 1804
Wasserfarbe auf Papier, 364 x 260 mm

Die Wacholderbeere ist in Wirklichkeit gar keine Beere: Die Schuppen des Zapfens sind im Vergleich mit denen anderer Koniferen fleischiger und stark modifiziert. Für Vögel sind die roten oder violetten Früchte ein willkommener Leckerbissen. Aber auch die Menschen haben Verwendung gefunden dafür: Die Früchte verleihen dem Gin sein typisches Aroma und auch den öligen, adstringierenden Geschmack, der von den einen geliebt, von anderen gehasst wird.

Cedrus libani A. Rich. (Pinaceae)
Libanonzeder
Georg Dionys Ehret, 1744
Wasserfarbe und Deckfarbe auf Pergament
490 x 340 mm

Diese farbkräftige Zeichnung gibt die außergewöhnliche Wuchsform der Libanonzeder nicht wieder. Bei uralten Bäumen in den Royal Botanic Gardens in Kew reichen die Äste manchmal bis zum Boden und bilden fantastische Verstecke und Behausungen für spielende Kinder.

Larix griffithii Hook. f. (Pinaceae)
Künstler unbekannt, 1855
Wasserfarbe auf Papier, 390 x 324 mm
Sammlung Saharunpore Gardens

Die Lärchen gehören zu den wenigen nadelabwerfenden Koniferen. Sie kommen in der gesamten nördlichen Hemisphäre vor. Im Herbst verfärben sich die Nadelbüschel goldfarben, während die Nadeln im Frühjahr von einem hellen Apfelgrün sind. In Verbindung mit den zart rosa schimmernden jungen weiblichen Zapfen ergibt das ein apartes Farbenspiel.

Pinus strobus L. (Pinaceae)
Weymouthskiefer
Georg Dionys Ehret, ca. 1740–1750
Wasserfarbe und Deckfarbe auf Papier
486 x 295 mm

Die Weymouthskiefer stammt keineswegs aus Weymouth, sondern aus den Wäldern im Osten Nordamerikas. Im Jahr 1705 wurde der Baum erstmals nach Europa gebracht. Die Herzogin von Beaufort pflanzte ihn auf ihrem Anwesen in Badminton, der Vicomte von Weymouth auf Longleat. Was den Volksnamen betrifft, so hat der Vicomte das Rennen gemacht, aber wie so viele Volksnamen ist auch dieser irreführend.

Rechts: *Larix laricina* (Du Roi) K. Koch, Amerikanische Lärche; links: *Larix sibirica* Ledeb., Sibirische Lärche (Pinaceae)
Georg Dionys Ehret, 1763
Wasserfarbe auf Papier, 321 x 200 mm

Diese Zeichnung beweist, dass Ehret nicht nur ein talentierter Künstler war, sondern auch einen scharfen Blick für Unterschiede und Gemeinsamkeiten hatte. Hier vergleicht er Form und Aufbau von Zweigen der Amerikanischen und der Sibirischen Lärche, »die mir Mr. Collinson am 17. Mai 1763 zugesandt hat«, akkurat bis ins letzte Detail. Die Zeichnung ist nicht nur perfekt, sondern auch wunderbar komponiert.

Thuja orientalis L. (Cupressaceae)
Lebensbaum
Georg Dionys Ehret, 1740
Wasserfarbe und Graphitstift auf Papier
427 x 265 mm

Georg Ehret bekam interessante Pflanzen aus den Gärten seiner Freunde und Bekannten zugesandt. Diese Zeichnung trägt den Vermerk »aus Boerhaaves Garten«. Herman Boerhaave war Arzt und Botaniker im niederländischen Leiden. Auf welchen Wegen er die Pflanze von Boerhaave bekommen hat, weiß niemand. Aber er korrespondierte mit vielen europäischen Botanikern und bekam Pflanzen von überallher zugesandt.

Cedrus libani A. Rich. (Pinaceae)
Libanonzeder
Ferdinand Bauer, ca. 1804
Bleistift und Wasserfarbe auf Papier
493 x 385 mm, Koniferen-Skizzen

Die kleinen Nummern auf dieser Bleistiftzeichnung, die als Vorarbeit zu Aylmer Lamberts Buch über Kiefern entstand, bezeichnen unterschiedliche Teile der Pflanze. Sie beziehen sich auf das differenzierte Farbcodierungssystem, das die Bauer-Brüder – Ferdinand, Franz und Joseph – entwickelt haben und bei dem jeder Farbe mit all ihren Schattierungen ein Ziffern-code entspricht. Damit gelangen den Brüdern Pflanzenporträts von fast fotografischer Präzision.

Picea glauca (Moench) Voss. (Pinaceae)
Weißfichte, Schimmelfichte
Georg Dionys Ehret, ca. 1740–1750
Wasserfarbe auf Papier, 524 x 350 mm, gebunden
Ehret-Skizzenbuch

Ein deutlich erkennbarer Unterschied zwischen Spezies der Gattung Picea (Fichte) und denen der Gattung Abies (Tanne) besteht in den hängenden Zapfen der Fichte. Ist der Samen reif, fallen die Zapfen als Ganzes ab. Bei der Tanne dagegen fallen nur die Schuppen ab, die Zapfenachse verbleibt am Baum. Die Gemeine Fichte, auch Rotfichte genannt, galt in früherer Zeit als idealer Weihnachtsbaum.

Pinus mugo Turra (Pinaceae)
Latsche, Bergkiefer
Georg Dionys Ehret, ca. 1740–1750
Wasserfarbe auf Papier, 524 x 350 mm
gebunden, Ehret-Skizzenbuch

Nicht alle Kiefern sind mächtig und hoch. Die Bergkiefer wächst weniger in die Höhe als in die Breite. Dabei bedeckt sie großflächig wie ein Strauch die Berghänge. Manchmal entwickelt sie sich auch zu einem richtigen kleinen Baum, aber die Voraussetzungen dafür, nämlich ein geschützter Standort, finden sich im rauen Hochgebirgsklima eher selten.

Abies spectabilis (D. Don) Spach (Pinaceae)
Himalayatanne
Künstler unbekannt, ca. 1850–1860
Wasserfarbe und Deckfarbe auf Papier,
460 x 333 mm
Sammlung Saharunpore Gardens

Echte Tannen gehören zur Gattung Abies. Von Kiefern und Fichten unterscheiden sie sich durch ihre abgeflachten Zweige, durch Nadeln, die auf der Blattnarbe sitzen, und durch die aufrecht stehenden Zapfen. Sie reifen innerhalb eines Jahres, dann werden Schuppen und Samen abgeworfen. Die nackte Zapfenachse bleibt am Baum zurück.

Pinus gerardiana Wall. ex D. Don in Lambert (Pinaceae)
Künstler unbekannt, ca. 1850–1860
Wasserfarbe auf Papier, 383 x 239 mm
Sammlung Saharunpore Gardens

Die Gattung Pinus umfasste einst eine ganze Reihe von Koniferen, die heute eigene Gattungen bilden wie etwa Cedrus oder Picea. Echte Kiefern erkennt man an ihren harten, verholzten Zapfen und an der Nadelscheide unten an den in Büscheln wachsenden Nadeln. Im Gegensatz zu den anderen Mitgliedern der Familie Pinaceae, die in China und Japan die größte Vielfalt hervorbringt, gibt es von der Gattung Pinus in den Vereinigten Staaten und Mexiko die meisten Varietäten.

MOHN

Abseits im Garten blüht der böse Schlaf,
in welchem die, die heimlich eingedrungen,
die Liebe fanden junger Spiegelungen,
die willig waren, offen und konkav,

und Träume, die mit aufgeregten Masken
auftraten, riesiger durch die Kothurne –:
das alles stockt in diesen oben flasken
weichlichen Stengeln, die die Samenurne

(nachdem sie lang, die Knospe abwärts tragend,
zu welken meinten) festverschlossen heben:
gefranste Kelche auseinanderschlagend,
die fieberhaft das Mohngefäß umgeben.

RAINER MARIA RILKE, SCHLAF-MOHN, 1908

Der Zufall will es, dass die Blume, die im englischen Sprachraum zu einem Symbol des Gedenkens wurde, zugleich eine Droge ist, die ewiges Vergessen bringt. Bei den Mohnblumen, die in John McCraes bewegendem Gedicht *In Flanders Fields* die Felder Flanderns blutrot färben, handelt es sich um *Papaver rhoeas* (Klatschmohn), der in ganz Nordeuropa verbreitet ist. Die schlammigen, aufgerissenen Äcker der Westfront boten im Frühjahr 1915 Millionen Mohnsamen idealen Boden zum Keimen, und so lagen die dichten Gräberreihen der Gefallenen bald unter einem blutroten Gedenkteppich.

Die Mohnblüte hat ein kurzes Leben. Für gewöhnlich öffnet sie sich nur für ein oder zwei Tage, dann welken die Blütenblätter und fallen zu Boden. Obwohl die Familie der Mohngewächse eine ungeheure Formenvielfalt aufweist, sehen die Blüten eigentlich alle recht ähnlich aus: Zarte, aber auffallende Kronblätter umgeben einen üppigen Kranz von Staubblättern, und wenn die Blüten aufgehen, entfalten ihre Blätter sich so zerknittert aus dem Kelch wie zerknülltes Seidenpapier. Dieser Kelch besteht aus zwei oder drei Kelchblättern. Sie schützen die Blüte im Knospenstadium, fallen aber ab, sobald sie sich öffnet. Beim Kalifornischen Kappenmohn (*Eschscholzia californica*), der Wappenblume Kaliforniens und im Frühling verantwortlich für den orangeroten Blütenteppich über den Vorgebirgen der Sierra Nevada, sind die Kelchblätter verwachsen und werden von der sich ausdehnenden Blüte abgeworfen wie eine Kappe – daher der deutsche Name. Im Laufe des Tages »entfalten« sich die Blütenblätter dann ganz buchstäblich, verlieren ihr zerknittertes Aussehen, halten jedoch oft nur einen Tag. Zurück bleibt ein flüchtiger Eindruck.

Die berühmte englische Gärtnerin Gertrude Jekyll (1843–1932) liebte den Mohn. Als ausgebildete Malerin erhob sie mit ihrem ausgeprägten Sinn für Farbabstufungen und wirkungsvolle Kontraste das Anlegen von Staudenbeeten zu einer künstlerischen Disziplin. Ihre Gärten, bei denen stets die Blumen die Gestaltung vorgaben, wurden zum Inbegriff der Einheit von Kunst und Natur. Die sorgfältig zusammengestellten Farbverläufe wirkten zwar natürlich, waren aber speziell darauf abgestimmt, Natur und Architektur in gefälliger Weise in Einklang zu bringen. Auf ihrem eigenen Anwesen, Munstead Wood in Surrey, zog Jekyll Mohn in riesigen Mengen; breite Streifen scharlachroten Türkenmohns wechselten ab mit schäumend weißem Schleierkraut. Eingedenk ihrer Begeisterung für Mohn werden gewisse Farbvarietäten des Islandmohns (*Papaver nudicaule*) heute »Munstead Poppies« genannt. Besucher von Munstead Wood bemerkten, dass »die orangeroten Farbtöne außerordentlich strahlend und das Zusammenspiel blühender Pflanzen die ganze Umgebung zum Leuchten bringt«. Tatsächlich müssen die dicht gedrängten Reihen sam-

Papaver bracteatum, Armenischer Mohn, John Lindley, ca. 1819/1820

tig zarter Blüten eine der langen Rabatten, ein Markenzeichen Jekylls, zu einem schimmernden Blickfang gemacht haben. Der Farbverlauf – von Blau und Weiß über »strahlendes Scharlach und Purpur, das im Türkischen Mohn seine volle Kraft entfaltete«, hin zu Gelb und wieder zurück zu Weiß und Blau – dürfte ein fantastisches Schauspiel geboten haben.

Auch die zerbrechlich zarten Blüten des Schlafmohns (*Papaver somniferum* – Linné wählte diese Bezeichnung wegen der stark narkotisierenden Wirkung – faszinierten die kreative Gertrude Jekyll. Sie war davon überzeugt, einjährige Pflanzen wie den Schlafmohn durch »strenge Selektion« binnen sehr kurzer Zeit beträchtlich verbessern zu können. Tatsächlich findet man in Samenkatalogen vom Beginn des 20. Jahrhunderts eine gefüllte Schlafmohnsorte, die doppelt so viele (oder noch mehr) Blütenblätter besitzt wie die Wildform, als 'Munstead Cream Pink' angeboten. Dieser schöne Mohn, das Ergebnis strenger Selektion, stammte aus Gertrude Jekylls Garten; Fotos vom Ende der 1880er Jahre zeigen Unmengen fast pfingstrosenartiger *Papaver somniferum* am sonnigen Rand von Munstead Wood. Die heute verbreiteten Gartensorten sind meist gefüllte Formen des Schlafmohns mit rosa- oder mauvefarbenen Blütenblättern, doch es gibt buchstäblich Hunderte von Varianten, von Weiß bis beinahe Schwarz. Die vielfältige Schönheit der Pflanzen findet ihre Entsprechung in einer gleichfalls bemerkenswerten Chemie. Alle enthalten das starke Rauschmittel Opium. Doch während man bei den Gartensorten wenig bis gar nichts davon findet, kommt es in anderen in sehr hoher Konzentration vor.

Der Milchsaft oder Latex, der aus abgeschnittenen Stängeln und Blättern des Mohns quillt, ist das Ausgangsmaterial für Opium, eine seit dem Altertum bekannte Droge. Opium und seine Derivate Morphin und Heroin werden aus dem Milchsaft der Art *Papaver somniferum* gewonnen, die auch die schmackhaft-aromatischen ölreichen Mohnsamen liefert. Manchmal liest man, der Gattungsname *Papaver* leite sich von dem beim Kauen von Mohnsamen entstehenden Geräusch ab. Anderen Quellen zufolge kommt der Name von dem keltischen Wort *papa* (Brei, im Süddeutschen in dem Wort Papp erhalten), da man damit unruhige Kinder zum Schlafen brachte. Übrigens war die einschläfernde Wirkung des Mohns, insbe-

Argemone mexicana, Mexikanischer Stachelmohn, ca. 1820–1830

Glaucium flavum, Gelber Hornmohn, G. D. Ehret, ca. 1840–1850

sondere des Schlafmohns, schon in der Antike bekannt: In der griechischen Mythologie bekränzte Morpheus, der Gott des Schlafes, nach dem das Morphium benannt ist, alle, die er in den Schlaf schicken wollte, mit Mohnblüten. Ihm geweihte Tempel waren mit in Stein gehauenen Mohnblumen geschmückt.

Welcher Teil der Pflanze zuerst verwendet wurde – die Samen für die Küche oder der Schlaf bringende Milchsaft –, ist nicht bekannt, doch man weiß, dass sich die vermutlich im östlichen Mittelmeerraum heimische Pflanze in der Jungsteinzeit ausbreitete und später in ganz West- und Nordeuropa kultiviert wurde. Ostwärts wurde sie bis Indien angebaut. Die erste schriftliche Erwähnung findet sich in einem assyrischen Kräuterbuch um 2000 v. Chr. Auch die schmerzstillenden Eigenschaften von mit Mohn versetztem Wein waren bekannt; Hippokrates hat die Wirkung von »Mohn-Wein« genau beschrieben. Diese Form der Schmerzbekämpfung trug sicherlich auch dazu bei, das medizinische Wissen zu vergrößern, was uns zu einer weiteren ironischen Koinzidenz bringt: Dieselbe Substanz, die selbst schlimmste Schmerzen zu stillen vermag, ist ihrerseits Ursprung von Schmerz und Leiden, wenn sie, als Rauschgift missbraucht, zur Sucht führt.

Rohopium wird heute nicht wesentlich anders gewonnen als schon vor Jahrtausenden. Die Entdeckung sowie die erste medizinische Verwendung dieses eingedickten Milchsafts schreibt man den Griechen zu. Die unreifen Samenkapseln werden ringsum winkelförmig eingeritzt, worauf der Saft herausquillt und sich an der Basis des Fruchtkörpers sammelt. Innerhalb von 24 Stunden trocknet er zu einer bräunlichen Masse ein und wird dann abgesammelt und in Form brauner gummiartiger Klumpen aufbewahrt. Dieser »Gummi« ist sehr lange haltbar und lässt sich mit vielfältigen chemischen Verfahren zu einer breiten Palette von Arzneien und Drogen verarbeiten. Produziert wird der Milchsaft in spezialisierten Zellen, die zumeist nahe der Kapseloberfläche und im oberen Stängelabschnitt sitzen. Allerdings sondern alle vegetativen Teile der Pflanze einen milchigen Saft ab, wenn man sie einschneidet. Die Milchsaftmenge schwankt beträchtlich: Angeblich liegt sie in warmen Klimazonen höher, und manche Spielarten der Spezies enthalten weit mehr als andere. Grund dafür dürften Jahrhunderte bewusster Zuchtwahl zugunsten höherer Erträge sein. Dieser Vorgang ähnelt der natürlichen Selektion, wirkt sich jedoch in viel kürzeren Zeitspannen aus.

Schlafmohn ist vermutlich das Agrarprodukt, mit dem man am raschesten Geld verdient. Er ist problemlos zu kultivieren, und die Erträge sind phänomenal. Als einjährige Pflanze gedeiht *Papaver somniferum* überall. Bis vor kurzem stammte das legal wie auch das illegal verfügbare Opium zum großen Teil aus dem so genannten Goldenen Dreieck im Norden Thailands. Bis ins 18. Jahrhundert galt Schlafmohn in China eher als Nahrungs- und Zierpflanze denn als Quelle für Arzneien oder Drogen. Das Opium für diese Zwecke führte China aus Indien ein. Die Kontrolle über den ungemein lukrativen, aber auch sehr gefährlichen Opiumhandel lag in Händen der britischen Ostindienkompanie, die von Indien im Austausch gegen Gold und Silber Opium bezog, es nach China verschiffte, dort dafür Tee und Seide einhandelte und diese beiden Güter dann wiederum mit beträchtlichem Gewinn nach Europa exportierte. Die Ostindienkompanie kontrollierte auch den illegalen Handel mit Opium, indem sie Konzessionen an einheimische Schmuggler vergab. Im 18. und 19. Jahrhundert nahm die Opiumsucht in China drastisch zu, so dass Konsum und Einfuhr verboten wurden. Doch wegen der »lizenzierten« Schmuggler war das Verbot nur begrenzt wirksam. Der Konflikt kulminierte in den so genannten Opiumkriegen zwischen Großbritannien und China. Letztlich war China zwar gezwungen, das Handelsverbot aufzuheben und Opiumimporte zuzulassen, belegte sie aber mit hohen Steuern.

Heute wird weit mehr Opium illegal gehandelt als legal, obwohl Opium ein Eck-

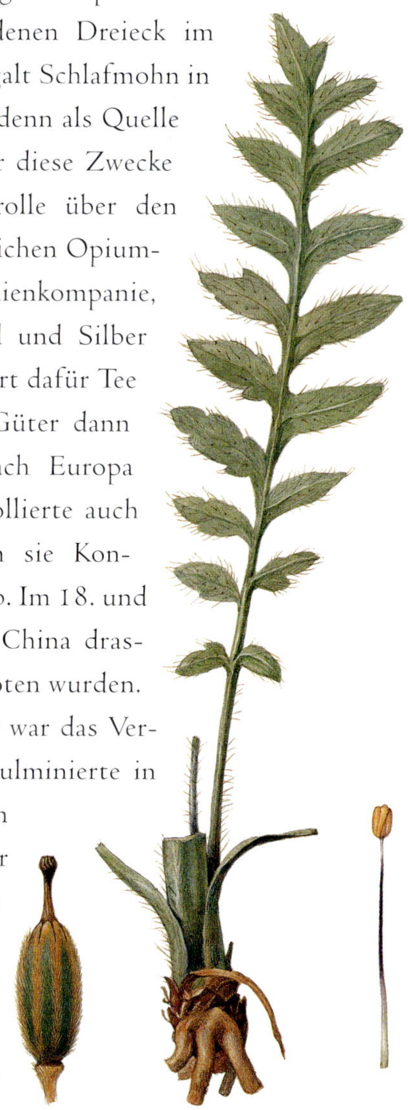

Meconopsis napaulensis, Nepal-Scheinmohn, 20. Jh.

Papaver orientale, Türkischer Mohn, J.G. Simula, 1720

pfeiler der modernen Medizin ist. Morphin, das vielen Schmerzgeplagten Linderung verschafft, ist freilich nur eines von zahlreichen Alkaloiden in *Papaver somniferum*. Arzneimittel auf Opiumbasis finden als schmerzstillende, beruhigende und krampflösende Medikamente Verwendung; noch sehr viel häufiger ist der Gebrauch als Schlafmittel. Der illegale Opiumhandel hingegen setzt primär auf Heroin – weltweit ein Multimillionen-Geschäft. Heroin wird in einem recht simplen und billigen Verfahren unter Zugabe verschiedener chemischer Hilfsstoffe aus Rohopium »gekocht«. Der im Goldenen Dreieck, zunehmend aber auch in anderen Regionen wie etwa Kolumbien angebaute Schlafmohn ist das gewinnträchtigste Agrarprodukt überhaupt, und so verwundert es kaum, dass immer mehr Landflächen für seine Kultur umgewandelt werden. Wegen der Nähe zum riesigen Absatzmarkt Nordamerika ist der Anbau in Kolumbien und benachbarten Ländern ein logischer Schritt. Doch der Preis ist hoch – nicht allein wegen des menschlichen Leids durch Abhängigkeit, sondern auch, weil dafür riesige Wassereinzugsgebiete abgeholzt werden (eben die Wälder, die Städte und Gemeinden im Tiefland mit Wasser versorgen und sie vor Überschwemmungen schützen). Die kolumbianischen Bergwälder speisen zudem die großen Ströme des Amazonasbeckens und tragen folglich dazu bei, die Vielfalt des Lebens auch in weit entfernten Gebieten aufrechtzuerhalten.

Doch Mohn hat noch eine ganz andere Art von Sucht gefördert: den Forscherdrang nämlich und die Lust auf Entdeckung. Sich auf Erkundungsreise zu begeben ist wie eine Droge. Es versetzt in Hochstimmung, mehrt unser Wissen und bereichert unser Leben. Als europäische Gärtner bemerkten, dass sich viele Pflanzen aus fernen Regionen auch im eigenen Garten halten lassen, kam ein neuer Typ von Forschungsreisenden auf: die »Pflanzenjäger«. Es waren Männer voller Abenteuerlust, die über botanische Kenntnisse verfügten. Als Finanziers fungierten meist botanische Gärten oder aber Samenhändler und Handelsgärtnereien, die die Neuentdeckungen direkt vermarkteten. Anfang des 20. Jahrhunderts wurde Asien zur Fundgrube für europäische Gärtner. Angespornt durch Joseph Dalton Hookers Entdeckungen in Sikkim, drangen die Pflanzenjäger in immer abgelegenere Regionen Südwestchinas und Tibets vor. Botaniker hatten hier bereits seit über einem halben Jahrhundert Pflanzen gesammelt, doch für eine finanziell lohnende Anzucht von Garten-

Papaver rhoeas, Klatschmohn, J. G. Simula, 1720

Papaver somniferum, Schlafmohn, ca. 1820–1830

pflanzen benötigte man auch Saatgut in großen Mengen. Einer der furchtlosesten Pflanzenjäger dieser Zeit war Frank Kingdon Ward, der 45 Jahre damit zubrachte, die entlegensten Winkel von Myanmar (damals Birma), Tibet und Assam zu erkunden. Als Sohn eines Botanikprofessors in Cambridge entdeckte er schon früh die Liebe zur Natur. Und ein Buch, Andreas Schimpers *Pflanzengeographie,* weckte seine Begierde.

Nach Abschluss seines Studiums nahm Kingdon Ward die erstbeste Stelle an, die sein Fernweh zu stillen versprach: Er schiffte sich nach China ein, um als Lehrer an einer Schule in Shanghai zu unterrichten. Endlich war er im Land seiner Träume und erkundete in seinen Ferien auf den Spuren des großen Zoologen Alfred Russel Wallace die Urwälder Javas und Borneos. Binnen kurzem erhielt er die Möglichkeit, an einer amerikanischen zoologischen Expedition in den Südwesten Chinas teilzunehmen. Wenig später war ihm das Glück erneut hold: Die Gartenbaufirma Bees Limited aus Liverpool beauftragte ihn, in der südchinesischen Provinz Yunnan nach Pflanzen zu »jagen«. Also brach Kingdon Ward auf ins »Land des Blauen Mohns«, wo er bis ins hohe Alter leben sollte. Im Laufe seiner 45 Jahre als Entdecker verfasste er 14 Bücher; das erste hieß *The Land of the Blue Poppy*. Zwar wurde sein Schreibstil manchmal als »hölzern« bezeichnet, doch andererseits spiegelt genau das seine impulsive Art und Begeisterungsfähigkeit. Jedenfalls macht Kingdon Wards erkennbare Freude an der Welt und an den Menschen, mit denen er reiste – ob Tibeter, Chinesen oder Angehörige von Bergvölkern –, seine Bücher zu einer ungemein spannenden Lektüre.

Obwohl seine erste Reise eindeutig der Suche nach dem blauen Mohn galt, erscheint dieser nicht auf der Liste der Pflanzen, die Kingdon Ward zurückbrachte. Tatsächlich sollte es ihm erst 23 Jahre später gelingen, eine ausreichende Menge keimfähiger Samen von *Meconopsis betonicifolia* (Tibet- oder Himalaja-Scheinmohn) zu sammeln, um dieser Pflanze einen Stammplatz unter den Gartenschön-

Papaver orientale, Türkischer Mohn, William King, ca. 1750–1760

Papaver somniferum, Schlafmohn, 18. Jh.

heiten zu sichern. Der Erste, der den sagenhaften blauen Mohn beschrieb, war übrigens der französische Missionar Jean-Marie Delavay, der die Pflanze 1886 in Yunnan entdeckte, 20 Jahre nach seiner Päonien-Expedition. Ein anderer Botaniker entnahm in Tibet einzelne Exemplare, doch gab es eben nie genug Samen, um diese schönen Pflanzen auch für den normalen Durchschnittsgärtner verfügbar zu machen. Im Sommer 1924 aber sammelte Kingdon Ward große Mengen Samen, worauf der blaue Mohn von jedem kultiviert werden konnte, der dies wünschte und bereit war, ihn mit Sorgfalt zu behandeln; denn im Gegensatz zu Schlafmohn ist diese Pflanze nicht gerade einfach zu kultivieren. Einer der Gründe, weshalb Kingdon Ward solche Erfolge als Pflanzenjäger verbuchen konnte, war sein phänomenales Ortsgedächtnis. Wer Samen sammeln will, muss schließlich Monate später wieder genau dorthin zurückfinden, wo er die blühende Pflanze gesehen hat. Das Einbringen von Samen gehörte zum Abenteuer: »Samen zu sammeln war Ehrensache geworden ... Hätte es sich um einen Diamanten so groß und blau wie der Kohinoor gehandelt, ich hätte mich nicht mehr ins Zeug legen können. Möge dem Erfolg beschieden sein!«

Kingdon Wards *Meconopsis-betonicifolia*-Sammlung, seine Nummer 6862 aus Nordbirma, brachte ihm eine Auszeichnung der Royal Horticultural Society ein, auf die er zu Recht stolz war. Die Abkömmlinge seiner Pflanzensamen waren die ersten Exemplare dieser blauen Mohnart, die in Kultur zur Blüte kamen, und zählen bis heute zu den beliebtesten. Natürlich gibt es noch andere Scheinmohnarten, die zum Teil sogar schon früher kultiviert worden waren, aber nie dieselbe Beliebtheit erlangten wie *der* blaue Mohn (*Meconopsis betonicifolia*). Nicht alle Mitglieder der Gattung *Meconopsis* blühen nämlich in diesem herrlichen Himmelblau. Es gibt Arten mit gelben, purpurnen und blutroten Blüten, die zumeist aus dem Himalaja stammen. Eine Ausnahme bildet der Wald-Scheinmohn (*Meconopsis cambrica*), der mit seinen zarten orangegelben Blüten feuchte Gemäuer und Straßenränder schmückt.

Viele der heute üblichen Gartenmohnarten sind Kräuter, die sich leicht aus Samen ziehen lassen. Aber eben nicht alle. So kennt kaum jemand den Kalifornischen Baummohn (*Romneya coulteri*), einen attraktiven Halbstrauch aus Südkalifornien. Auch wenn es unwahrscheinlich klingt, dass eine derart sonnenverwöhnte Pflanze ausgerechnet im feuchten Klima Englands und Irlands gedeiht, wurde sie doch dort in Kultur genommen und auch benannt. Mit dem wissenschaftlichen Namen werden übrigens zwei Iren geehrt, die eng befreundet waren: Thomas Romney Robinson, ein Astronom aus Armagh, und Thomas Coulter, der diese Pflanze erstmals 1832 in Kalifornien gesammelt hat. Beide waren Freunde des Botanikers William Henry Harvey, der die Pflanze in seiner ersten Beschreibung nach Coulter benennen wollte. Leider hatte der Genfer Botaniker Alphonse de Candolle den Namen *Coulteria* bereits für eine andere Pflanze verwendet, und so musste Harvey sich damit zufrieden geben, »der von [Coulter] entdeckten Pflanze den Namen eines seiner besten Freunde zu verleihen ... und so die Namen Coulter und Romney Robinson in den Annalen der Wissenschaft so fest miteinander zu verschmelzen, wie ihre Freundschaft unverbrüchlich war«. *Romneya* wurde zwar erst etwa 40 Jahre später kultiviert, setzte sich aber sofort durch; Gertrude Jekyll beschrieb sie als eine Pflanze von »außerordentlicher, stattlicher Schönheit«. Der Mohn ist also ein treffliches Beispiel für die Ironie der Natur – stattlich und zart zugleich, und von einer flüchtigen Schönheit, die keinerlei Hinweis auf seine dunkle Seite liefert.

Papaver somniferum, Schlafmohn, J. Perkois, ca. 1700–1710

Papaver bracteatum Lindl. (Papaveraceae)
Armenischer Mohn, Türkenmohn
John Lindley, ca. 1819/1820
Wasserfarbe und Deckfarbe mit Gummiarabikum auf Papier, 482 x 334 mm

John Lindley beschrieb Papaver bracteatum 1821; die Art unterscheidet sich vom gewöhnlichen Türkischen Mohn durch robustere Blüten mit Brakteen (Hochblättern) direkt unterhalb der Blüte. Sonst sind die beiden Arten sehr ähnlich und bastardisieren im Garten. Ursprünglich heimisch ist Papaver bracteatum in den Fels- und Strauchebenen des Kaukasus, zwischen Türkei und Nordiran.

Glaucium flavum Crantz (Papaveraceae)
Gelber Hornmohn
Georg Dionys Ehret, ca. 1840–1850
Wasserfarbe und Deckfarbe auf Pergament
365 x 222 mm

Dieser Mohn ist an den Küsten des Mittelmeerraums, aber auch in Teilen Großbritanniens ein vertrauter Anblick. Im 17. Jahrhundert sprach man ihm große Heilkräfte zu. Und bereits im 16. Jahrhundert notierte der englische Pflanzenkundler John Gerard: »Die Wurzel des Hornmohns, in Wasser gekocht ... und getrunken, fördert das Wasserlassen und öffnet die Verstopfung der Leber.«

Papaver orientale L. (Papaveraceae)
Türkischer Mohn, Türkenmohn, Orientalischer Mohn
Johann Gottfried Simula, 1720
Deckfarbe auf Papier, 455 x 285 mm

Das leuchtende Rot der Kronblätter mit dem tiefen Schwarzviolett von Staubblättern und Narbe ist eine in der Natur eher ungewöhnliche Farbkombination. Bei Tieren signalisieren Rot und Schwarz zusammen häufig eine Warnung – Vorsicht, dieses Geschöpf ist ungenießbar oder gar giftig! Aber in der Pflanzenwelt? Nehmen wir diese herrliche Färbung als Aufforderung, noch genauer hinzusehen und die zarte Schönheit der Blüte zu bestaunen.

Argemone mexicana L. (Papaveraceae)
Mexikanischer Stachelmohn
Künstler unbekannt, ca. 1820–1830
Wasserfarbe und Deckfarbe auf Papier
370 x 229 mm, Sammlung Reeves

Argemone leitet sich von dem griechischen Wort für Star-Erkrankung ab, und der Saft dieser Pflanze sollte eine solche Augentrübung heilen. Aber worauf wollte der englische Pflanzenkundler John Gerard hinaus, als er über diese Mohnpflanzen schrieb, sie seien »so voll von spitzen und giftigen Stacheln, dass wer immer einen davon im Halse hat, davon zweifellos zum Himmel oder zur Hölle geschickt wird«?

Meconopsis napaulensis DC (oder *Meconopsis wallichii* Hook.) (Papaveraceae)
Nepal-Scheinmohn
Künstler unbekannt, 20. Jahrhundert
Wasserfarbe auf Karton, 284 x 192 mm

Scheinmohn mit solch tiefblauen Blüten wird manchmal als Meconopsis wallichii bezeichnet, also als eigene Art klassifiziert. Andere Meconopsis-napaulensis-Populationen haben rote, gelbe oder weiße Blüten; diese Form ist die einzige mit blauen Kronblättern. Was eine eigene Art rechtfertigt, ist immer Ansichtssache, und Wissenschaftler streiten sich darüber seit mehr als einem Jahrhundert.

Papaver rhoeas L. (Papaveraceae)
Klatschmohn
Johann Gottfried Simula, 1720
Deckfarbe auf Papier, 455 x 285 mm

Die pomponartigen gefüllten Blüten dieser Klatschmohnsorte sind das Ergebnis menschlicher Zuchtwahl. Will man eine strenge Selektion beibehalten, müssen alle Pflanzen, die entweder dunklere oder hellere Blüten tragen als gewünscht, vor dem Pollenaustausch entfernt werden. Sich selbst überlassene Gartenpopulationen kehren unweigerlich zu einem Durchschnittsrosa zurück.

Papaver somniferum L. (Papaveraceae)
Schlafmohn, Opiummohn
Künstler unbekannt, ca. 1820–1830
Wasserfarbe und Deckfarbe auf Papier
450 x 359 mm, Sammlung Reeves

Obwohl diese zarte Mohnblume etwas an den Klatschmohn (Papaver rhoeas) erinnert, lassen die glatten Kronblätter, die die Knospe umfangen, eher auf einen rot blühenden Schlafmohn schließen. Die wilden Vorfahren des Schlafmohns waren deutlich zierlicher und hatten vermutlich blass purpurfarbene Blüten. Diese Darstellung zeigt eindeutig nicht die Wildform, sondern eine chinesische Züchtung mit gefüllten Blüten.

Papaver orientale L. (Papaveraceae)
Türkischer Mohn, Orientalischer Mohn
William King, ca. 1750–1760
Wasserfarbe und Deckfarbe auf Papier
333 x 239 mm

Als Türkenmohn bezeichnet man gemeinhin drei Arten: Papaver orientale, Papaver bracteatum und Papaver pseudo-orientale, die alle in Vorderasien beheimatet sind. Bei vielen Kultursorten lassen sich die genauen Eltern nicht mehr bestimmen. In ihrer Wildform unterscheiden sie sich deutlich, doch im Garten sieht es anders aus. Der Mensch hat die Pflanzen, die er kultiviert, derart verändert, dass sie ihren »wilden« Vorfahren oft nur mehr oberflächlich ähneln.

Papaver somniferum L. (Papaveraceae)
Schlafmohn, Opiummohn
Künstler unbekannt, 18. Jahrhundert
Wasserfarbe und Deckfarbe auf Papier
425 x 276 mm, Holländische Sammlung

Die subtilen Farbabstufungen einiger Schlafmohnblütenblätter wurden mit sehr feinem, kostbarem Seidenstoff in Verbindung gebracht. Doch nicht allein die Blüten sind zauberhaft. Die Kapseln werden wegen ihrer ausgefallenen Form gerne für Blumenarrangements verwendet. Diese rosafarben gerandete Sorte ähnelt der modernen 'Flemish Antique', deren Name auf ihren Ursprung im niederländischen Blumenhandel verweist.

Papaver somniferum L. (Papaveraceae)
Schlafmohn, Opiummohn
J. Perkois, ca. 1700–1710
Wasserfarbe und Deckfarbe auf Papier
435 x 276 mm, Holländische Sammlung

»Päonienmohn« (prächtige gefüllte Schlafmohnsorten) gehört seit langem zu den beliebtesten Gartenblumen. Bei dieser Pflanze sind die Staubblätter vollständig durch eine Fülle von Kronblättern ersetzt, die Blüte ist nahezu kugelförmig. Schlafmohn tritt gewöhnlich in Mauve- und Purpurtönen auf, am begehrtesten ist jedoch ein sattes Rot (das sich bei Kreuzbestäubung mit helleren Sorten allerdings rasch verliert).

HEIDEKRAUT

Es ist so still; die Heide liegt
Im warmen Mittagssonnenstrahle,
Ein rosenroter Schimmer fliegt
Um ihre alten Gräbermale;
Die Kräuter blühn; der Heideduft
Steigt in die blaue Sommerluft.

THEODOR STORM, ABSEITS 1848

Kaum ein Nicht-Botaniker würde vermuten, dass die Familie Ericaceae so unterschiedliche Pflanzen wie Erika, Rhododendron und sogar Heidel- und Preiselbeere umfasst. Nicht minder erstaunlich ist, dass Heidelandschaften, für viele der Inbegriff unzerstörter Natur, so natürlich gar nicht sind. Heide ist zum Großteil das Ergebnis umfangreicher Holzeinschläge: Wenn der Baumbestand auf magerem, saurem Boden abgeholzt wird und in der Folge Brandrodung oder Beweidung das Aufkommen neuer Jungbäume verhindert, entwickelt sich die bekannte Heidelandschaft. Die ausgedehnten Heideflächen im Norden Großbritanniens oder in Norddeutschland sind also ein Gemeinschaftswerk von Mensch und Natur. Auch im Süden Großbritanniens, in Dorset und Breckland, gab es einmal weite Heidelandschaften. Mit der Abschaffung des allgemeinen Weiderechts im 19. Jahrhundert verwandelten sie sich größtenteils wieder in Wald, da Jungbäume nicht mehr von Nutztieren abgefressen wurden. Die weit verbreitete Vorstellung, Heideland sei Brachland – ein gewaltiger Irrtum –, führte dazu, dass ein großer Teil der Heideflächen bebaut oder anderweitig nutzbar gemacht wurde. Bestand gegen Ende des 17. Jahrhunderts noch ein Viertel der Fläche Großbritanniens aus Heide, sind es heute (auf England bezogen) nur mehr 0,33 Prozent. Damit wurde das einstmals so typische Erscheinungsbild der Landschaft grundlegend verändert. Im Vergleich dazu erging es den Heideflächen in Schottland nicht ganz so schlecht. Dort halten grasende Schafe die Hochmoore intakt, die ja immerhin auch Lebensraum für jagdbare Moorhühner sind.

Heidekraut *(Calluna vulgaris)* hatte einen so hohen Stellenwert im Alltagsleben der Menschen in Schottland, dass die Auswanderer es auch nach Amerika mitnahmen. Im schottischen Hochland wurde Heidekraut in allen möglichen Bereichen des Alltagslebens verwendet – als Brenn- und Baumaterial, als Einstreu im Stall und als Matratzenfüllung. Seine Blätter und Blüten duften intensiv, weshalb Heidehonig als Delikatesse gilt, und tatsächlich stellen in vielen Teilen der Welt die Imker ihre Bienenkästen rechtzeitig zur Heideblüte auf. Angeblich haben die Pikten im schottischen Hochland vor ca. 4000 Jahren sogar Bier auf der Basis von Heidekraut gebraut. Dies belegen auf der Hebriden-Insel Rhum gefundene Trinkgefäße aus der Jungsteinzeit, auf denen sich Abbildungen von Hafer, Gerste und Heidekraut finden. Im Lauf der Zeit scheint die Kunst, Heidebier zu brauen, verloren gegangen zu sein; nur die Bewohner der Insel Islay brauten im 18. Jahrhundert noch Bier aus den »Spitzen von Heidekraut«. Eine ungeahnte Renaissance erlebte dieses Getränk, als immer mehr anspruchsvolle Biertrinker dazu übergingen, ihr Bier selbst zu brauen und so ihre Vorliebe für echtes Ale zu befriedigen.

Erica phylicifolia, Franz Bauer, ca. 1790–1800

Einem alten gälischen Rezept zufolge, das ein Hobby-Brauer in Glasgow ausgegraben hat und heute sogar kommerziell verwertet, bilden junge Heidekrauttriebe die Grundlage zum Brauen, und das fertige Bier läuft nochmals durch einen Filter von jungem Heidekraut – eine bemerkenswerte Wiederentdeckung von *leann froech* oder Heidebier. Vielleicht verhilft diese neue »alte« Verwendungsmöglichkeit eines bis dahin nutzlosen Rohstoffs dem Hochland sogar zu einem Aufschwung, denn der Fortbestand dieser Kulturlandschaft ist wegen der sinkenden Erträge in der Landwirtschaft und des damit verbundenen Rückgangs der Beweidung ernstlich bedroht.

Weißes Heidekraut, jene in den Straßen Londons verkauften Glückszweige, soll angeblich vom Schloss Balmoral aus durch Königin Viktoria von Schottland nach England gekommen sein. Aber diese Geschichte ist wenig wahrscheinlich, da Botaniker schon Ende des 16. Jahrhunderts weißes Heidekraut erwähnten und zugleich darauf verwiesen, dass es Glück bringen soll – nicht nur dem Finder, sondern jedem, der es in Händen hält. Weiße Formen von *Calluna* findet man überall, wo diese Pflanze vorkommt, aber das weiße Heidekraut, das als Glücksbringer verkauft wird, stammt von mehreren verschiedenen Pflanzen – zum Teil von *Calluna*, zum Teil von der Gattung *Erica*, etwa der auf der Iberischen Halbinsel heimischen Art *Erica lusitanica*. *Erica* und *Calluna* gehören beide der Familie Ericaceae an – eine Bezeichnung, die auf das griechische Wort *erike* zurückgeht, das Heide bedeutet. Die Familie Ericaceae ist unglaublich weit verzweigt und außer in Australien auf der ganzen Welt verbreitet. Im Allgemeinen findet man Erikagewächse auf mageren, sauren Böden; zudem haben Untersuchungen ergeben, dass alle Gattungen in Symbiose mit einem Pilz (Mycorrhiza) leben.

Andere zu den Ericaceen gehörende Gattungen sind *Rhododendron*, *Gaultheria* (Scheinbeere) und *Vaccinium* (Heidel- und Preiselbeere). Die winzigen glockenförmigen Blüten der Heidelbeere unterscheiden sich so sehr von den großen, auffälligen Blüten des Rhododendron, dass man zunächst gar

Erica mammosa, Franz Bauer, 1791

nicht auf die Idee kommt, die beiden könnten etwas miteinander zu tun haben. Und doch sind ihnen einige sonderbare Merkmale gemeinsam, aufgrund deren Botaniker sie derselben Familie zuordnen. Dazu gehören die invertierte Anordnung der Stamina, die Freisetzung des Pollens durch Poren und das Auftreten so genannter Pollentetraden (Gruppen von vier Pollenkörnern). Die Staubblätter bei vielen Gattungen, darunter auch *Erica*, sind mit Grannen und Schwänzchen abenteuerlich verziert. Einige Mitglieder der Familie (im weitesten Sinn) sind Saprophyten, d. h., sie decken ihren Nährstoffbedarf aus totem organischem Material ausschließlich mit Hilfe des symbiontischen Pilzes. Um in einem kargen Lebensraum existieren zu können, haben Heidekrautgewächse eine weitere Besonderheit ausgebildet: Ihre Blätter sind sehr klein und manchmal fast röhrenartig eingerollt, was bedeutet, dass sie aufgrund der reduzierten Blattoberfläche weniger Wasser verlieren. In einer Region wie den Hochmooren von Schottland oder Dorset scheint diese Maßnahme vielleicht übertrieben, aber von den mehr als 800 Arten der Gattung *Erica* kommen nur 21 in Europa vor, die meisten in trockenen Habitaten am Mittelmeer. Und trotzdem denken viele Menschen bei dem Stichwort Heidekraut zuerst an Nordeuropa und Nebel, was nun wirklich grundfalsch ist; denn die allermeisten *Erica*-Arten finden wir in Südafrika, dem Zentrum der Artenvielfalt dieser Gattung.

In Südafrika gibt es mehr als 750 *Erica*-Arten; neben den Proteaceen und den Restionaceen bilden sie einen der drei Hauptbestandteile der so wunderbaren und typischen Vegetation am Kap. Die Fynbos-Landschaften dort wurden als Weltwunder beschrieben – eine Einschätzung, der man nur schwer widersprechen kann, wenn man sich ein Gebiet von der Größe Portugals mit über 8000 verschiedenen Blütenpflanzen vorstellt, von denen mehr als die Hälfte ausschließlich dort vorkommen, also endemisch sind. Es ist wirklich unglaublich: Die Flora von Großbritannien, zugegeben einer von Eiszeit-Gletschern geschundenen Region, hat im Vergleich dazu weni-

Cosmelia rubra, Ferdinand Bauer, ca. 1803–1814

Erica glutinosa, Franz Bauer, 1790

ger als 2000 unterschiedliche Blütenpflanzen zu bieten, von denen nur 20 endemisch sind. Dem flüchtigen Betrachter bietet der Fynbos – ein niederländischer Ausdruck, der auf Deutsch »feiner Busch« bedeutet – den Anblick einer spröden Strauch- und Buschlandschaft. Hinter dieser Bezeichnung versteckt sich angeblich die Enttäuschung der ersten niederländischen Siedler, die sich statt der kleinen, zartblättrigen Sträucher mehr stramme Bäume für den Hausbau erhofft hatten. Welche Bedeutung der Fynbos einmal für die Ureinwohner der Kapregion hatte, wissen wir nicht, aber die San und die Khoikhoin haben die heimischen Pflanzen sicher genutzt. Die Fynbos-Vegetation lässt sich vier Wuchsformen zuordnen. Geophyten, krautartige Zwiebelgewächse wie *Gladiolus* oder *Amaryllis*, blühen in der Regel nach Buschbränden und sind deshalb in der Landschaft nicht immer sichtbar. Damit bleiben drei Gruppen von Büschen, die das Bild der Landschaft bestimmen: die Proteoiden (hohe Büsche mit ledrigen Blättern), die Restioiden (Rutenstrauchgewächse, die dem Riedgras in gemäßigten nördlichen Zonen ähneln) und die Ericoiden (heidekrautähnliche Büsche mit kleinen Blättern, darunter die vielen *Erica*-Arten, aber auch weitere Pflanzen ähnlicher Struktur). Die Blüten der Kapheide versetzen den Betrachter in einen wahren Farben- und Formenrausch. Keine Spur mehr von unscheinbaren glockenförmigen Blüten, wie wir sie kennen! Hier reicht die Farbpalette vom leuchtenden Rot über Rosa, Weiß, Hellgelb bis hin zu knalligem Grün; manche Blüten sind sogar zweifarbig oder gestreift, und wieder andere sehen fast aus wie Bonbons. Sicher gibt es auch einige kleine und glockenförmige Blüten, aber die unglaubliche Vielfalt raubt einem schier den Atem. Manche Blüten werden vom Wind bestäubt, andere von kleinen Insekten oder dem Honigsauger, einem Nektarvogel. Von weitem betrachtet mag die Vegetation ja an das schottische Hochland erinnern, bei näherem Hinsehen jedoch entpuppt sie sich als eine völlig andere Welt.

Als einer der wichtigsten Stützpunkte für Seefahrer auf dem Weg zu den Reichtümern des Ostens, den Gewürzinseln,

Sprengelia sprengelioides, Ferdinand Bauer, ca. 1803–1814

war das Kap der Guten Hoffnung auch eines der ersten außereuropäischen Gebiete, deren Flora systematisch erforscht wurde. Carolus Clusius, ein Botaniker aus Leiden, ermunterte Seeleute dazu, Pflanzen in »diesem extremen und berühmten Vorposten Äthiopiens, gemeinhin Kap der Guten Hoffnung genannt«, zu sammeln, und schon als Carl von Linné 1753 seine große Zusammenstellung der Pflanzen der Welt, *Species plantarum*, veröffentlichte, waren viele Pflanzen der Fynbos-Vegetation bekannt. Darin beschrieb Linné zwölf südafrikanische *Erica*-Arten. Schon zuvor hatte Linné mit seiner 1747 erschienenen *Flora Zeylanica* die erste Übersicht über die Flora eines tropischen Landes gegeben. Das erforderliche Anschauungsmaterial stammte von dem dänischen Botaniker Paul Hermann, der regelmäßig am Kap Station gemacht hatte. Einer seiner Schüler hatte in der niederländischen Kolonie einen botanischen Garten eingerichtet. Als nun Joseph Banks, Daniel Solander und James Cook von der *Endeavour* aus südafrikanischen Boden betraten, hatte sich in der rasant wachsenden Kolonie Kapstadt bereits ein fester Kreis botanisch Interessierter etabliert. Mehrere Gouverneure mit Sinn für Naturwissenschaften, unter ihnen vor allem Rijk Tulbagh, setzten sich für die Erforschung des Landes und die Errichtung eines botanischen Gartens vor Ort ein, von dem aus Pflanzen in die entsprechenden Gärten in Leiden und Amsterdam gebracht wurden. Anfang der 70er Jahre des 18. Jahrhunderts hielten sich auch zwei Schweden, Studenten von Linné, in der Kolonie auf. Anders Sparrman unterrichtete als Hauslehrer die Kinder des Repräsentanten der holländischen Ostindienkompanie, und Carl Thunberg lernte eifrig Holländisch, um später als Niederländer verkleidet in Japan Pflanzen zu sammeln – damals durften nur Niederländer japanischen Boden betreten. Banks und Solander, der mittlerweile schwer krank war, hatten nach ihrer Ankunft am Kap am 14. März 1771 nur zwei Tage Zeit, um die Flora der Kapregion zu erkunden. Offenbar war Banks von den Siedlern oder dem ganzen Land nicht sehr angetan, denn in seinem Tagebuch kritisierte er die in der Kolonie übliche Sklavenhaltung. Die Pflanzenwelt muss ihn aber doch fasziniert haben, denn später sorgte er dafür, dass einer der großen Pflanzensammler seiner Zeit damit beauftragt wurde, die südafrikanische Flora zu erforschen.

Nach der triumphalen Rückkehr der *Endeavour* 1771 scheint Banks einen Großteil der Lorbeeren eingeheimst zu haben, obwohl es doch Cook war, der den Verlauf der Küste Australiens erforscht hatte. In den Zeitungen stand zu lesen: »Cook, Angehöriger der Königlichen Marine, der mit den Herren Banks und Solander die Welt umsegelt hat …« Als korrekte Berichterstattung kann man das schwerlich bezeichnen. Die Verdrehung der Tatsachen beruhte möglicherweise auf dem engen Verhältnis zwischen Banks und König Georg III. Beide waren fast gleich alt, und »Bauer Georg«, wie der König auch genannt wurde, hatte mit Banks viel gemeinsam – sicher mehr als mit dem älteren, zur See fahrenden Raubein Cook. Der König, dessen Mutter einen botanischen Garten in Kew gegründet hatte, interessierte sich sehr für Gärten, und so dauerte es nicht lange, bis Banks zum »Wissenschaftlichen Berater im Bereich Pflanzenwelt der Kronkolonien« ernannt wurde – eine Art botanischer Berater des Königs und der erste Direktor der zukünftigen Royal Botanic Gardens in Kew. Dank Banks' Überredungskünsten hatte es sich der König in den Kopf gesetzt, dort eine der vornehmsten und vielfältigsten botanischen Sammlungen der Welt anzulegen.

Als Cook beschloss, die Welt ein zweites Mal zu umsegeln, wollte Banks ihn begleiten, um, jetzt im ausdrücklichen Auftrag des Königs, neue Pflanzen zu sammeln. Da seine teils unsinnigen Forderungen nicht erfüllt wurden, überließ er seinen Platz einem Mann, von dem die Erforschung der Flora Südafrikas immens profitieren sollte. Mit dem Hinweis, »welche Vorteile sich daraus ergäben, würde man einen tüchtigen Untergärtner ans Kap schicken, der dort Samen sammeln und lebende Pflanzen nach Hause schicken sollte«, überzeugte Banks den König, einen jungen Gärtner aus Kew als Pflanzensammler ans Kap zu schicken. Die Wahl fiel auf Francis Masson, den Johann Georg Forster, einer der naturkundlichen Experten an Bord der *Resolution*, herablassend als »schottischen Hilfsgärtner« titulierte. Massons Ausgeglichenheit, sein außergewöhnliches Talent im Umgang mit anderen Menschen sowie sein fachliches Können führten letztlich dazu, dass seine Zeit am Kap unglaublich produktiv war und sicher jeden Penny seines Jahresgehalts von 100 Pfund und eines jährlichen Spesenbudgets von 200 Pfund wert.

Masson kam am 30. Oktober 1772 am Kap an, in jener rasch wachsenden Siedlung am Fuß des Tafelbergs, die, damals

Erica coccinea, Franz Bauer, 1790

Daboecia cantabrica, Irische Heide, G. D. Ehret, 1766

noch Kaap genannt, bald den Namen Kapstadt tragen sollte. Dort lernte er Sparrman und Thunberg kennen; Letzterer war in Geldnot, und so kam ihm der junge, uneigennützige Masson, der genug Geld in der Tasche hatte, um einen Ochsen samt Karren zu kaufen, wie gerufen. Drei Jahre lang waren Thunberg und Masson gemeinsam unterwegs, unternahmen Reisen ins Hinterland bis in die wilde und unwirtliche Karoo. Die späteren Reiseberichte der beiden sind in einem sehr unterschiedlichen Ton verfasst. Thunberg ist immer der Held, stets Herr der Lage, während Massons Bericht über seine dreijährige Sammeltätigkeit der Inbegriff an Bescheidenheit ist. Mit nicht zu überbietender Nüchternheit beschreibt er, wie sie einen Pass – wahrscheinlich in den Hottentot Holland Mountains – überquerten: »Wir versuchten, den hohen Bergrücken von Norden her zu überqueren, was sich aber als nicht durchführbar erwies, da unsere Fuhrwerke an einem Abgrund umkippten und stark beschädigt wurden. Wir mussten zurück zu einem Bauernhaus, um sie reparieren zu lassen.« Von der Vegetation war Masson über die Maßen beeindruckt, und über die Berge schrieb er, »sie seien mit Blumen wie mit Emaille überzogen«.

Masson kehrte 1775 nach England zurück und wurde mit Lob überhäuft, denn dank seiner kam nun niemand mehr an Kew vorbei, der sich ernsthaft für Botanik interessierte. Banks äußerte sich geradezu überschwänglich über Massons Verdienste: »Im Laufe seiner Reise sammelte Mr. Masson eine Fülle von Pflanzen, die bis dahin in den botanischen Gärten Europas niemand gekannt hatte ... Ihnen ist es großenteils zu verdanken, dass Kew Gardens jene anerkannte Vorrangstellung gegenüber allen anderen vergleichbaren Einrichtungen in Europa erlangen konnte, von denen einige, darunter Trianon, Paris, Uppsala etc., sich noch bis vor kurzem den Rang streitig machten, ohne überhaupt irgendeinen englischen Garten als Konkurrenten anzuerkennen.«

Im Jahr darauf wurde Masson wieder losgeschickt, diesmal auf die Westindischen Inseln und, sofern möglich, an die Nordostküste Südamerikas. Aber die Zeiten für Reisen in die

Andersonia caerulea, Australheide, Ferdinand Bauer, ca. 1803–1814

Erica longifolia, Franz Bauer, ca. 1790–1800

amerikanischen Kolonien und die angrenzenden Gebiete waren eher ungünstig; Masson wurde in die allgemeinen Unruhen im Gefolge der Unabhängigkeitskriege verwickelt. Er schrieb: »Die unglücklichen Zeitläufte haben den Charakter der hiesigen Menschen derart verändert, dass alle sozialen Tugenden verschwundern sind.« Es muss schwierig gewesen sein, ein Botaniker zu sein und sich einfach nur für Pflanzen zu interessieren, wenn alle ringsum erwarteten, dass man Stellung bezog. Wer den Menschen erklärt, er möchte schlicht und einfach Pflanzen sammeln, stößt damit allgemein auf Skepsis.

1786 war Masson wieder auf dem Kap und geriet abermals in politische Unruhen. Die Buren hatten die amerikanische Revolution unterstützt und befürchteten die Unterwanderung durch britische Agenten, und so verfügte die holländische Ostindienkompanie, dass sich kein Ausländer weiter als 60 Kilometer von Kapstadt entfernen dürfe. Vielleicht stimmte es ja, dass der mysteriöse Mr. Patterson, der angeblich für Lord Strathmore sammelte, die militärische Stärke der Buren ausspionierte, Masson jedoch konzentrierte sich ganz auf Pflanzen. Er blieb weitere neun Jahre in der Kapregion und kehrte zurück, kurz bevor die Französische Revolution den Anstoß zu einer Übernahme des Kaps durch die Briten gab. Als sich Widerstand gegen die Briten regte, fürchtete Masson um seine Sammlungen und bat darum, nach Kew zurückkehren zu dürfen. Sein zwölfjähriger Aufenthalt in Südafrika hatte einen enormen Einfluss auf die Gartenkultur in Großbritannien, denn Masson verhalf nicht nur Kew Gardens zu einem Spitzenplatz in der Weltrangliste der botanischen Gärten, sondern sorgte auch dafür, dass Heidekraut und Pelargonien (umgangssprachlich oft als Geranien bezeichnet) weite Verbreitung fanden. Der Gärtner Masson sah sich die Bodenbeschaffenheit genau an und überlegte, wie man diese wunderbaren Pflanzen in England ziehen könnte. In einem Brief an Banks schrieb er über *Erica*: »*E. retorta, coronaria, pinastra, massonii* wächst in den Bergen in weißem Sand, der sich aus dem Sandstein jener Berge gebildet hat; in England dürfte Torferde, gemischt mit ein wenig grobkörnigem Sand, das Beste sein.«

Wie schade, dass diese zarten Pflanzen schon lange nicht mehr gefragt sind. Man stelle sich nur einmal die Farben- und Formenvielfalt in unseren Gärten vor, wenn wir statt der grauen, schwerfälligen Heidekrautgewächse der nördlichen Hemisphäre mehr *Erica* vom Kap pflanzen würden.

Dracophyllum secundum, Australheide, Ferdinand Bauer, ca. 1803–1814

Erica phylicifolia Salisb. (Ericaceae)
Franz Bauer, ca. 1790–1800
Wasserfarbe auf Papier, 524 x 354 mm

Diese Art wird manchmal als rosa blühende Variante von Erica abietina beschrieben, die normalerweise in einem kräftigen Rot blüht. Sie kommt nur südlich des Tafelbergs auf dem Kap vor. Die Botaniker beschreiben Arten anhand gemeinsamer Merkmale, und in der Feinstruktur der Blüten kommen sich diese beiden farblich verschiedenen Varianten wirklich sehr nahe. Trotzdem gehen die Meinungen manchmal auseinander, auch wenn sich die Erscheinungsbilder noch so ähneln.

Erica mammosa L. (Ericaceae)
Franz Bauer, 1791
Wasserfarbe auf Papier, 523 x 354 mm

Die leuchtend roten Blüten dieser Erika-Art werden von Honigsaugern bestäubt. Zu sehen, wie ein Schwarm dieser südafrikanischen Nektarvögel mit ihrem schillernden Gefieder in ein Stück Heideland einfällt, ist ein Anblick für sich. Die männlichen Vögel prunken mit grünen und orangefarbenen Einsprengseln, die weiblichen dagegen geben sich in einem unscheinbaren Braun – wodurch sie sich aber hervorragend tarnen.

Cosmelia rubra R. Br. (Epacridaceae)
Ferdinand Bauer, ca. 1803–1814
Wasserfarbe auf Papier, 524 x 353 mm

Robert Brown sammelte diese Pflanze im Dezember 1901 am King George Sound in Westaustralien. Die Gattung Cosmelia ist monotypisch, d. h., sie umfasst nur eine einzige Art, die sich von anderen Gewächsen der Familie Epacridaceae so stark unterscheidet, dass eine eigene Gattung gerechtfertigt ist. Sie wächst auf sandigen, sauren Böden im äußersten Südwesten des Kontinents.

Erica glutinosa P. J. Bergius (Ericaceae)
Franz Bauer, 1790
Wasserfarbe auf Papier, 522 x 352 mm

Die ganze Pflanze fühlt sich klebrig an. Verantwortlich dafür sind gestielte Drüsen auf den Blättern, Zweigen und Blüten, die eine klebrige, scharf riechende Substanz absondern. Erica glutinosa schützt sich damit vor Insekten und Säugetieren, die die Blätter abfressen und das Überleben der Pflanze gefährden könnten.

Sprengelia sprengelioides (R. Br.) Druce (Epacridaceae)
Ferdinand Bauer, ca. 1803–1814
Wasserfarbe auf Papier, 524 x 355 mm

Die Pflanze, die im Ökosystem Australiens den Heidekrautgewächsen entspricht, gehört nicht zur Familie Ericaceae, sondern zu der verwandten Familie Epacridaceae. Sie hat es in den Heidelandschaften Australiens zu ähnlicher Vielfalt gebracht. Diese bemerkenswerte Pflanze mit ihren blau und rosa gefärbten Blüten wurde erstmals »inter Sydney & Botany Bay, Aug 1 1803« gesammelt. Brown ordnete sie nach der Rückkehr von seiner Reise auf der Investigator der Gattung Ponceletia zu.

Erica coccinea P. J. Bergius (Ericaceae)
Franz Bauer, 1790
Wasserfarbe auf Papier, 524 x 355 mm

Bauer datierte sein Bild auf »Aug 1790«. Als Vorlage diente also sicher Material, das Francis Masson aus Südafrika geschickt hatte. Die leuchtend roten, gebogenen Blüten werden in Südafrika von Honigsaugern bestäubt, die, auf der Suche nach dem Nektar auf dem Grund der langen Blütenröhren, zwischen den Pflanzen hin und her flattern. Ihre gebogenen Schnäbel sind exakt an die Krümmung der Blüten angepasst, so dass auch wirklich beide Teile von der Beziehung profitieren.

Daboecia cantabrica (Huds.) K. Koch (Ericaceae)
Irische Heide
Georg Dionys Ehret, 1766
Wasserfarbe und Bleistift auf Papier
317 x 205 mm

Die Gattung Daboecia umfasst nur zwei Arten: Die eine ist auf den Azoren heimisch, die andere kommt in seltsamer Verteilung in Europa vor. Daboecia cantabrica findet sich an der nördlichen Atlantikküste Spaniens und im benachbarten Frankreich, überspringt den Golf von Biscaya und tritt dann wieder im Westen Irlands auf. Vielleicht brachte der irische Heilige St. Daboec die Pflanze von einem katholischen Land in das andere.

Andersonia caerulea R. Br. (Epacridaceae)
Australheide
Ferdinand Bauer, ca. 1803–1814
Wasserfarbe auf Papier, 525 x 357 mm

Zu der Zeit, als Ferdinand Bauer die Flora Australiens malte, bestanden alle Farben aus natürlichen Pigmenten. Das brillante Ultramarinblau der Blüten dieser außergewöhnlichen Pflanzen rührt wahrscheinlich von pulverisiertem Lapislazuli her, einem Halbedelstein, der vorwiegend im afghanischen Raum gefunden wurde. Bauer bereitete seine Farben selbst zu: Weder auf der Investigator noch in der Londoner Zeit danach hatte er viel Unterstützung.

Erica longifolia Donn. (Ericaceae)
Franz Bauer, ca. 1790–1800
Wasserfarbe auf Papier, 522 x 354 mm

Diese hübsche Heide von der Ostseite des Kaps fällt vor allem durch ihre unglaublich vielfarbigen Blüten auf. Sie können weiß, gelb, orange, violett oder grünlich sein. Sogar zweifarbige, am Rand weiß umsäumte Blüten gibt es. Der botanische Name bezieht sich auf die Blätter, die länger als die Blätter vieler anderer Arten sind.

Dracophyllum secundum R. Br. (Epacridaceae)
Australheide
Ferdinand Bauer, ca. 1803–1814
Wasserfarbe auf Papier, 525 x 355 mm

Die akkuraten Darstellungen australischer Pflanzen, die für die Investigator-Periode so typisch sind, entstanden nicht vor Ort. Bauer hat diese Pflanze sicher zuerst gezeichnet und sie mit Zahlenangaben seines komplexen Farbcodierungssystems versehen, um später die Farben genau wiedergeben zu können. Zuhause in England erfolgte dann die Ausarbeitung der Skizze. Dabei konnte er auf das von Brown angelegte Herbarium oder auf lebende Pflanzen in Kew zurückgreifen.

IRIS

Lieblich, wie der Iris Farbenfeuer
Auf der Donnerwolke duftgem Tau,
Schimmert durch der Wehmut düstern Schleier
Hier der Ruhe heitres Blau.

SCHILLER, DAS IDEAL UND DAS LEBEN, 1795

In der klassischen Mythologie ist Iris, die Tochter des Titanen Thaumas und der Elektra, Götterbotin und Dienerin Heras. Vom Olymp eilt sie auf einem Regenbogen zur Erde herab. Ovid lässt in einer römischen Version der biblischen Sintflut den Göttervater Jupiter alles überschwemmende Regenfälle schicken. Iris jedoch sammelt die Wassermassen und gibt sie an die Wolken zurück – ein ewiger Kreislauf. Iris trägt in allen Farben des Regenbogens schillernde Gewänder und überbringt den Sterblichen die Botschaft der Hoffnung.

Irisgewächse waren sicher bereits in griechisch-römischer Zeit bekannt: Die so genannte Veilchenwurzel oder Violwurtz, der getrocknete Wurzelstock von *Iris pallida* bzw. *Iris florentina*, wurde als Grundlage für Parfums und zum Aromatisieren von Wein verwendet. Theophrast nannte die Pflanze nach der Regenbogenbotin, woraus man schließen darf, dass diese Blumen schon damals äußerst farbenprächtig waren. Stilisierte Darstellungen von Irisblüten finden sich in der minoischen Kunst Kretas, und die damaligen Bauern verwendeten die Pflanze als Gegenmittel bei Schlangenbissen, gegen Magenbeschwerden und zur Beruhigung zahnender Kinder. Die zur Zeit Christi kultivierten Schwertlilien gehörten zur Gruppe der Bart tragenden. Sie sind auf römischen Mosaiken zu sehen und waren offenbar im gesamten Mittelmeerraum verbreitet. Eine auffallende, fast nur in Schwarz und Weiß blühende und heute Dame in Trauer *(Iris susiana)* genannte Art sollen die ägyptischen Pharaonen für magische Zwecke benutzt haben. Auch nachdem das Römische Weltreich längst untergegangen und Europa christianisiert worden war, büßten die Irisgewächse nichts von ihrem Zauber ein. Sie zierten nun die Gärten der Klöster, und auch arabische Ärzte wussten um ihre medizinische Wirkung. Im Mittelalter kam dann der Name »Fleur de luce« oder »Fleur-de-lys« auf, und die Blume wurde zur Wappenblume des französischen Königshauses. Ob »Fleur-de-lys« ursprünglich Iris oder Lilie bezeichnete, ist nach wie vor strittig. Das französische *lys* bedeutet zwar Lilie, aber Irisblumen galten damals als Spielart der Lilie. Nun sind Lilie und Iris zwar beide Monokotylen – einkeimblättrige Pflanzen mit paralleler Blattaderung und dreigeteilten Blüten –, aber Blattform und Blütenstruktur unterscheiden sich doch beträchtlich.

Die Schwertliliengewächse haben ihren Namen der charakteristischen schwertartigen Form ihrer Blätter zu verdanken. Alle Mitglieder der Familie Iridaceae, die viele über die ganze Welt verbreitete Gattungen und Arten umfasst, haben lanzettförmige, scharfkantige Blätter, die sich am Grund gegenseitig umschließen. Die harten Blätter vieler Arten sind tatsächlich wie ein Schwert geformt. Aber die Blüten der Schwertliliengewächse sind völlig anders gebaut als die anderer Monokotylen wie etwa Lilien, die in der Regel sechs gleich geformte

Links: *Iris germanica*, Deutsche Schwertlilie; rechts: *Iris pallida*, Blasse Schwertlilie, A. M. S. Merian, Ende 17. Jh.

Iris susiana, Dame in Trauer, G. D. Ehret, ca. 1750–1760

Blütenblätter und die gleiche Anzahl von Staubblättern haben. Auf den ersten Blick erscheint die Blüte einer Schwertlilie ziemlich rätselhaft. Man fragt sich: Wo sind die Staubblätter und wozu all diese Blütenblätter, von denen einige nach oben, andere nach unten gerichtet sind? Die typische Irisblüte hat, wie eine Lilie, sechs Blütenblätter, die jedoch in zwei Dreiergruppen angeordnet sind: einmal die aufrechten Domblätter und dann die zur Seite oder nach unten gerichteten Hängeblätter, die im unteren Teil der Mittelrippe mit gelblichen zottig-haarigen Auswüchsen besetzt sind. Über diese so genannten Bärte legen sich fleischige blütenblattähnliche Organe. Diese entpuppen sich bei genauerem Hinsehen als drei aus dem unterständigen Fruchtknoten entspringende Griffeläste, und eng zwischen diese und die Hängeblätter geschmiegt liegen die Staubblätter. Bei manchen *Iris*-Arten liegen Griffeläste und Fallblätter so zueinander, dass sie eine Röhre bilden, vor dessen Eingang ein durch die auffällige Färbung der Mittelrippe markierter Landeplatz liegt. Nektarhungrige Bienen kriechen in diesen Tunnel und pudern sich dabei mit Pollen ein oder hinterlassen mitgebrachten Pollen auf der Narbe, was zu Fremdbestäubung führt. Somit erfreut der komplizierte Bau der Irisblüte nicht nur das Auge, sondern erfüllt auch noch einen sinnvollen Zweck.

Die gezüchteten Irisformen lassen sich grob, wenn auch taxonomisch nicht ganz sauber, in drei Kategorien einteilen. Zunächst unterscheidet man zwischen Iris-Arten mit Zwiebeln als unterirdischem Speicherorgan und solchen, bei denen ein Rhizom (kriechende Sprossachsen) diese Funktion übernimmt. Die Iris-Arten mit Zwiebel wurden zuweilen in mehrere eigene Gattungen eingeteilt – etwa *Juno* und *Iridodyctyum* –, aber die Gemeinsamkeiten mit ihren über ein Rhizom verfügenden Verwandten überwiegen. Diese kleinen Pflänzchen, mit die ersten, die im Frühling blühen, kommen in einem breiten, von Südeuropa bis Asien reichenden Streifen vor, von Südfrankreich und Spanien über Israel und die Türkei bis nach Zentralasien. Ihre natürlichen Standorte sind trockene, stei-

Iris cf. *germanica*, Deutsche Schwertlilie, J. G. Simula, 1720

Iris pumila, Zwergschwertlilie, F.H. Round, ca. 1920

nige Böden. Überhaupt vertragen diese scheinbar so zarten Pflanzen in Wirklichkeit einiges. Manche Arten überstehen sogar Frost, ohne dass die Blüte Schaden nimmt.

Die Iris-Arten mit Rhizom sind entweder barttragend oder bartlos. Die Mittelachse ist mit ihrer dunklen Maserung auf hellem Grund bei fast allen Arten auffällig gefärbt, während sie bei den Bartiris-Arten mit einer Linie kleiner Härchen besetzt ist, die oft einen starken Kontrast zur Färbung der Blüte insgesamt bilden. Bartiris-Arten kommen vom Mittelmeerraum bis nach Zentralasien vor; als Gartenpflanze trifft man sie so gut wie überall an. Der englische Irisexperte William Rickatson Dykes wies zu Beginn des 20. Jahrhunderts fasziniert darauf hin, dass eine in Rot und Purpur auftretende Variante von *Iris aphylla*, einer mitteleuropäischen Art, »aus unerklärlichen Gründen in Kaschmir verwildert ist«. Tatsächlich handelt es sich bei vielen der als Bartiris bekannten Arten um sehr alte, stabilisierte Hybriden, die sich wegen der sehr alten Tradition der Iriszucht äußerst schwer einordnen lassen. Die besonders hübsche weiße Iris *Iris albicans* stammt wahrscheinlich von der arabischen Halbinsel und hat sich mit dem Islam über ganz Südeuropa verbreitet. Sie wurde besonders gerne auf Gräbern gepflanzt; später gelangte sie mit den spanischen Eroberern in die Neue Welt. Bartiris-Arten blühen in einer erstaunlichen Vielfalt rosafarbener, violetter und gelber Pastelltöne, und beinahe jede Art weist auch eine Albinoform auf. Sie sind wirklich die Blumen des Regenbogens, zumal sich heute mit immer raffinierteren Züchtungsmethoden immer mehr Farben hervorzaubern lassen.

Die hoch aufgewölbten Domblätter der Gartenhybriden stammen ursprünglich von der Bartiris, denn bartlose Iris-Arten (*Apogon*-Iris) sind insgesamt kompakter und stromlinienförmiger. Diese bilden die weitaus artenreichste Gruppierung innerhalb der Gattung. Zudem stellen sie fünf der sechs wichtigsten Gruppen von Iris, die zur Züchtung von Gartenhybriden verwendet werden (die sechste Gruppe stellen die Bartiris). Die Blüten dieser Iris-Arten haben ein Fallblatt

Iris sibirica, Sibirische Schwertlilie, J. G. Simula, 1720

mit hell leuchtendem Zentrum, während die Mittellinie in leuchtenden Farben getupft oder dunkelblau-violett gemasert ist. Die fünf für die Zucht verwendeten Gruppen kommen von der gesamten nördlichen Hemisphäre – auch Europa, Zentralasien, Japan und Nordamerika.

Japanische Iris sind in Japan seit mehr als 500 Jahren in Zucht. Verglichen mit ihren bebarteten Verwandten und deren großen gekräuselten Domblättern sind ihre Blüten extrem flach; dennoch finden sich unter japanischen Zuchtformen gefüllte, äußerst auffällig gekräuselte Varianten – nur eben flach und wie eine Scheibe geformt. Die wilde Art *Iris ensata* (früher *Iris kaempferi* genannt) ist eine hübsche Wiesenpflanze, die man auf Abbildungen aber oft in der Umgebung von Tempeln oder an kleinen Flüssen sieht. Die ersten europäischen Botaniker, die das japanische Königreich besuchten, waren Engelbert Kaempfer, an den die *Iris kaempferi* erinnert, und Carl Thunberg, der den Namen *Iris ensata* für die Pflanze prägte, die Philipp Franz von Siebold später zu Ehren von Kaempfer umbenannte. Aber die Regeln der botanischen Namensgebung besagen nun einmal, dass der als erstes veröffentlichte Name der korrekte ist. Der arme Kaempfer. Nicht nur dass die von ihm entdeckte Iris nicht mehr seinen Namen trägt – er musste sich Ende des 17. Jahrhunderts in Japan auch noch wie ein dressiertes Tier behandeln lassen. Kaempfer und Thunberg waren beide im Dienst der holländischen Ostindienkompanie, die in Deshima einen Handelsstützpunkt errichtet hatte – auf einer kleinen künstlichen Insel, die durch einen Damm mit dem Festlandshafen Nagasaki verbunden war. Die Holländer hatten sich an strenge Auflagen des Tenno zu halten. Pro Jahr durften sie nur zwei oder drei Schiffe nach Japan schicken, und jeder Schritt der zwanzig zugelassenen Europäer wurde von einem Heer von Aufpassern überwacht. Die Besucher mussten schwören, sich keinesfalls mit Japanern anzufreunden. Zudem wurde erwartet, dass sie einmal im Jahr Geschenke zum Kaiserhof in Tokio brachten, für Europäer die einzige Gelegenheit, mehr vom Land zu sehen. Kaempfer kam

Iris xiphium, Spanische Iris, J. G. Simula, 1720

Iris pallida, Blasse Schwertlilie, F.H. Round, 1920

1690 nach Japan und legte die beschwerliche Reise über Land nach Tokio zweimal zurück. Er wurde tagsüber bewacht, nachts eingesperrt und musste zwischendurch tanzen und singen, wie es in Europa üblich war – nicht nur vor dem Kaiser und seinen Gemahlinnen, sondern auch in den vielen Adelspalästen auf dem Weg dorthin. Immerhin durfte er eine Kiste mit sich führen, in der er allerlei Pflanzenteile aufbewahrte, um sie später zu zeichnen. Seine japanischen Begleiter halfen ihm sogar mit Namen und Verwendungszwecken und gaben dem wissbegierigen Kaempfer auf diese Weise eine Menge wertvoller Informationen. Nach seiner Rückkehr verfasste er einen Reisebericht, der unter anderem Beschreibungen und Zeichnungen von rund 400 Pflanzen enthielt. Damit eröffnete Kaempfer der Wissenschaft einen ersten Blick in eine unbekannte Welt. Danach sollte es fast 200 Jahre dauern, bis Japan 1868 erneut europäische Besucher ins Land ließ. Kaempfer lebte wirklich nach dem Motto seines japanischen Siegels, das *ken-pe-ru* lautete: Dem Mutigen ist nichts unmöglich.

Carl Thunberg hatte bei Linné studiert, zu dessen erklärten Zielen es gehörte, seine gut ausgebildeten Schüler in alle Welt zu schicken, um sich mit unbekannten Pflanzen aus aller Herren Länder versorgen zu lassen, die er untersuchen und beschreiben konnte. 1776 reiste Thunberg nach Japan, wo er rund fünf Jahre blieb. Damals unterlag der Handel der holländischen Kaufleute strengen Einschränkungen; Kontakte mit Einheimischen hingegen wurden weniger streng überwacht. Thunberg durfte an Land gehen, so oft er wollte, was sich jedoch als teure Angelegenheit erwies, weil er zu jedem Landgang rund 200 Aufpasser mitnehmen musste, für deren Unterkunft und Verpflegung er selbst aufzukommen hatte. Trotzdem ging er anfangs zweimal pro Woche auf Pflanzenjagd. Seine Reise nach Tokio verlief wesentlich unterhaltsamer als die von Kaempfer. Er lernte viele naturwissenschaftlich interessierte Japaner kennen, in erster Linie Ärzte, die ihn um Rat fragten, und Astrologen. Man schenkte ihm Bücher, Kräutersammlungen und Karten, und auch nach seiner Rückkehr nach Schweden riss der Kontakt zu seinen japanischen Freunden nicht ab; sie schickten ihm sogar Samen und Pflanzen. Thunberg muss ein lebhafter Geist gewesen sein, denn er äußerte sich unverblümt zu allem, was er sah, von den hervorragend ausgebauten japanischen Straßen bis hin zur Schönheit der Flora. Auf Deshima legte er einen Garten an und nahm bei seiner Abreise viele lebende Pflanzen mit. Sie gelangten in die Apothekergärten in Amsterdam, die sich im Besitz der holländischen Ostindienkompanie befanden. 1784 veröffentlichte Thunberg eine Abhandlung über die Flora Japans. Unter Verwendung der von Linné eingeführten binären Namensgebung beschrieb er darin erstmals *Iris ensata*, die Japanische Iris.

Iris latifolia, Englische Schwertlilie, A.H. Church, 1907

Andere Gruppen bartloser Iris, die für die Zucht von Gartenhybriden verwendet werden, sind die Wieseniris aus dem Norden Asiens – darunter auch *Iris sibirica* und die hübsche chinesische Art *Iris chrysographes*, die laut Dykes »von dunkelrotem Violett ist, üppig und samtig in der Textur, mit davon abstechender goldener Mittellinie und goldgetupften Rändern, die der Art ihren Namen gegeben haben«. Dann sind da noch die Steppeniris vom Südrand der gemäßigten eurasischen Zone (besonders vielfältig im Kaukasus) und die zwei Gruppen nordamerikanischer Iris, die Pazifikküsten-Arten und die Lousiana-Arten. Erstere haben ihre Heimat im Westen der Vereinigten Staaten, von Kalifornien bis Oregon; sie sind leicht mit der Steppeniris zu kreuzen, da beide über die gleiche Grund-Chromosomenzahl verfügen. Die Louisiana-Iris wachsen an sumpfigen Standorten; zu ihnen gehört die natürlich vorkommende terrakottafarbene Hybride *Iris nelsonii*. In freier Natur hybridisieren diese Iris ganz von allein. Fasziniert von dieser Art freier Hybridbildung,

Iris pallida, Blasse Schwertlilie, F. H. Round, 1920

untersuchte der amerikanische Botaniker Edgar Anderson zu Beginn des 20. Jahrhunderts die Vielzahl von Hybridformen und entwickelte anhand der Louisiana-Iris und anderer frei hybridisierender Pflanzen eine Methode, Hybridisierung in freier Natur zu erforschen und zu quantifizieren (den so genannten Hybrid-Index). Andersons Methode wurde viele Jahre lang für die Untersuchung von Zwischenformen im Pflanzenreich verwendet. Moderne Methoden, die mit Chromosomen-Verzeichnissen und DNA-Sequenzen arbeiten, bauen auf seiner Vorarbeit auf.

Hybridformen zwischen den sechs Gruppen sind sehr selten. Dykes kreierte eine Hybride aus einer Bart- und einer Steppeniris, aber die Pflanzen waren steril und konnten nur vegetativ vermehrt werden. Innerhalb der jeweiligen Gruppen sind Kreuzungen im Garten wie in der freien Natur kein Problem. Fast alle Bartiris in unseren Gärten sind Hybriden, und auch viele der ehemals als eigene Art beschriebenen Pflanzen sind hybriden Ursprungs. Das zeigte sich, als sie kultiviert und als Elternpflanzen für weitere Kreuzungen verwendet wurden. Zufällige wie absichtliche Kreuzungen bei Pflanzen gibt es seit Jahrtausenden. Man glaubte lange, unsere Vorfahren hätten das Verfahren der Kreuzbestäubung nicht angewandt, um neue Varianten zu züchten, und nichts über die Vermehrung der Pflanzen gewusst. Das ist höchstwahrscheinlich falsch, denn bestimmt waren die Menschen, die ja auf Pflanzen als Nahrungs- und Heilmittel angewiesen waren, auch damals schon gute Beobachter. Heutigen Pflanzenzüchtern steht eine immer größere Auswahl von Techniken zur Verfügung, von der Verdoppelung des Chromosomensatzes bis hin zur Züchtung im Reagenzglas. Iriszüchter nutzten diese Verfahren, um neue Farben und Formen zu züchten oder einfach nur die verschiedenen Möglichkeiten zu erproben.

Die Natur hat bei den Iris gute Arbeit geleistet, unabhängig davon, ob die Menschen sie dabei unterstützt oder behindert haben. Die Garteniris ist ein Paradebeispiel

Tritonia crocata, Tritonie, Sydney Parkinson, 1767

Iris ensata, Japanische Wasseriris, James Sowerby, ca. 1800–1810

dafür, wie wenig der Volksname einer Pflanze mit ihrem Ursprung zu tun hat. Die Deutsche Schwertlilie *(Iris germanica)* etwa, eine der ältesten gezüchteten Bartiris, wurde von Linné wegen ihrer vermeintlichen Herkunft so benannt. Man fand sie an den Mauern mittelalterlicher Burgen, aber sie bildete nie Samen aus, und alle Versuche, sie als Elternpflanze zur Züchtung neuer Hybriden zu verwenden, schlugen fehl. Diese Art hat die Chromosomenzahl 2n=44, woraus heutige Irisexperten schließen, dass es sich vermutlich um eine Hybride aus heimischen Bartiris-Arten handelt. Eine andere alte Hybride ist die Florentinische Schwertlilie *(Iris florentina)*, eine der wichtigsten Arten für die Gewinnung der wertvollen zart duftenden Veilchenwurzel. Die Englische Iris, eine im 17. Jahrhundert als *Iris anglica* beschriebene Zwiebeliris-Art – heute korrekt als *Iris (Xiphium) latifolia* bezeichnet –, galt als eine in England heimische Art, was aber nicht ganz richtig war. Seeleute sammelten die Zwiebeln in den Pyrenäen oder erwarben sie in den Hafenstädten im Norden Spaniens und brachten sie nach Bristol, um sie an holländische Blumenzüchter weiterzuverkaufen. Die berühmten Holländischen Schwertlilien sind alles Angehörige eben dieser *Xiphium*-Gruppe. Diese Iris sind als Handelsware am erfolgreichsten, da sie als Treibhausblume das ganze Jahr über verkauft werden können.

Das Schöne an Schwertlilien ist nicht nur das schier endlose Farbenspiel ihrer Blüten, sondern auch die Tatsache, dass man sie so problemlos kreuzen und somit neue Arten kreieren kann. Die Hartnäckigkeit, mit der die Iris Jahrhunderte überlebt hat, ohne beachtet zu werden – wie *Iris germanica* an den verwitternden Mauern mittelalterlicher Burgen oder *Iris albicans* auf islamischen Friedhöfen im Mittelmeerraum –, einfach indem sie sich durch Rhizomteilung vegetativ vermehrt hat, ist ein beruhigendes Zeichen dafür, dass nicht alles Schöne notgedrungen untergehen muss.

Iris variegata, F.H. Round, 1920

Links: *Iris germanica* L., Deutsche Schwertlilie
Rechts: *Iris pallida* L., Blasse Schwertlilie (Iridaceae)
Anna Maria Sibylla Merian, Ende 17. Jahrhundert
Deckfarbe auf Pergament, 336 x 268 mm
Holländische Sammlung

Für Sacheverell Sitwell, der zu Beginn des 20. Jahrhunderts einen Lobgesang auf altmodische Blumen anstimmte, war der Unterschied zwischen Natur und Technik klar: »Motoren, Maschinen und Flugzeuge sind so lange auf der Höhe ihrer Zeit, wie es keinen Nachfolger für sie gibt. Aber in der Musik, der Malerei, der Kunst des Floristen ... ist das Erste fast immer das Beste. Nichts was danach kommt, ist ebenso gut.«

Iris susiana L. (Iridaceae)
Dame in Trauer
Georg Dionys Ehret, ca. 1750–1760
360 x 220 mm

Diese aparte Iris kam wahrscheinlich 1573 durch Ogier Ghislain de Busbecq nach Europa. Vom Hof des osmanischen Herrschers schickte er Pflanzen an den Hof des Kaisers in Wien, von wo aus sie sich ausbreiteten. Seit der Zeit wurde Iris susiana vegetativ vermehrt, so dass alle heute kultivierten Pflanzen wahrscheinlich Klone dieses Erstimports sind. Möglicherweise ist diese Art in Kultur entstanden und niemals wild vorgekommen. Susan ist arabisch und bedeutet Iris.

Iris cf. *germanica* L. (Iridaceae)
Deutsche Schwertlilie
Johann Gottfried Simula, 1720
Deckfarbe auf Papier, 455 x 285 mm

Der in Norddeutschland ansässige Simula hatte wahrscheinlich Kontakt zu vielen Blumenzüchtern in Holland. Diese bizarre, fast deformiert wirkende Iris (»Lavandel coleur gerleckt«) stammt vermutlich aus Holland. Die dortigen Züchter, die sich auf Tulpen, Iris und Hyazinthen spezialisiert hatten, entwickelten Hunderte erstaunlicher Zuchtformen.

Iris pumila L. (Iridaceae)
Zwergschwertlilie
Frank Howard Round, ca. 1920
Wasserfarbe auf Karton, 341 x 250 mm

Diese Zwergpflanze gehört zu den bekanntesten kleineren Bartiris und wird häufig zur Züchtung verwendet. Iris pumila ist selbst hybriden Ursprungs, eine Kreuzung zwischen Iris attica und Iris pseudopumila, deren Verbreitungsgebiete sich in einem Streifen entlang der Adriaküste des ehemaligen Jugoslawien überlappen. Die robuste Hybride eroberte Osteuropa bis hin zum Ural.

Iris sibirica L. (Iridaceae)
Sibirische Schwertlilie
Johann Gottfried Simula, 1720
Deckfarbe auf Papier, 455 x 285 mm

Gefüllte Iris wie diese, die Simula als »Iris graminea flore pleno« (grasartige Iris mit voller Blüte) bezeichnet, sind nicht mehr in Kultur. Das ist vielleicht nicht weiter erstaunlich, denn die Schönheit der Irisblüte beruht nicht zuletzt auf der Stellung der Blütenblätter. Bei gefüllten Blüten, die von der Mitte aus wie ein einziger Pompon erscheinen, geht dieses einzigartige Arrangement völlig unter.

Iris xiphium L. (Iridaceae)
Spanische Iris
Johann Gottfried Simula, 1720
Deckfarbe auf Papier, 455 x 285 mm

Xiphium-Arten werden von Schnittblumenzüchtern geschätzt wie kaum eine andere Iris. Die hier abgebildete Sorte ›Bruijn Goud Lacken‹ könnte eine Iris-xiphium-Variante sein. Ebenso gut könnte es sich aber auch um eine Hybride aus Iris xiphium und Iris tingitana handeln, einer verwandten Art aus Nordafrika. Wie viele andere Pflanzen haben holländische Blumenzüchter auch Iris weiterentwickelt, weshalb diese Hybriden auch Holländische Iris heißen.

Iris pallida L. (Iridaceae)
Blasse Schwertlilie
Frank Howard Round, 1920
Wasserfarbe auf Papier, 544 x 342 mm

Sowohl var. ciengialtii als auch var. illyrica sind Unterarten von Iris pallida. Diese Pflanze, von Round als »Ciengialte illyrica Mt. Spaccato nr Trieste, Austria 1913, Bed 1–3 Oundle« identifiziert, könnte darauf hinweisen, dass der Übergang zwischen beiden Gruppen fließend ist. Der Unterschied zwischen beiden Varietäten liegt in der Statur der Pflanze und in der Farbe des Barts: Bei var. ciengialtii ist er weiß, bei var. illyrica rot.

Iris pallida L. (Iridaceae)
Blasse Schwertlilie
Frank Howard Round, 1920
Wasserfarbe auf Papier, 555 x 291 mm

Round versah diese Zeichnung mit dem Vermerk »Ciengialte illyrica (white) Mt. Spaccato nr Trieste, Austria 1913 WGD, Bed K78 Oundle«. Vielleicht stammt dieses Exemplar ja von William Dykes, der kurz vor dem Ausbruch des Ersten Weltkriegs den Balkan bereiste und dort seiner Sammellust frönte. Was für Zeiten, um ausgerechnet Pflanzen zu sammeln!

Iris ensata Thunb. (Iridaceae)
Japanische Wasseriris
James Sowerby, ca. 1800–1810
Wasserfarbe und Deckfarbe auf Papier
506 x 357 mm

Auf dieser Zeichnung von Sowerby sind die charakteristischen Blätter der Iris deutlich zu sehen – flach und mit scharfen Kanten, so dass der Eindruck eines Fächers entsteht. Auch die Bezeichnung Schwertlilie verweist darauf. Japanische Iris sind Sumpfpflanzen, und ihre Samen, die in dünnwandigen Kapseln ruhen, die nicht aufplatzen, sondern langsam verfaulen, schwimmen auf der Wasseroberfläche.

Iris latifolia Miller (Iridaceae)
Englische Schwertlilie
Arthur Harry Church, 1907
Wasserfarbe und Deckfarbe mit Gummiarabicum auf Bristolkarton, 317 x 209 mm

Englische Schwertlilie ist als Bezeichnung unzutreffend, denn es handelt sich zwar um eine Schwertlilie, doch sie stammt sicher nicht aus England. Im 16. Jahrhundert sah der flämische Kräutersammler Matthias de L'Obel Pflanzen dieser Art in der Nähe von Bristol. Er berichtete seinen Botanikerkollegen davon, womit auch schon der Volksname geboren war. Die Pflanzen hatte ein englischer Seemann aus Nordspanien mitgebracht. Diese Art kommt nämlich nur in den Pyrenäen vor.

Tritonia crocata (Thunb.) Ker Gawl (Iridaceae)
Tritonie
Sydney Parkinson, 1767
Wasserfarbe auf Pergament, 400 x 285 mm

Montbretien (Tritonia und eine verwandte Gattung innerhalb der Irisgewächse, Crocosmia) sind in Südafrika heimisch, wo die Variabilität der Irisgewächse mit am größten ist. Diese Zeichnung gehört möglicherweise zu den letzten des jungen Sydney Parkinson, dem die Reise auf der Endeavour zum Schicksal wurde. Das Schiff war am 25. August 1768 in Plymouth ausgelaufen und befand sich, als Parkinson am 26. Januar 1771 starb, im Indischen Ozean westlich von Java.

Iris variegata L. (Iridaceae)
Frank Howard Round, 1920
Wasserfarbe auf Papier, 483 x 355 mm

Das Rothschild-Anwesen in Tring, von dem die von Round gemalten und hier abgebildeten Iris stammen – diese hier trug möglicherweise den Vermerk »variegata stanimaka, Bulgaria nr. Stribrny 1913, Bed F14 Tring«, als Dykes sie sammelte –, war ein naturkundliches Paradies. 1937 stiftete Lionel Walter, der 2. Lord Rothschild, es dem Natural History Museum. Heute ist neben einer kleinen Ausstellung über die Vielfalt der Tierwelt die Vogelabteilung des NHM in Tring untergebracht.

ENZIAN

Bayerische Enziane, groß und dunkel, dunkel vor allem,
verdunkeln den Tag wie Fackeln mit dem qualmenden Blau von Plutos Glut,
gerippte, aufrechte Höllenblumen mit Dunkelflammen aus Blau,
zu flachen Spitzen gebogen vom schweren weißen Lufthauch des Tages …

D. H. LAWRENCE, BAYERISCHE ENZIANE, 1929

Das tiefe Blau vieler Enziane ist für Blütenpflanzen ungewöhnlich. Für die Farben Blau und Rot bei Blumen sind chemische Verbindungen verantwortlich, so genannte Anthocyane, und unterschiedliche Anthocyane lassen die jeweilige Blume in den Rot- und Blautönen erscheinen, die wir sehen. Obwohl wir uns Enziane immer in Tiefblau vorstellen, ist die Farbpalette erstaunlich breit gefächert – von Weiß oder Gelb über Weiß mit violetten Einsprengseln bis hin zu Grün mit dunkelgrünen und violetten Streifen und schließlich dem »höllischen« Dunkelblau der Bayerischen Enziane, von dem D. H. Lawrence spricht. Enziane werden seit langem wegen ihrer medizinischen Eigenschaften hoch geschätzt, was schon die botanische Bezeichnung für die Gattung belegt. Sie soll auf König Gentius von Illyrien zurückgehen, der bereits im 2. Jahrhundert v. Chr. aus einem Sud von Enzianblättern und -wurzeln ein Mittel gegen die Pest herstellen ließ, wie Plinius und Dioskurides berichten. Linné, der die Gattung benannte, kannte natürlich das Werk dieser beiden Urväter der Arzneimittel- und Pflanzenheilkunde. Die medizinischen Eigenschaften des Enzians basieren auf den Bitterstoffen, die besonders in den getrockneten Wurzeln enthalten sind. Die chemischen Verbindungen dahinter sind die Glycoside Gentiopricin und Amarogentin; sie gehören zu den bittersten Substanzen überhaupt. Wenn also der Volksmund Recht hat und Medizin umso besser wirkt, je bitterer sie ist, dann müssen Zubereitungen aus Enzian wahre Wunder wirken. Zumindest aus Enzianwurzeln bereitete Schnäpse und Liköre erfreuen sich großer Beliebtheit als Aperitif und Digestif. Gentiopricin bewirkt eine leichte Erhöhung des Blutdrucks und sorgt vielleicht für die verdauungsfördernde Wirkung. Enziandestillate wurden, wie andere pflanzliche Bittersubstanzen auch, als Heilmittel für Malaria eingesetzt. Auch für magische Zwecke wurde Enzian verwendet: Seine Wurzel galt als Gegenmittel bei Vergiftungen, half angeblich gegen Hexerei und Liebeskummer. Enzianschnaps wird aus den Wurzeln von *Gentiana lutea* gebrannt – eine Sache für Kenner, da seine Bitterkeit doch sehr gewöhnungsbedürftig ist. Doch bei einem verdorbenen Magen soll er wahre Wunder wirken.

Enzian ist die Gebirgspflanze schlechthin – klein, wunderschön und zuweilen schwer zu kultivieren –, und Gebirgspflanzen haben schon immer die Fantasie angeregt. Die ersten Steingärten in Europa wurden angelegt, weil man sich ein Stück der Klarheit und Frische der Bergwelt nach Hause holen wollte. Schon im 17. Jahrhundert hatte Joseph Banks einen Steingarten im Chelsea Physic Garden; überhaupt begann die Jagd auf Pflanzen in den Alpen und anderen europäischen Bergregionen. Die Gebirge im Herzen Europas lagen für die alten Griechen ziemlich weit entfernt, aber sie kannten

Gentiana acaulis, Stängelloser Enzian, G.D. Ehret, ca. 1760–1770

Gentiana asclepiadea, Schwalbenwurzenzian, F. P. Nodder, ca. 1770–1780

durchaus Pflanzen aus dieser Region, die sie für medizinische Zwecke nutzten. Die Flora der Alpen war bald relativ gut erforscht, und Linné beschrieb in seinem großen Werk *Species Plantarum* bereits 23 Enzianarten. Steingärten sind alles andere als pflegeleicht, und viele Gebirgspflanzen haben ganz bestimmte Vorlieben. Auch bei den Enzianen gibt es Arten, die eher kalkhaltigen oder sauren Boden bevorzugen, wieder andere kaprizieren sich auf einen schattigen oder sonnigen Standort. Gerade diese Finessen machen vielleicht einen Teil des Reizes aus, den diese kostbaren Pflänzchen auf Gärtner ausüben.

Wilde Arten können sich im Garten als schwierig erweisen, aber noch viel schwieriger ist es, Hybriden für Gärtner zu kreieren, die sich das Leben leicht machen möchten oder schlicht fasziniert sind von dem Gedanken, jene azurblauen, an Gebirgshimmel erinnernden Trompeten im eigenen Garten zu haben. Viele der heute in Steingärten kultivierten Enziane sind Hybriden, die oft weniger anspruchsvoll sind als ihre wilden Vorfahren. Enzianarten lassen sich gut untereinander kreuzen, und Kreuzbestäubung ist relativ problemlos: Mit einem Kamelhaarpinsel überträgt man Pollen von Staubbeuteln der einen Pflanze auf die Narbe der anderen Pflanze. Die ideale Gartenhybride vereint in sich die guten Eigenschaften zweier unterschiedlicher Arten wie etwa Widerstandsfähigkeit und Frühblütigkeit. Die tiefblauen Enziane aus den Alpen sind fast alle Frühblüher und in Steingärten schwer zu kultivieren.

Hier treten die im Herbst blühenden Enziane aus China auf den Plan, deren Blüten groß und leuchtend blau sind und hinter deren Entdeckung eine spannende Geschichte steht. Da das Klima im Himalaya in etwa dem europäischen entspricht, obwohl die Berge dort sehr viel höher sind als in den Alpen, war es nahe liegend, dort nach neuen Pflanzen für europäische Gärten zu suchen. Und so schickten zu Beginn des 20. Jahrhunderts britische Samenfirmen Pflanzenjäger dorthin, um unbekannte Schätze aufzuspüren.

Einer dieser Männer war George Forrest, dessen Entdeckung von *Gentiana sino-ornata* wir die vielen Enzian-Hybriden verdanken, die heute unsere Steingärten schmücken. *Gentiana sino-ornata* ist eine fantastische Pflanze: Ihre einzeln stehenden, in der Regel gut sechs Zentimeter langen Blüten sind von tiefstem Königsblau und an den Rändern von Streifen in einem noch dunkleren Violett durchzogen. Der hellere, blau gestreifte Grund der trompetenförmigen Blüte bildet einen lebhaften Kontrast zum Azurblau der Blütenblätter, so dass es kaum verwunderlich ist, wenn Forrest wie gebannt vor dieser Pflanze stand. Dank der kräftigen Blattrosette, aus der die Pflanze Ausläufer hervortreibt, ist es ein Leichtes, sie zu vermehren und auch im Garten zu halten. In europäischen Gärten blüht die Art von September bis Dezember. Sie wurde bei der Züchtung vieler besonders beliebter Kulturvarietäten als Elternpflanze genutzt.

Forrest, ein Schotte aus Kilmarnock, war mit Leib und Seele Pflanzenjäger. Als Apothekergehilfe hatte er Gelegenheit, einiges über die medizinische Verwendung von Pflanzen zu erfahren. Nachdem er zu etwas Geld gekommen war, packte er seine Siebensachen und ging nach Australien – das 20. Jahrhundert hatte gerade begonnen und der Goldrausch im Outback seinen Höhepunkt erreicht. Forrest war erst 18 Jahre alt, aber hart im Nehmen. Als er einige Jahre später nach Schottland zurückkehrte, fand er Lohn und Brot bei Sir Isaac Bayley Balfour, dem Leiter des Herbariums am

Gentiana pneumonanthe, Lungenenzian, A. F. Happe, 1785

Royal Botanic Garden in Edinburgh. Forrest war ein ausgeprägter Individualist, der sich in der freien Natur weitaus wohler fühlte als in einem Büro. Er lebte außerhalb der Stadt und ging täglich zu Fuß zur Arbeit – alles in allem 20 Kilometer –, und so war er genau der richtige Mann, als ein gewisser Arthur Kilpin Bulley, der Pflanzenjäger nach China schicken wollte, Bayley Balfour um eine Empfehlung bat. Bulley, ein reicher Baumwollhändler aus Liverpool, war fasziniert von der chinesischen Flora, doch seine Versuche, über Missionare an Samen heranzukommen, schlugen allesamt fehl. So blieb ihm nichts anderes übrig, als selbst einen Sammler zu beauftragen.

Im August 1904 traf Forrest auf dem Weg über Birma in China ein. In Bulleys Auftrag sollte er im Südosten Tibets und in der südchinesischen Provinz Yunnan Samen für dessen Gärten sammeln. Um sich zu akklimatisieren, verbrachte er die ersten Monate in Tengyueh, wo er sich mit dem britischen Konsul George Litton anfreundete. Zusammen fuhren sie auf dem Mekong zu einer französischen Missionsstation, denn die dortigen Missionare hatten einige interessante Pflanzen entdeckt. Forrest beschloss, im folgenden Sommer zurückzukehren, um auf eigene Faust dort zu sammeln. Das Jahr 1905 war keine besonders angenehme und friedliche Zeit in diesem Teil Chinas. Die britische Armee hatte Lhasa, die heilige Stadt der Tibeter, besetzt, während China die strategisch wichtige tibetische Stadt Batang in die Hand zu bekommen suchte. Die religiöse Führung Tibets konnte das verständlicherweise nicht hinnehmen und rebellierte gegen die Fremdherrschaft. Zuerst ließen die beiden Lamas den chinesischen Statthalter und sein Gefolge in Batang ermorden, dann verbreitete sich die Rebellion wie ein Lauffeuer entlang der chinesisch-tibetischen Grenze. Alle Missionare wurden ermordet und die Missionsstationen niedergebrannt. Mitten in dieses Chaos hinein stolperte Forrest, sammelte seelenruhig seine Pflanzen in den nur drei Tagesmärsche südlich von Atuntze gelegenen Bergen. Dabei hatten die Tibeter an jenem Handelsposten an der Grenze die gesamte chinesische Garnison und alle dort tätigen

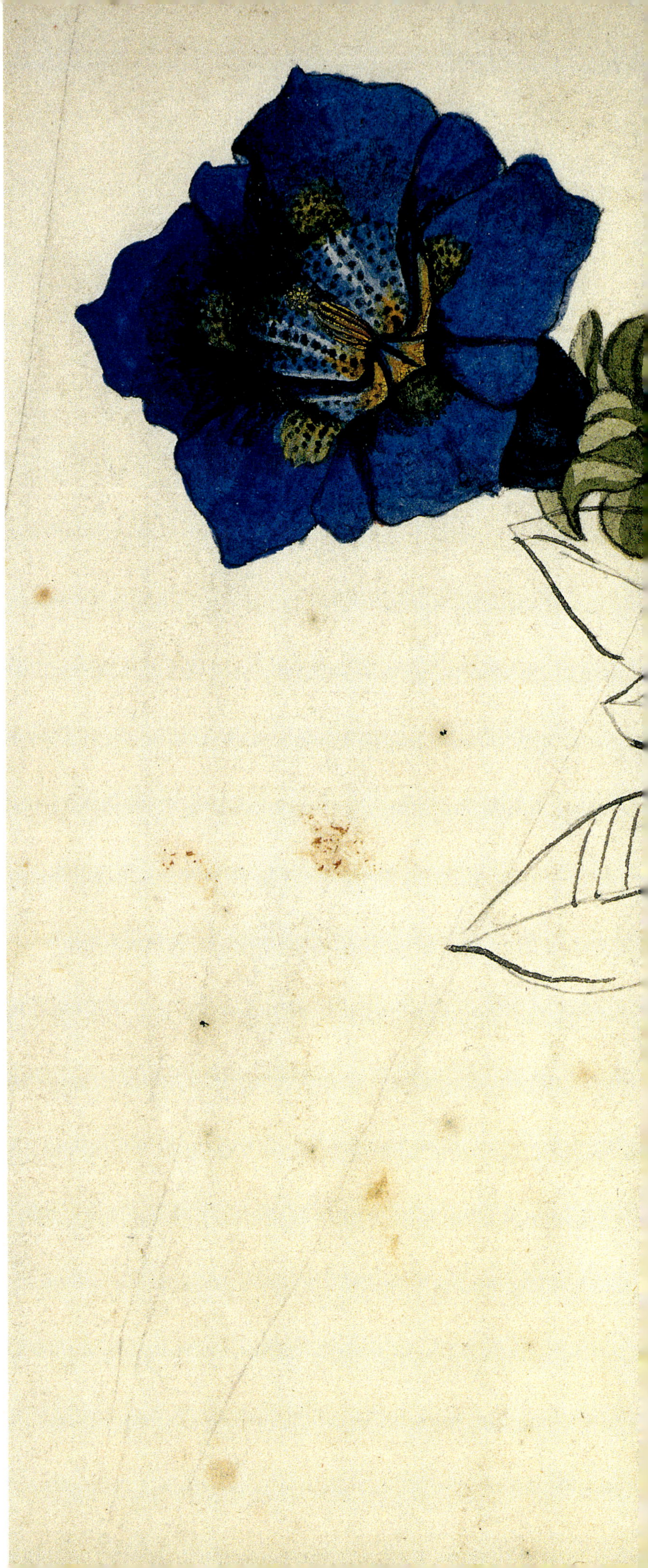

Gentiana acaulis, Stängelloser Enzian, G. D. Ehret, ca. 1760–1770

französischen Missionare niedergemetzelt. Forrest war Gast in einer anderen französischen Missionsstation, und als die Aufständischen näher rückten, beschloss man, so schnell wie möglich zu fliehen. Die Flüchtlingsgruppe, die sich nachts auf den Weg machte, bestand aus etwa 80 Personen. Unweigerlich verrieten sie sich durch Geräusche, und noch in derselben Nacht hefteten sich die Verfolger an ihre Fersen. Am nächsten Morgen sahen sie dort, wo sich die Missionsstation befunden hatte, eine Rauchsäule aufsteigen, und stellten fest, dass sie umzingelt waren. Die Patres verloren jede Hoffnung und bereiteten sich auf den sicheren Tod vor. Forrest dagegen wollte wenigstens irgendetwas tun und stieg auf einen Hügel, um die Situation abzuschätzen. Er sah, wie die Tibeter näher rückten, und obwohl er einen Warnruf ausstieß, sprengten die Leute seiner Gruppe auseinander und rannten ihren Verfolgern direkt in die Arme. Nur ein Mitglied der Gruppe überlebte; einer der beiden älteren Priester wurde an Ort und Stelle ermordet, der andere über Tage hinweg zu Tode gefoltert. Forrest hatte Glück im Unglück. Auf der Flucht vor den Tibetern schlug er sich querfeldein und geriet in einen Wald, wo er einen Abhang hinunter in ein enges Tal stürzte. Er sah sich in der Falle, aber die Tibeter zogen an ihm vorbei. Dennoch saß er fest, denn beide Ausgänge des langen Tals waren von Rebellen besetzt, die fest entschlossen waren, jeden zu töten, der sich ihnen in den Weg stellte. Acht Tage lang wurde Forrest wie ein Tier gejagt, und es spricht wahrlich für seinen Mut und seinen Einfallsreichtum, dass er seinen Verfolgern, die mit Giftpfeilen auf ihn schossen, entkam. Seiner Stiefel hatte er sich schon frühzeitig entledigt, da sie eindeutige Spuren hinterließen. Barfuß und mit nur mehr einer Hand voll Proviant, begann er am neunten Tag zu halluzinieren. In der Mitte des Tals lag ein Dorf der Lissu, die weder mit den Chinesen noch mit den Tibetern verwandt sind. Forrest machte sich auf den Weg dorthin, entschlossen, notfalls von seinem Gewehr Gebrauch zu machen, sollten die Dorfbewohner ihm nichts zu essen geben. Doch er musste keine Gewalt

Gentianella amarella, Bitterer Enzian, A. F. Happe, 1785

anwenden; mit Hilfe der Dorfbewohner gelangte er in ein anderes Lissu-Dorf und von dort aus über hohe Bergpässe in die relativ sicheren Täler im Süden. Leicht war das nicht, denn Forrest war noch immer barfuß und musste Gletscher und Geröllfelder überqueren. Noch viel schwerer muss es für ihn gewesen sein, die Pflanzen an seinem Weg einfach links liegen zu lassen, gibt es doch nichts Schlimmeres für einen Sammler, als an Schätzen vorüberzugehen, die ihm möglicherweise kein zweites Mal begegnen. Forrest kam nach eigener Aussage »über Hänge, die regelrecht übersät waren mit Primeln, Enzianen, Steinbrechgewächsen, Lilien, etc., und so sind diese unbekannten Berge ein wahres Paradies für jeden Botaniker«. Abgesehen von allem anderen, was er ertragen musste, bereitete ihm das bestimmt großen Kummer. Es ist ein verführerischer Gedanke, dass sich unter den Enzianarten, denen er auf diesem abenteuerlichen, für ihn lebensrettenden Marsch begegnete, auch *Gentiana sino-ornata* befand, aber wissen können wir es natürlich nicht.

Sobald er chinesisches und damit sicheres Territorium erreicht hatte, verkleidete sich Forrest als Einheimischer, um nicht aufzufallen, und machte sich auf den Rückweg in die Hauptstadt Talifu, wo er George Litton wiedersah. Er hatte seine gesamte Habe und die Ausbeute einer ganzen Sammelsaison eingebüßt. Aber er gab nicht so schnell auf; zusammen mit Litton brach er sofort zum Sammeln ins Tal des Salween auf, in ein geschütztes Gebiet mit tropischem Mikroklima, in dem es von Insekten, insbesondere Malariamücken (Anophelesmücken), nur so wimmelte. Viele seiner Leute wurden krank, und nach der Rückkehr nach Tengyueh starb Litton an »Salween-Schwarzwasserfieber«, was nur Malaria gewesen sein konnte. Forrest selbst lag monatelang schwer krank darnieder. Da er nicht nur selbst sammelte, sondern seinen Leuten auch beigebracht hatte, wie man sammelt und die gefundenen Schätze präpariert, arbeiteten sie in seinen Auftrag weiter. 1906 kehrte er nach Schottland zurück, bestens vorbereitet auf neue Projekte. Er wusste genau, wo er beim nächsten Mal hinwollte, hatte eine »große und fähige« Truppe einheimischer Helfer ausgebildet und Beziehungen zu den chinesischen Besatzern geknüpft. Erreicht hatte er das alles trotz der anfänglichen Schwierigkeiten und der traumatischen Erlebnisse seiner ersten Sammelreise.

Auf seiner zweiten Chinareise endlich, 1910 bis 1911, sammelte Forrest Samen von *Gentiana sino-ornata*. Er fand die Pflanze »auf sumpfigem Gelände in einer Höhe von 4270–4570 Metern auf dem höchsten Punkt des Nie-Chang-Passes in der Provinz Yunnan«. Die Samenkörner wurden in Edinburgh und Ness zum Keimen gebracht, und schon im Jahr 1912 sollen die ersten Enziane geblüht haben. Die folgenden Jahrzehnte verbrachte Forrest in der Region um Tengyueh, wo er sich überwiegend auf Rhododendronarten konzentrierte. Ganz Großbritannien war verrückt nach diesen Pflanzen, und die Rhododendron Society finanzierte auch viele weitere Unternehmungen. 1932 starb Forrest in Tengyueh an den Folgen eines Herzinfarkts; er war gerade von einer Reise zurückgekommen, die er als »einen ruhmreichen und befriedigenden Abschluss meiner Arbeit in den letzten Jahren« betrachtete. Im Lauf seines 28-jährigen Wirkens in China hatte Forrest viele neue und fantastische Pflanzen gesammelt, die heute überall auf der Welt in Kultur sind; er hatte Gefahren überstanden, wobei die Erlebnisse seiner ersten Reise nur der Anfang waren. Gartenfreunde sind Sammlern und Pflanzenjägern wie George Forrest zu großem Dank verpflichtet, denn sie brachten Schätze wie *Gentiana sino-ornata* mit sich, die nicht nur seltene Kostbarkeiten waren, sondern die Grundlage für die Gartengestaltung der Zukunft bildeten.

Gentiana acaulis, Stängelloser Enzian, A. H. Church, Anfang 20. Jh.

Gentiana verna, Frühlingsenzian, G. D. Ehret, 1766

Gentiana-Art, 1822

G. D. Ehret. pinxit 1766

Gentiana acaulis L. (Gentianaceae)
Stängelloser Enzian
Georg Dionys Ehret, ca. 1760–1770
Wasserfarbe auf Papier, 231 x 151 mm
Ehret-Skizzen

Diese zwei Zeichnungen des Stängellosen Enzians zeigen deutlich, auf welche Weise Ehret sich mit seinem Gegenstand vertraut machte. Er experimentierte mit dem Blickwinkel und der Position der Blume – manche sind von unten gezeichnet, andere von der Seite – und mit dem Winkel, in dem sich Stiele kreuzen. Auf der endgültigen Ausführung auf Pergament im Fitzwilliam Museum in Cambridge ist nur die linke Blume dieser Skizze zu sehen.

Gentiana asclepiadea L. (Gentianaceae)
Schwalbenwurzenzian
Frederick Polydore Nodder, ca. 1770–1780
Deckfarbe auf Papier, 522 x 365 mm

Im Gegensatz zu vielen kleineren Wiesenenzianen ist der Schwalbenwurzenzian eine Waldpflanze. Er fühlt sich im Schatten wohl, und seine langen Stängel biegen sich unter der Last der Blüten. Vielleicht hat sich Linné bei der Benennung der Art ja von der Anordnung der Blätter leiten lassen; diese sind nämlich wie bei den Schwalbenwurzgewächsen, der Familie Asclepiadaceae, gegenständig.

Gentiana pneumonanthe L. (Gentianaceae)
Lungenenzian
Andreas Friedrich Happe, 1785
Handkolorierter Stich, Wasserfarbe und Deckfarbe auf Papier, 366 x 232 mm, gebunden

Der Lungenenzian kommt zwar in ganz Europa vor, wird aber in Großbritannien immer seltener, weshalb er in den Mittelpunkt des Interesses von Naturschützern gerückt ist, die sich um die Artenvielfalt des Landes Sorgen machen. Leider wird durch Trockenlegung von Feuchtgebieten und nachfolgende Aufforstung der ohnehin schon knappe Lebensraum des Lungenenzians immer weiter eingeschränkt.

Gentiana acaulis L. (Gentianaceae)
Stängelloser Enzian
Georg Dionys Ehret, ca. 1760–1770
Wasserfarbe auf Papier, 243 x 203 mm
Ehret-Skizzen

Der Stängellose Enzian ist in den Alpen und Pyrenäen heimisch. Diese Art war lange Zeit der Favorit in den Steingärten, denn sie ist unempfindlich gegenüber kalkhaltigen Böden und pflegeleichter als viele ihrer ähnlich prachtvollen chinesischen Verwandten. Die saphirblauen Trompeten, die im Inneren grün getupft sind, erscheinen im Mai und können bis zu 5 cm groß werden.

Gentianella amarella (L.) Börner (Gentianaceae)
Bitterer Enzian
Andreas Friedrich Happe, 1785
Handkolorierter Stich, Wasserfarbe und Deckfarbe auf Papier, 366 x 232 mm, gebunden

Anders als bei ihren Verwandten, der Gattung Gentiana, findet man von den Angehörigen der Gattung Gentianella keine Kulturformen. Das ist mehr als bedauerlich, denn die für diese Gattung typischen farblichen Markierungen an den Rändern und auf der Innenseite der Blütenblätter geben der Blume ein höchst apartes Aussehen.

Gentiana acaulis L. (Gentianaceae)
Stängelloser Enzian
Arthur Harry Church, Anfang 20. Jahrhundert
Wasserfarbe und Deckfarbe auf Bristolkarton
316 x 191 mm

Die feinen Farbabstufungen im Inneren des Enzians sind nur zu erkennen, wenn die Blüte weit geöffnet ist oder aber durchtrennt wurde. Die gelben Spitzen an den Aufhellungen weisen ins Innere der Korolla, das Ziel potenzieller Bestäuberinnen (denn Enziane werden nur von weiblichen Bienen bestäubt), wollen sie denn an den tief auf dem Grund der Blüte verborgenen Nektar gelangen.

Gentiana-Art (Gentianaceae)
Künstler unbekannt, 1822
Wasserfarbe auf Papier, 184 x 124 mm
Sammlung Reeves

China gehört zu den Regionen mit der größten Artenvielfalt bei den Enzianen; in der jüngst veröffentlichten Flora Chinas werden unter dem Stichwort Gentiana fast 250 Arten beschrieben. Wer sie bestimmen will, ist auf Kenntnisse über die innere Struktur der Blüte angewiesen, die eine Zeichnung, so schön sie ist, nicht liefern kann. Für wissenschaftliche Studien sind deshalb Herbarien mit echten Exemplaren unerlässlich, denn ohne sie lassen sich keine Unterscheidungskriterien gewinnen.

Gentiana verna L. (Gentianaceae)
Frühlingsenzian, »Schusternagerl«
Georg Dionys Ehret, 1766
Wasserfarbe und Deckfarbe auf Pergament
470 x 333 mm

Die exquisiten Blautöne des Enzians können eine Wiese zur Seenlandschaft machen oder, wie Ehret auf dieser Zeichnung vermerkt hat, zu einem Pendant des Himmels: »Diese Pflanze wurde im Jahr 1732 in Regensburg gezeichnet, die Wiesen dort sind übersät mit dieser schönen kleinen Pflanze und sehen aus wie ein blauer Himmel.«

TULPEN

Wir übersahen die ganze Fläche eines großen Blumengartens, wo Tulpen von verschiedenen Farben in langen Beeten mit einander abwechselten und ein streifiges Band von Feuerfarb, Citronengelb, Schneeweiß, Karminroth und vielen andern Schattirungen darstellten.

GEORG FORSTER, ANSICHTEN VOM NIEDERRHEIN, 1790

Die fantastische Muster- und Formenvielfalt der Tulpen – geflammte, gefranste und geschlitzte Blütenblätter – ist ausnahmsweise nicht auf einen Eingriff des Menschen zurückzuführen, sondern Folge einer Viruserkrankung. Wie das so genannte Tulpenstreifenvirus übertragen wird, entdeckten englische Wissenschaftler in den 20er Jahren: Blattläuse, der Fluch vieler Gärtner, saugen Pflanzensäfte aus den Siebröhren der Leitbündel (Phloem). Sie stechen mit ihren langen, nadelartigen Mündern (Stechborsten) durch die äußere Stängelhaut und zapfen das Phloem an, das den durch Photosynthese produzierten Zucker in die jungen Triebe leitet. Doch Pflanzensauger vermindern nicht nur die Energiereserven, die die Pflanze für das Wachstum benötigt, sondern können auch Krankheiten übertragen. Viren selbst wurden erst Ende des 19. Jahrhunderts bzw. nach Entwicklung des Elektronenmikroskops »entdeckt«, und die Forscher streiten sich heute noch, ob es sich dabei um Lebewesen handelt. Sie können sich zwar vermehren, übernehmen dabei aber teilweise den genetischen Code ihres Wirts. Das Tulpenvirus ist die einzige bekannte Virose, die den Wert der infizierten Pflanze steigert.

Befallene Tulpen haben gefleckte, gesprenkelte oder marmorierte Laubblätter und fein gezeichnete Blütenblätter, die aussehen wie von Hand bemalt. Dieser Effekt wird durch den Einfluss des Virus auf die Anthocyane (im Zellsaft gelöste für die Rot- und Blautöne der Blumen verantwortliche Farbstoffe) hervorgerufen, ohne die die Hintergrundfarbe durchscheint – reines Weiß oder Gelb. Flächen, auf denen die Anthocyane noch produziert werden, sind scharf abgegrenzt und erscheinen als feine Streifen. Tulpenspezialisten unterscheiden zwischen »gefederten« Tulpen, deren Farbstreifen an den Rändern am breitesten sind und zur Mitte des Kronblatts hin schmaler werden, und »geflammten«, bei denen der breiteste Farbstrich in der Blütenblattmitte verläuft. Heute bemühen sich Tulpenzüchter, den Befall mit diesem Virus zu unterbinden.

Nach Europa kamen die Tulpen aus der Türkei, wo Sultane und Adlige sie seit alters schätzten. Diese türkischen Tulpen waren vermutlich Nachkommen von Wildarten aus Zentralasien, doch gab es auch in der Türkei einheimische Tulpen – Zwiebelblumen, die auch unter ungünstigen Witterungsbedingungen gediehen. Allerdings sahen sie deutlich anders aus als die Tulpen, die wir heute kultivieren. Sie hatten eine schmale »Taille« und spitz zulaufende Kronblätter, die an der Spitze sternförmig auseinanderklappten. Die Tulpenzucht wurde damals überaus ernst genommen – nicht umsonst war der Obergärtner des Sultans zugleich der oberste Henker! Auf Iznik-Fayencen aus dem 16. Jahrhundert findet man Tulpen in den herrlichsten Farben, zunächst nur in den typischen Blau- und Grüntönen des Iznik-Stils, später dann auch in leuchtendem

Tulipa-Kultivar, Tulpe, J. G. Simula, 1720

Tulipa-Kultivar, Tulpe, J. G. Simula, 1720

Rot. Leider hielt dieses womöglich eigens für die Darstellung von Tulpen entwickelte Rot nur wenige Jahrzehnte.

Mannigfaltigkeit und Vollkommenheit waren oberstes Zuchtziel und wurden durch die Einführung neuer Wildformen aus den entlegensten Teilen des Osmanischen Reichs vorangetrieben. In Istanbul entschied ein spezieller Floristenrat über die Aufnahme neuer Sorten in das offizielle Tulpenverzeichnis, die zum Teil poetische Namen wie 'Unvergleichliche Perle' oder 'Erleuchtung des Geistes' erhielten. Diese Kostbarkeiten wurden einzeln in *laledan* genannten schmalhalsigen Vasen präsentiert. *Lale,* der türkische Name für Tulpe, ist aus dem Persischen abgeleitet und wird in arabischer Schrift mit denselben Zeichen dargestellt wie das Wort für Gott, Allah. Dies allein sicherte der Tulpe einen besonderen Platz. Gleichzeitig besagte die Art und Weise, wie sie, voll erblüht, ihren Kopf senkt, dass auch der Mensch Demut zeigen soll. Gärtner pflanzten Tulpen, um ihren Seelen den Weg zum Himmel zu ebnen, und die Tulpe war Symbol für eine unversehrte Rückkehr aus dem Krieg – fester Bestandteil der türkischen Kultur angesichts des schier grenzenlosen Expansionsdrangs des Osmanischen Reiches. Die bunten Turbane der türkischen Kämpfer, die bei den Schlachten um die Eroberung des Balkan fielen, wurden von Chronisten gern mit Tulpen verglichen, die in reicher Fülle auf dem (Schlacht-)Feld blühten.

Mit dem Vorrücken der Türken nach Europa nahm auch der Handel Aufschwung, und was eignete sich besser als Handelsware denn kostbare Pflanzen? Wann genau die Tulpe nach Europa kam, ist ungewiss. Außerdem sind einige Wildarten der Gattung *Tulipa* auch in Savoyen heimisch. Die Blume, die die Begeisterung der europäischen Gärtner und Botaniker weckte, war jedoch das Produkt jahrhundertelanger türkischer Zuchtwahl. Auch der deutsche Name leitet sich von einem türkischen Wort her: von Turban (Dulband), das über Tulipan und Tulpand eben zu Tulpe wurde. Ogier Ghislain de Busbecq, der habsburgische Gesandte am Hofe von Süleiman dem Prächtigen, der wesentlich zur Verbreitung der Tulpe beitrug, hatte

Tulipa-Kultivar, Tulpe, J. G. Simula, 1720

Tulipa agenensis, Tulpe, 1845

wohl auch bei der Taufe der Gattung seine Hand im Spiel. Anna Pavord äußerte die Vermutung, das Durcheinander um Turban und Tulpe komme daher, dass die Türken sich gerne Tulpen in den Turban steckten, und als Busbecq auf die Blume deutete und ihren Namen wissen wollte, hätten seine Begleiter wohl geglaubt, er meine ihre Kopfbedeckung. Busbecq soll die Tulpe nach Nordeuropa gebracht haben, doch das Wort Tulpe wurde bereits lange vor Veröffentlichung seiner Reisetagebücher verwendet. Woher der Name auch kommt – jedenfalls trat die Tulpe sehr bald ihren Siegeszug durch Europa an und eroberte die Gärten und die Herzen von Botanikern wie Hobbygärtnern im Nu. Der Zürcher Universalgelehrte Conrad Gesner beschrieb 1559 *Tulipa turcarum*, und etwa zur selben Zeit leitete der am Wiener Hof lehrende Botaniker Carolus Clusius (Charles de l'Ecluse) Tulpenzwiebeln an Pflanzenliebhaber in ganz Europa weiter. Wie bei vielen neu eingeführten Pflanzen interessierte man sich auch für das kulinarische und medizinische Potenzial. Clusius ließ Zwiebeln in Zucker einlegen, verzehrte sie und erklärte sie für weit schmackhafter als Orchideen. Und natürlich schrieb man Tulpen auch aphrodisierende Wirkung zu; angeblich halfen sie zudem bei einem steifen Genick. 1594 ging Clusius als Professor an die Universität Leiden, wo er sein botanisches Wissen (und mitgebrachte kostbare Tulpen) dazu verwendete, einen Botanischen Garten anzulegen. Die protestantischen Niederlande hatten gerade einen Sieg über die Spanier errungen, und das Geld, das nun nicht mehr zur Kriegsführung benötigt wurde, floss in den Aufbau eines Bildungssystems. In Leiden stellte Clusius eine Klassifikation der Tulpensorten vor, die er je nach Blütenfarbe und Anordnung der Laub- und Kronblätter in 34 Gruppen einteilte. Die Vielfalt der kultivierten Tulpen wuchs, nachdem weitere Wildarten aus dem Osten eingeführt wurden und Gärtner damit experimentierten. Besonders gefragt waren Sorten mit gleichmäßiger Form und auffälliger Färbung, häufig solche, die, von der Tulpenvirose infiziert, Muster von atemberaubender Schönheit aufwiesen. Dass die virusinfizierten Pflanzen schwächer waren und sich nicht so zuverlässig vermehrten wie die normalen Tulpen, verstärkte ihren Reiz nur und steigerte ihren Wert.

Mitte des 17. Jahrhunderts dann brach in den Niederlanden ein regelrechtes Tulpenfieber aus. Ein Blick auf die Blumenstücke der bedeutendsten Maler jener Tage, Zeitgenossen Rembrandts, zeigt, dass die gemusterte Tulpe offenbar wertvoll genug war, um in Öl auf Leinwand festgehalten zu werden. Nicht nur die Unberechenbarkeit dessen, was welche Mutationen wann bei einer Tulpe auslöste, führte dazu, dass Liebhaber

Tulipa gesneriana, Papageitulpe, J. Teixeira, 1820

Tulipa-Kultivar, Tulpe, V. van der Vinne, Ende 17. Jh.

enorme Summen dafür hinlegten, sondern auch die Seltenheit der mutierten Formen – sie pflanzen sich viel langsamer fort als einfarbige Sorten, gleichgültig ob durch Samen oder Tochterzwiebeln. Vom Tulpensamen zur blühenden Pflanze vergehen sieben Jahre, eine lange Wartezeit für das Ergebnis eines Kreuzungsversuchs. Die sorgfältige Zucht und Selektion der exquisitesten Pflanzen nahm Jahre in Anspruch, und die Ausbeute an erfolgreich kultivierten Pflanzen war naturgemäß sehr begrenzt. Samen der mutierten gemusterten Tulpen lieferten keine zuverlässigen Nachkommen, wirklich sortenrein (d. h. identisch mit der Elternpflanze) fielen nur vegetativ vermehrte Exemplare aus. Eine ausgewachsene Tulpe setzt aber nur sehr langsam Nebenzwiebeln an, und bevor diese von der Mutterzwiebel abgenommen werden dürfen, können bis zu drei Jahre vergehen.

Drei Formen waren bei niederländischen Sammlern besonders begehrt: »Rosen« (rote Zeichnung auf weißem Grund), »Violetten« (Purpur auf Weiß) und »Bizarden« (rote oder violette Zeichnung auf gelbem Grund). Eine der berühmtesten »Rosen«-Tulpen aller Zeiten war 'Semper Augustus' – eine echte Rarität und angeblich im Besitz eines einzigen Connaisseurs, der sich kategorisch weigerte, Zwiebeln zu verkaufen. Allerdings gelangten trotzdem einige Ableger auf den Markt und lösten einen regelrechten Tulpenwahn aus. So wurde für eine einzige 'Semper-Augustus'-Zwiebel der zwölffache Jahreslohn eines Zimmermanns geboten – und abgelehnt. Nun hatten selbst »gewöhnliche« Sorten schon immer Spitzenpreise erzielt. Sie besaßen orientalisches Flair, waren selten und geheimnisvoll, und die gemusterten Spielarten bestachen durch außergewöhnliche Schönheit. Trotzdem wäre wahrscheinlich alles im Rahmen geblieben, hätte sich der Handel auf Tulpenliebhaber und andere beschränkt, die etwas von Botanik oder Gärtnerei verstanden. Doch Mitte des 17. Jahrhunderts gehörte der holländische Tulpenmarkt zu den wenigen Gelegenheiten, wo buchstäblich jeder mit minimalen Investitionen einsteigen konnte – und die Chance auf Riesengewinne

Tulipa-Kultivar, Tulpe, J. van der Vinne, Ende 17./Anfang 18. Jh.

hatte. Die Tulpe selbst trug ihren Teil zum leicht verdienten Geld bei, denn dank der von ihren wilden Ahnen ererbten Widerstandsfähigkeit war sie relativ leicht zu halten, und so mancher, der sie vermehrte, war bald ein reicher Mann.

Vor Ausbruch des Tulpenfiebers fanden die Verkäufe im Sommer statt. Interessenten konnten die Tulpen in Blüte begutachten und kauften, wenn die Zwiebeln im Frühsommer aus dem Boden genommen wurden. So leicht ließ sich Geld verdienen: Man nimmt eine einfache Zwiebel, und im Laufe weniger Monate verwandelt sie sich in Gold. So lockte die

Tulpenbörse die Spielernaturen unter den reichen holländischen Kaufleuten, aber auch Angehörige der unteren Stände. Hier winkte das große Geld. Anders als im restlichen Europa, wo ein Bauer sein Leben lang Bauer blieb, war es in den Niederlanden damals möglich, soziale Schranken zu überwinden und das zu werden, was man später als »Selfmademan« bezeichnete. Welche Rolle spielte es da schon, dass die meisten, die die gesellschaftliche Leiter hinaufzusteigen versuchten, letztlich mehrere Sprossen tiefer landeten? Die Chance bot sich, und es galt sie zu nutzen. Für das Glücksspiel hatten die Holländer schon immer eine Schwäche gehabt, und gewettet wurde auf alles: auf das Wetter ebenso wie auf den Ausgang von Schlachten. Lotterien waren weit verbreitet, und reiche Kaufleute setzten oft ihr ganzes Vermögen auf riskante Unternehmungen wie etwa fragwürdige Handelsfahrten zu den Gewürzinseln. Kein Wunder also, dass bald auch die Geschäfte mit den Zwiebeln blühten. Die Preise stiegen konstant, und die Zwiebelblumen zu ziehen war geradezu lächerlich einfach.

Der Anreiz, in den Tulpenhandel einzusteigen, und der im Vergleich zur (total überzogenen) Nachfrage akute Mangel an tatsächlich vorhandener Ware bereiteten den Boden für einen neuen Schlag von Geschäftsleuten. Diese zogen die Pflanzen nicht mehr selbst, sondern fungierten als Zwischenhändler. Anfangs kauften und verkauften sie wohl noch tatsächlich Tulpen, doch bald boten sie Zwiebeln an, die sich noch nicht in ihrem Besitz (sondern womöglich noch in der Erde) befanden, und so wurde aus dem Handel mit Waren ein Handel mit Papieren – Papieren mit Lieferdatum und Sorte, ähnlich wie bei einer Aktie. Diese holländischen Händler schufen einen Terminmarkt, indem sie auf den zukünftigen Preis der Tulpen setzten. Dies wiederum bedeutete, dass die Handelsgeschäfte rund ums Jahr getätigt werden konnten und immer komplexer und undurchschaubarer wurden. Der Erfolg der Warenbörse hing davon ab, dass die Preise immer weiter anzogen, doch weil die Ware in diesem Fall ein lebendes Objekt war, wusste der Käufer nie, was er für seinen Einsatz erhalten würde, wenn die Zwiebeln aus der Erde genommen wurden. Seinen Höhepunkt erreichte das Tulpenfieber im Winter 1636/37, als seltene Sorten absolute Fantasiepreise erzielten. Für eine Zwiebel, die im folgenden Jahr aus der Erde kommen sollte, bot man ein ganzes Haus, und einzelne Zwiebeln wechselten den Besitzer für den mehrfachen Jahreslohn eines Durchschnittshandwerkers. Mike Dash listet etliches auf, was man für den Preis einer einzigen Zwiebel einer begehrten Sorte kaufen konnte: acht

Tulipa-Kultivar, Tulpe, J. van der Vinne, Ende 17./Anfang 18. Jh.

Tulipa gesneriana, Gartentulpe, D. J. H. Joosten, 1882

Schweine, vier Ochsen, zwölf Schafe, 24 Tonnen Weizen, 48 Tonnen Roggen, zwei Fässer Wein, vier Fässer bestes Bier, zwei Tonnen Butter, 500 Kilogramm Käse, einen Silberbecher, Kleidung, ein Bett samt Bettzeug und Matratze und sogar ein Schiff! Vermutlich hatte die Tulpenbörse zeitweilig den dreifachen Wert der holländischen Ostindienkompanie, der damals weltweit größten Handelsorganisation.

Dann platzte die Spekulationsblase. Eines schönen Tages Anfang Februar 1637 fand sich in Haarlem, dem Zentrum des Tulpenhandels, kein einziger Käufer mehr für eine Tulpenzwiebel, egal zu welchem Preis. Der Crash war spektakulär und weitete sich umgehend auf die gesamten Niederlande aus, wenngleich es natürlich mehrere Monate dauerte, bis das volle Ausmaß der Folgen spürbar wurde. Die Geschwindigkeit, mit der die Zwiebeln (bzw. »Aktien«) gehandelt wurden, und die Knappheit der existierenden Zwiebeln hatten zum Zusammenbruch des Marktes geführt, was für viele Beteiligte den Ruin bedeutete. Die Mehrheit der Händler hatte jedoch insofern Glück, als die Verkettung von Kauf und Verkauf so komplex war, dass es Jahrzehnte gedauert hätte herauszufinden, wer wem was schuldete. Der Staat intervenierte und regte einen Schuldenerlass an: Nur ein Bruchteil der vereinbarten Summe musste ausbezahlt werden, und dies auch nur, wenn es möglich war. Einige Fälle, darunter der des holländischen Landschaftsmalers Jan van Goyen, wurden jedoch unerbittlich verfolgt. Goyen, der für seine Spekulationswut mit Geld und Gemälden zahlte, ohne seine Schulden jemals vollständig begleichen zu können, mag als Vorbild für den Maler Jan van Loos gedient haben, der in Deborah Moggachs Roman *Tulpenfieber* zum Spekulanten wird, um mit seiner Geliebten, einer unglücklich verheirateten Frau, fliehen zu können. Er setzt eine riesige Summe (geborgtes) Geld auf eine 'Semper Augustus'-Zwiebel, die sein ahnungsloser Diener im Suff dann aber in einer Wirtschaft verspeist!

Nach dem Zusammenbruch des holländischen Tulpenmarktes wandten sich in Europa viele von der Blume ab. Mit der Zeit entwickelte sie sich jedoch zum Symbol Hollands, und seit langem werden die beliebtesten Sorten auf riesigen Feldern angebaut. Fast die Hälfte der landwirtschaftlichen Nutzfläche der Niederlande dient der Tulpenkultur, und jedes Jahr werden mehr als zwei Millionen Zwiebeln exportiert. Allerdings vermehren sich die modernen Tulpen wie die Karnickel – ganz anders als die kostbaren gemusterten Sorten früherer Jahrhunderte. Diese kamen freilich nie ganz aus der Mode, zumal es immer passionierte Tulpenfreunde gab, die sie allein aus Liebhaberei kultivierten. In England wurden im 17. und 18. Jahrhundert so genannte Floristengesellschaften gegründet (wobei man unter »Florist« den Züchter neuer Sorten verstand und nicht, wie später, einen Blumenbinder), in denen sich Mitglieder der Arbeiterschicht zusammenfanden, um Blumen für Wettbewerbsschauen zu züchten. Ende des 18. Jahrhunderts hatte sich als Zuchtziel die Tulpe herausgebildet, die wir heute kennen. Wie in Holland wurden auch hier drei Hauptgruppen der mutierten gemusterten Tulpen unterschieden: »Bizzares« (Streifen egal welcher Farbe auf gelbem Grund), »Bybloemen« mit mauve- oder purpurfarbenem bis »schwarzem« Muster auf weißem Grund, und die besonders seltenen »Rosen«, mit scharlach-, rosa- oder tiefroten Streifen auf weißem Grund. Die Zeiten mögen sich ändern und Blütenformen in und aus der Mode kommen – die Tulpe selbst hat Bestand: Tulpenfieber gibt es noch immer, doch im Gegensatz zu dem im 17. Jahrhundert findet man es dort, wo die Menschen die Unvorhersehbarkeit, die endlose Abwechslung und Vielfalt der Natur wahrhaft zu schätzen wissen.

Tulipa-Kultivar, A. J. Brandt, Anfang 19. Jh.

Tulipa-Kultivar, Tulpe, M. J. Barbiers, geb. Snabilie, ca. 1800–1810

Tulipa-Kultivar, Tulpe, J. J. Hormann, ca. 1900–1910

Tulipa-Kultivar (Liliaceae)
Tulpe
Johann Gottfried Simula, 1720
Deckfarbe auf Papier, 455 x 285 mm

Die hier abgebildete 'Ambassador Royale' ist eine »Bizarre« gemusterte Tulpe mit roter Sprenkelung auf leuchtend gelbem Grund. Diese Farbkombination war weniger kostbar als Rot auf Weiß oder Purpur auf Weiß, vielleicht weil sie häufiger auftrat und deshalb keinen so hohen Seltenheitswert besaß.

Tulipa-Kultivar (Liliaceae)
Tulpe
Johann Gottfried Simula, 1720
Deckfarbe auf Papier, 455 x 285 mm

Simulas Flora exotica enthält Darstellungen von Pflanzen aus dem Garten des Reichsgrafen Johann Georg Dernath. Diese beiden Tulpen – 'Chrisolido' und 'Bys: Souverain Le Crep.' – könnten sehr wohl flämischen Ursprungs und über holländische Zwischenhändler vertrieben worden sein, die im 18. Jahrhundert Tulpen im gesamten nordeuropäischen Raum verkauften.

Tulipa-Kultivar (Liliaceae)
Tulpe
Johann Gottfried Simula, 1720
Deckfarbe auf Papier, 455 x 285 mm

'Bys: La Reine', der französische Sortenname dieser »Bizarre« oder »Bissart«-Tulpe, könnte ein Hinweis darauf sein, dass sie flämischen Ursprungs ist. Die dunkelviolette Aderung liegt auf gelbem Grund. Im 18. Jahrhundert verkauften flämische Tulpenzüchter ihre Sorten meist über holländische Zwischenhändler, weil sie dadurch deutlich höhere Preise erzielten.

Tulipa (möglicherweise *agenensis*) (Liliaceae)
Tulpe
Künstler unbekannt, 1845
Wasserfarbe und Deckfarbe auf Papier
367 x 232 mm, Sammlung Saharunpore Gardens

So zauberhaft die Wildarten und einfarbigen Tulpen auch sind, ist die geradezu hypnotische Faszination, die gemusterte Blüten auf Tulpenliebhaber ausübten, doch durchaus verständlich. Selten, ungewöhnlich und bizarr (im wahrsten Sinne des Wortes, nicht dem der Floristensprache), besaßen die virusinfizierten Tulpen einen eigentümlichen Reiz, mit dem gewöhnliche Tulpenarten einfach nicht mithalten konnten.

Tulipa gesneriana L. (Liliaceae)
Papageitulpe
J. Teixeira, 1820
Wasserfarbe und Deckfarbe auf Papier
370 x 266 mm, Holländische Sammlung

Die merkwürdig ausgefransten Kronblätter der Papageitulpe wirken irgendwie fehl am Platz. Möglicherweise tauchten diese eigenwilligen Formen zuerst in Frankreich auf, wo ein Tulpenzüchter sie Mitte des 17. Jahrhunderts wie folgt beschrieb: »von ungewöhnlicher Form, verschiedenen Farben und abstoßend anzusehen; aus nämlichem Grunde werden sie auch 'Monströse' genannt«.

Tulipa-Kultivar (Liliaceae)
Tulpe
Vincent van der Vinne, Ende 17. Jahrhundert
Wasserfarbe und Deckfarbe auf Papier
416 x 272 mm, Holländische Sammlung

Der Sortenname dieser tief purpurnen »Bybloemen«-Tulpe ist nicht genannt, aber sie sieht aus wie eine 'Louis XVI.', die meistgeschätzte Tulpe des 19. Jahrhunderts. Die 1776 von einem unbekannten flämischen Hobbyzüchter entwickelte bildschöne Blume wurde 1789 in Holland für die (damals sehr stolze) Summe von 250 Gulden pro Zwiebel angeboten.

Tulipa-Kultivar (Liliaceae)
Tulpe
Jan van der Vinne, Ende 17./Anfang 18. Jh.
Wasserfarbe und Deckfarbe auf Papier
431 x 255 mm, Holländische Sammlung

Die »Rosen«-Tulpensorten – gemusterte Blütenblätter mit roter Zeichnung auf reinweißem Grund – waren die seltensten und insofern auch die kostbarsten und teuersten. Die berühmte 'Semper Augustus' war eine »Rose«, und die hier abgebildeten zauberhaften Blüten dürften von vergleichbarer Schönheit sein. Eine solche Tulpe zu besitzen war ein echtes Statussymbol.

Tulipa-Kultivar (Liliaceae)
Tulpe
Jan van der Vinne, Ende 17./Anfang 18. Jh.
Wasserfarbe und Deckfarbe auf Papier
431 x 255 mm, Holländische Sammlung

Die Tradition der tulepboeken (Tulpenbücher), die das holländische Tulpenfieber so bezeichnend begleiteten, aber auch danach kaum an Beliebtheit einbüßten, war in ähnlicher Form auch in der Heimat der Tulpe bekannt. In einem osmanischen Tulpenbuch aus dem 18. Jahrhundert sind rund 50 Tulpensorten verzeichnet, die so poetische Namen tragen wie 'Speer des Römers' und 'Die die Freude erhöht'.

Tulipa gesneriana L. (Liliaceae)
Gartentulpe
D. J. H. Joosten, 1882
Wasserfarbe und Deckfarbe auf Papier
444 x 322 mm, Holländische Sammlung

Diesen wissenschaftlichen Namen verlieh Carl von Linné im 18. Jahrhundert einer recht gemischten Gruppe alter holländischer Tulpenkultivare. Der Ursprung der europäischen Zuchttulpe ist geheimnisumwittert, schließt aber mit Sicherheit Kreuzungen verschiedener Wildarten ein. Dieses Bild entstand zwar im späten 19. Jahrhundert, ist aber im Stil des vorhergehenden Jahrhunderts gehalten.

Tulipa-Kultivar (Liliaceae)
Tulpe
Albertus Jonas Brandt, Anfang 19. Jahrhundert
Wasserfarbe und Graphitstift auf Papier
263 x 203 mm, Holländische Sammlung

Diese dunkelpurpur geflammte »Bybloemen«-Tulpe zeichnet sich durch die kugelige Form aus, die die Züchter englischer Floristentulpen so schätzten. Zu John Gerards Zeit, also im frühen 17. Jahrhundert, waren gemusterte Tulpen auch auf den Britischen Inseln bereits gut bekannt. Er erwähnt »verwirrend gestreifete« Tulpen, doch kam es in England nie zu einer Manie, die dem niederländischen Tulpenfieber vergleichbar gewesen wäre.

Tulipa-Kultivar (Liliaceae)
Tulpe
M. J. Barbiers, geb. Snabilie, ca. 1800–1810
Wasserfarbe und Deckfarbe auf Papier
243 x 319 mm, Holländische Sammlung

Die Komposition dieses Bildes steht ganz in der Tradition der niederländischen Schule der Blumenmalerei, die Mitte des 17. Jahrhunderts ihren Gipfel erreichte. Dargestellt sind nicht nur gemusterte Tulpen, eine »Bizarre« und eine »Bybloemen«, sondern auch Pelargonium-Blüten (Geranien) und zwei Falter – alles offenbar nach der Natur gezeichnet und absolut akkurat.

Tulipa-Kultivar (Liliaceae)
Tulpe
J. J. Hormann, ca. 1900–1910
Wasserfarbe und Deckfarbe auf Papier
193 x 242 mm, Holländische Sammlung

Die extrem dunklen Blüten dieser »Bybloemen«-Tulpe erreichten nie denselben Beliebtheitsgrad wie die helleren Sorten, bei denen mehr Hintergrund sichtbar bleibt. Die ideale gemusterte Tulpe hatte einen reinfarbigen Hintergrund mit klar abgegrenzter andersfarbiger Zeichnung. Jede Verwaschenheit, sei es der Muster- oder der Grundfarbe, machte die Pflanze wertlos.

PRUNKWINDEN

Um mein Brunnenseil
rankte eine Winde sich –
gib mir Wasser, Freund!

KAGA NO CHIYO, BUDDHISTISCHE NONNE UND HAIKU-MEISTERIN (1703–1775), DIE ES NICHT FERTIG BRINGT EINE SO ZAUBERHAFTE BLÜTE ZU ZERSTÖREN, UND DESHALB EINEN NACHBARN UM WASSER BITTET.

Für Pflanzen ist es lebenswichtig, an Licht heranzukommen, denn mit dessen Energie bauen sie ihre Nahrung auf. Bäume erreichen dies, indem sie gerade und kräftig in die Höhe wachsen, doch Schling- und Kletterpflanzen bedienen sich einer unglaublichen Vielfalt von Methoden. Um sich ans Licht recken zu können, müssen sie zweierlei tun: Kontakt zu einer Oberfläche herstellen, an der sie emporklettern können, und sich irgendwo verankern. Kletterpflanzen halten sich mittels Haftwurzeln oder Haftscheiben an einer Fläche fest. Bei den »Schlingern« unterscheidet man zwischen Rankpflanzen, die sich mit Hilfe von Ranken hochziehen, und den eigentlichen Schling- oder Windepflanzen, die sich schraubig um eine Stütze winden, ohne sich daran festzuhalten. Ranken sind außergewöhnliche Gebilde, die aus vielen verschiedenen Pflanzenteilen hervorgehen können, umgeformten Blättern etwa, Zweigen oder Blütenständen. Ranken, die sich spiralig zusammenziehen, bringen die Pflanze näher an die Stütze und geben dem gesamten Aufbau zudem größere Flexibilität, denn die spiralförmige Konstruktion reagiert elastisch auf Bewegung – ein raffinierter biomechanischer Stoßdämpfer. Windepflanzen dagegen heften sich nicht fest an eine Stütze, sondern wachsen in die Höhe, indem sie den gesamten Spross spiralig um eine Rankhilfe wickeln. Diese Art, ins Blätterdach aufzusteigen, mag zunächst weniger effizient erscheinen. Doch man braucht sich nur anzusehen, wie Acker- oder Prunkwinden Oberflächen überwuchern und oft hoch in die Wipfelregion gelangen, um zu merken, dass die Methode ganz hervorragend funktioniert.

Schlingpflanzen faszinieren die Menschen seit langem. Die Art, wie Windengewächse ihre Stütze suchen – indem sie ihr peitschenähnliches Sprossende regelmäßig bewegen –, ließ diese Pflanzen wegen der offenbar zweckgerichteten autonomen Bewegung eher wie Tiere erscheinen. Ihre kreisenden Suchbewegungen nennt man Nutationen. Der Aufbau des Sprossendes, des obersten, nicht abgestützten Teils des Stängels, unterscheidet sich erheblich von dem der restlichen Pflanze. Gewöhnlich steht das Sprossende fest aufrecht; diese Stabilität ist nicht auf Verholzung zurückzuführen, sondern auf einen flexiblen Kern, der wie eine biegsame Röhre von einer steiferen Hülle umgeben ist. Das Gewicht des länger werdenden Sprosses wird demnach hydrostatisch gestützt. Dieser Aufbau dürfte auch bei der Nutation eine Rolle spielen, wo die Spitze aufwärts wächst und dabei in weiten Bögen durch die Luft schwingt, also scheinbar nach einer Stütze »sucht«. Dieses rhythmische Schwingen entsteht von innen heraus, hängt jedoch offenbar mit Signalen der Zellen untereinander zusammen, die zu Unterschieden im Wasserdruck führen, wodurch sich die Gestalt der Zellen allmählich verändert. (Welcher Mechanismus den Antrieb liefert, wird immer noch

Ipomoea indica, Kaiserwinde, J. F. Miller, 1773

Ipomoea trichosperma, J. F. Miller, 1773

untersucht.) Was wie zielgerichtetes Verhalten aussieht, wird also von komplexen Abläufen innerhalb der Zellen ausgelöst.

Auch der große Evolutionstheoretiker Charles Darwin interessierte sich für das Verhalten von Schlingpflanzen. Unmittelbar im Anschluss an sein umstrittenes Werk *Die Abstammung des Menschen* und dessen Begleitband *Der Ausdruck der Gemütsbewegung bei den Menschen und den Tieren* veröffentlichte er 1875 sein erstes Pflanzenbuch: *Die Bewegungen und Lebensweisen der kletternden Pflanzen*. Zusammen mit seinem Sohn Francis kultivierte er Hunderte von grünen Zöglingen – vielleicht als »Gegenmittel« zu den Kontroversen um seine Arbeiten über unsere eigene Spezies. Pflanzen können bekanntlich nicht widersprechen, sondern wachsen einfach immer weiter. In den 1870er Jahren war Darwin Ende sechzig und häufig krank. Obwohl er rege war und voller neuer Ideen steckte, ließ sein Gesundheitszustand stark zu wünschen übrig. Sosehr ihn die Schlinggewächse des Regenwaldes faszinierten, musste er seine Beobachtungen, wie Pflanzen solche Bewegungen überhaupt zustandebringen, deshalb vom Bett aus beginnen: »Um genauer feststellen zu können, welches Maß an Bewegung jedes einzelne Internodium [der Sprossabschnitt zwischen zwei Knoten] vollführte, hielt ich sowohl tagsüber als auch nachts eine eingetopfte Pflanze in dem gut geheizten Raum, auf den ich krankheitshalber beschränkt war. Ein langer Spross schob sich über das obere Ende der Stütze und wand sich beständig im Kreis.« Darwins unglaubliche geistige Energie und seine Entschlossenheit, den Dingen auf den Grund zu gehen, versetzen immer wieder in Erstaunen. Wer würde schon Krankheit zum Anlass nehmen, die Bewegungen von Pflanzen zu studieren?

Darwin und sein Sohn notierten Dauer und Umfang der Nutationen vieler Pflanzen und fanden heraus, dass eine Sprossspitze im Allgemeinen tags wie nachts innerhalb von zwei bis drei Stunden eine Kreisbewegung vollführt. Natürlich gab es je nach Spezies Unterschiede: Eine Hopfenpflanze (*Humulus lupulus*) zog ihre Kreise in bemerkenswert regelmäßigen Intervallen von zwei Stunden bis zwei Stunden zwanzig Minuten, während Purpurtrichterwinden (*Ipomoea purpurea*) jeweils vier bis fünf Stunden dazu brauchten. Andere waren schneller: »Eine *Convolvulus*-Art (Winde) brachte es in durchschnittlich 1 Std. 42 Min. auf zwei Umdrehungen, *Phaseolus vulgaris* (Gartenbohne) in durchschnittlich 1 Std. 57 Min. auf drei.« Vater und Sohn beobachteten, dass das Tempo der Nutationen bei niedrigeren Temperaturen nachließ, in hellem Licht zunahm und auf Berührungen nicht reagierte. Sie rieben die Internodien, schlugen auf Tische, probierten allerlei Stützen aus und schnitten sogar Sprossenden ab, die sie in Wassergefäße stellten – alles, um möglichst viel über die Bewegungsabläufe der Pflanzen in Erfahrung zu bringen. Offenbar brachte Francis den Pflanzen sogar ein Ständchen auf dem Fagott dar, um zu sehen, ob Vibrationen sich irgendwie auf die unablässigen Spiralbewegungen auswirkten! In dieser Form des genauen, scheinbar ungezielten Beobachtens war Darwin ein wahrer Meister. Seine Fähigkeit, Fakten anzuhäufen und diese in Übereinstimmung mit seinen und den Beobachtungen anderer systematisch zu ordnen, ermöglichte es ihm, seine bahnbrechenden Ideen zu entwickeln. Die gedankliche Synthese, aus der letztlich *Der Ursprung der Arten* hervorging, begann mit genau dieser Art detaillierter Beobachtungen.

Ipomoea nil, Kaiserwinde, ca. 1820–1830

Wie allen, die sich mit Schlingpflanzen beschäftigt hatten, fiel auch Darwin auf, dass manche Pflanzen sich im Uhrzeigersinn winden und andere in der Gegenrichtung. Eine alte Ballade besingt die Romanze zwischen einem Geißblatt und einer Prunkwinde: Sie wand sich rechtsherum, er linksherum; ihre Nachkommen wuchsen gerade und fielen um. Darwin bemerkte, dass die Drehrichtung sich in einigen wenigen Fällen

Jacquemontia paniculata, ca. 1820–1830

umkehren konnte – ein Exemplar von *Ipomoea* wand sich zunächst linksherum, dann rechtsherum und anschließend wieder nach links. Das ist jedoch ungewöhnlich. Die meisten Windepflanzen bleiben bei einer Richtung – Prunkwinden und ihre Verwandten drehen sich zumeist im Uhrzeigersinn. Übrigens stand das Drehverhalten der Windenfamilie Pate für ihren wissenschaftlichen Namen, Convolvulaceae, abgeleitet vom lateinischen *convolvere*, »sich herumwinden oder herumschlingen«, und auch die Volksnamen vieler Familienmitglieder beziehen sich auf diese spannende Wuchsform.

Die Ackerwinde (*Convolvulus arvensis*) gilt als gefürchtetes Windengewächs unter den Unkräutern, und auch die Gewöhnliche Zaunwinde (*Calystegia* oder *Convolvulus sepium*) ist wegen ihrer Klammereigenschaften und des um sich greifenden Wurzelwerks berüchtigt. Andererseits treibt sie zauberhafte Blüten.

Der deutsche Name Prunkwinde ist sicherlich nicht weit hergeholt, denn eine von diesen Schlingpflanzen überwucherte Böschung ist in der Tat ein prachtvoller Anblick. Die Blüten der meisten Prunkwinden öffnen sich nur für einen Tag, allerdings schon sehr früh am Morgen – daher auch der Volksname »Morning glory« im englischen Sprachraum. Dies gilt für viele der mehr als 500 Spezies der Gattung *Ipomoea*. Die edle Mondwinde (*Ipomoea alba*) indessen öffnet ihre weißen, duftenden Blüten bei Nacht; Linné nannte diese Pflanze übrigens *Ipomoea bona-nox*, was so viel heißt wie Schöne Nachtwinde. Die Blüten aller Prunkwinden besitzen eine ähnliche Form: In der Knospe eingedreht und regelmäßig gefaltet, öffnen sie sich zu lodernden Kelchen in einer breiten Farbpalette, die von Weiß über Gelb bis Rot reicht. Dabei ist die Knospe stets im Uhrzeigersinn verdreht, also genau entgegen der Drehrichtung der Stängelwindung. Auf dem Höhepunkt ihrer Blütenbildung im Hochsommer können Prunkwinden von Blüten übersät sein.

In Japan gelten Prunkwinden als Symbol des Sommers. Auf dem Prunkwinden-Markt in Tokio, dem Asagao-Ichi, werden sie zu Tausenden als Topfpflanzen verkauft. Dort sowie in

Links: *Ipomoea nil*, Kaiserwinde; rechts: *Merremia* cf. *umbellata*, Goldwinde, ca. 1820–1830

Ipomoea obscura, Prunkwinde, ca. 1820–1830

China bevorzugt man die Kaiserwinde oder Japanische Kaiserglocke (*Ipomoea nil*), die seit langem auf chinesischem Porzellan auftaucht, besonders prächtig übrigens auf den blau-weißen Ming-Vasen aus dem 15. Jahrhundert. Doch den Höhepunkt erreichte ihre Kultivierung in Japan. Im 18. Jahrhundert wurde die Prunkwinde – angeblich wegen ihrer heilenden Eigenschaften – von China nach Japan eingeführt, wo man im Lauf der Jahrhunderte viele prächtige Varianten von *Ipomoea nil* züchtete: gefüllt blühende, in vielen verschiedenen Blau-, Purpur- und Weißschattierungen und mit riesigen Blüten. Kaiserwinden waren das ganze 17. und 18. Jahrhundert hindurch beliebt, erreichten den Gipfel der Wertschätzung aber in der Meiji-Periode, in der die kaiserliche Hauptstadt von Kyoto nach Edo (das heutige Tokio) verlegt wurde. Nach 1880 fand regelmäßig das prachtvolle Prunkwinden-Fest statt, bis der immer enger werdende Grundstücksmarkt im Großraum Tokio Anfang des 20. Jahrhunderts den Niedergang einläutete. Nach dem Zweiten Weltkrieg erweckten örtliche Händler das Fest wieder zum Leben, und heute steht im Juli halb Tokio drei Tage lang ganz im Zeichen der Prunkwinde. Mit dieser vergänglichsten und sommerlichsten aller Blumen feiern die Japaner die warme Jahreszeit und schicken sie per Zustelldienst direkt vom Markt an Freunde oder Angehörige, auf dass sie dem Empfänger Glück bringen mögen.

Prunkwinden gedeihen überall, in den Tropen wie auch in den gemäßigten Breiten. Früher nutzte man sie in heißen Klimazonen gern als schnell wachsende Schattenspender für Veranden und Eingänge. Besonders vielgestaltig ist die Familie der Prunkwinden in den Trockenzonen der Erde vertreten. In Wüsten, vor allem auf dem amerikanischen Doppelkontinent und in Australien, sind sie wichtiger Bestandteil der krautigen Schlingpflanzenflora. Viele dieser Wüstenarten besitzen große Speicherwurzeln (genau wie das gefürchtete Unkraut *Convolvulus arvensis*), andere sind kurzlebige Einjährige.

In Mexiko, wo es eine große Vielfalt von Prunkwinden gibt, wurden sie freilich nicht allein wegen ihrer Schönheit geschätzt. Der spanische Arzt Francisco Hernández, der das Land in den Jahren nach der Eroberung durch die Spanier bereiste, berichtete vom Einsatz einer »Ololiuqui« genannten Pflanze bei Weissagungen. »Wenn die Priester mit ihren Göttern Kontakt aufnehmen und eine Botschaft von ihnen empfangen wollten, nutzten sie diese Pflanze, um ein Delirium zu erzeugen, in dem ihnen tausenderlei Visionen und satanische Halluzinationen erschienen.« Jahrhundertelang war es ein Geheimnis, worum es sich bei Ololiuqui tatsächlich handelte. Einige hielten die Pflanze für ein Nachtschattengewächs (wie *Datura*, ein Stechapfel, dessen Blüten denen der Prunkwinde sehr ähnlich sind). Diese Zuordnung wurde weithin, wenn auch nicht allgemein, anerkannt, bis der Harvard-Botaniker Richard Evans Schultes einige Exemplare der in Oaxaca in Mexiko kultivierten Winde *Turbina corymbosa* sammelte, deren Samen bei Weissagungen Verwendung fanden. Damit war die Identität von Ololiuqui geklärt.

Ipomoea aquatica, Wasserspinat, ca. 1820–1830

Ein Blick auf die frühesten Abbildungen zeigt, dass es sich eindeutig um Prunkwinden handelt – mit dem typischen Windenwachstum, herzförmigen Blättern und den charakteristischen Trichterblüten. In den 50er Jahren wies der amerikanische Psychiater Humphrey durch Selbstversuche nach, dass ein Verzehr der Samen zunächst Apathie hervorruft, gefolgt von Visionen und schließlich entspanntem Wohlbefinden. Andere hingegen konnten keinerlei Wirkung feststellen. Obwohl botanisch bestimmt, blieb Ololiuqui also weiterhin ein Rätsel.

Erst als ein anderer in Oaxaca tätiger Botaniker entdeckte, dass manche Indios auch die pechschwarzen Samen der Prunkwinde *Ipomoea tricolor* als Narkotikum einnahmen, stand fest, dass es sich tatsächlich um psychoaktive Pflanzen handeln musste. Aber welche chemische Verbindung war hier am Werk? Die wirksamen Alkaloide beider Windenarten erwiesen sich als echte Überraschung: Es waren Ergot- oder Mutterkornalkaloide, wie man sie zuvor nur von Pilzen wie *Claviceps* oder *Penicillium* kannte. Der Schweizer Chemiker Albert Hofmann isolierte in den 30er Jahren sowohl aus *Turbina* als auch aus *Ipomoea tricolor* mehrere verschiedene Ergotalkaloide, fand als Hauptbestandteil beider jedoch Lysergsäureamid (Ergin). Hofmann klärte die Wirkung dieser Verbindungen im Selbstversuch – er nahm die beiden Hauptbestandteile Ergin und Isoergin in reiner Form ein, und stellte fest, dass beide Alkaloide psychomimetisch wirken (d.h. psychotische Symptome auslösen können). Nun hatte Hofmann 1938 aus Lysergsäure ein starkes Halluzinogen synthetisiert – d-Lysergsäure-Diäthylamid oder LSD –, das sich von den in Ololiuqui natürlich vorkommenden Alkaloiden nur durch einige chemische Nebengruppen unterscheidet. Der in Ololiuqui vorhandene Alkaloid-Cocktail zeigte jedoch eine ausgeprägt narkotisierende Wirkung. Wie Hofmann herausfand, sorgen Ergin wie auch Isoergin für ein entspanntes, schläfriges Gefühl, während LSD ein reines Halluzinogen ist, hundertmal stärker und mit höchst spezifischer Wirkung.

Als sich herumsprach, dass Prunkwinden halluzinogene Mutterkornalkaloide enthalten, kam es laut Schultes in »gewissen Randgruppen der amerikanischen und der europäischen Gesellschaft« in Mode, Prunkwindensamen zu essen. Bezugsquelle dafür war der Gartenfachhandel. Doch der Missbrauch nahm solche Formen an, dass der freie Verkauf von Prunkwindensamen vielfach eingeschränkt wurde. Im Grunde überrascht es ohnehin, dass sie so beliebt waren, denn angeblich wurde den meisten Menschen davon entsetzlich übel. Viele gezüchtete

Ipomoea alba, Mondwinde, ca. 1820–1830

Ipomoea mauritiana, Mauritius-Winde, ca. 1820–1830

Sorten haben keine halluzinogene Wirkung, doch dass die Wirkung von Prunkwinden ein reiner Mythos ist, wie behauptet wurde, stimmt nicht. Diverse andere Mitglieder der Familie fanden als Ersatz für LSD sogar Eingang in die Drogenszene, und die meisten untersuchten Prunkwinden enthielten Mutterkornalkaloide.

Eine weitere mysteriöse Prunkwinde ist die Süßkartoffel oder Batate *(Ipomoea batatas)*. Diese Knollen bildende Prunkwinde mit fantastischen purpurrosafarbenen Blüten hat, vom Namen abgesehen, rein gar nichts mit der Kartoffel gemein und ist in der Natur nicht zu finden. Vermutlich in Süd- oder Mittelamerika heimisch, fand diese pentaploide Kulturpflanze über den ganzen pazifischen Raum Verbreitung. Süßkartoffeln bildeten die Nahrungsgrundlage der Bewohner der Osterinsel. Staunend registrierte der norwegische Forscher Thor Heyerdahl im Rahmen seiner Studien der Flora und Fauna auf der entlegenen Marquesasinsel Fatu Hiva die enorme Bedeutung des Süßkartoffelanbaus in Polynesien. In Verbindung mit seinen Beobachtungen hinsichtlich der vorherrschenden Windrichtung (von Ost nach West) kam er zu dem Schluss, dass die Polynesier nicht, wie ursprünglich angenommen, aus Asien eingewandert waren, sondern aus Südamerika. Um seine Theorie zu untermauern, segelte er 1947 mit seinem Balsafloß *Kon-Tiki* von der peruanischen Küste in 101 Tagen nach Raroia, Polynesien. Es war also möglich. Doch allein die Möglichkeit bedeutet nicht, dass etwas auch wirklich so gewesen ist, und in der Tat haben Genforscher vor kurzem Beweise dafür entdeckt, dass die Polynesier mit den Völkern Asiens, und nicht denen Südamerikas, verwandt sind. Nun wenden sie ihre Aufmerksamkeit der Süßkartoffel zu. Eines Tages wird ihr Geheimnis gelüftet werden, ebenso wie das der Menschen, die sich von ihr ernähren.

Berauschend, kurzlebig und geheimisvoll – Prunkwinden erobern sich rasch einen Platz in unserer Fantasie und sind schon fast zu einem Symbol für die Beziehungen zwischen dem Menschen und den Pflanzen in seinem Umfeld geworden.

Ipomoea pandurata, Prunkwinde, Simon Taylor, Mitte 18. Jh.

Ipomoea indica (Burman f.) Merrill
(Convolvulaceae), Kaiserwinde
John Frederick Miller, 1773
Wasserfarbe und Tusche auf Papier
535 x 360 mm, Sammlung Cook

Die am Ufer des ostaustralischen Flusses Endeavour gesammelten Blüten dieser Prunkwinde beschrieb Sydney Parkinson, Illustrator an Bord der Endeavour, als »blassblau mit einem Hauch Rosaviolett, das zur außenseits weißen Röhre hin immer heller wird«. Seine detaillierten Notizen und sorgfältigen Skizzen mit Farbhinweisen ermöglichten es Banks' Künstlern in London, eine exakte Abbildung anzufertigen.

Ipomoea trichosperma Blume (Convolvulaceae)
John Frederick Miller, 1773
Wasserfarbe und Tusche auf Papier
535 x 360 mm, Sammlung Cook

Der Zeichner Sydney Parkinson machte regelmäßig Anmerkungen zu seinen Skizzen, nach denen diese Illustrationen entstanden: »Oberseite der Blüte, Staubblätter & Griffel weiß, die Nerven auf der Unterseite mit Purpur überhaucht, das zur Röhre hin verblasst, diese an der Blattoberseite grün, mit hellen vorstehenden Adern, unterseits gräulich-grün mit dunkleren Adern und vorstehenden Nerven. Stängel und Kelch purpur-violett.«

Ipomoea nil (L.) Roth (Convolvulaceae)
Kaiserwinde, Japanische Kaiserglocke
Künstler unbekannt, ca. 1820–1830
Wasserfarbe auf Papier, 193 x 124 mm
Sammlung Reeves

In China heißt Ipomoea nil u.a. »Lieye qian niu«, was so viel bedeutet wie »geteiltes Blatt zum Führen eines Ochsen«. Dieser Name bezieht sich auf die Legende von einem Bauern, der, durch den Samen der Kaiserwinde von einer schweren Krankheit geheilt, seinen wertvollsten Besitz (d.h. sein Vieh) auf die Felder führte, wo die Pflanze wuchs, um dieser damit seinen Dank abzustatten.

Jacquemontia paniculata (Burman f.) Hallier f.
(Convolvulaceae)
Künstler unbekannt, ca. 1820–1830
Wasserfarbe auf Papier, 193 x 124 mm
Sammlung Reeves

Eine genaue Zuordnung dieser Prunkwinde ist schwierig, aber sie sieht einer Purpurtrichterwinde ähnlich, bei der mehrere Blüten an einem langen Stiel sitzen. Die Unterschiede zwischen den Gattungen und Arten der Windenfamilie beschränken sich häufig auf Details im Aufbau der Narbe und andere Einzelheiten. Fehlen diese auf einer Abbildung, können wir nur raten, um welche Pflanzen es sich handelt.

Links: *Ipomoea nil* (L.) Roth, Kaiserwinde
Rechts: *Merremia* cf. *umbellata* (L.) H. Hallier,
Goldwinde (beide Convolvulaceae)
Künstler unbekannt, ca. 1820–1830, Wasserfarbe
auf Papier, 373 x 463 mm, Sammlung Reeves

Diese chinesische Komposition ist eher künstlerisch als botanisch. Zwar sind die Pflanzen mehr oder weniger erkennbar, die Blütendetails bleiben jedoch sehr skizzenhaft. Vor allem die Merremia-Blüten sind lediglich gelbe Scheiben. Die Darstellung der gewundenen Stängel indessen zeigt den Habitus von Prunkwinden absolut naturgetreu.

Ipomoea obscura (L.) Ker Gawl. (Convolvulaceae)
Prunkwinde
Künstler unbekannt, ca. 1820–1830
Wasserfarbe und Tusche auf Papier
483 x 332 mm, Sammlung Nathaniel Wallich

Bei Prunkwinden denken wir gewöhnlich an weiß oder blau blühende Pflanzen wie die Ipomoea-trifida-Sorten 'Pearly Gates' und 'Heavenly Blue'. Dabei tragen viele Gattungen und Arten auch gelbe Blüten. Nathaniel Wallich sammelte und beschrieb viele Pflanzen aus Indien und Nepal, und die botanische Exaktheit seiner Darstellung lässt vermuten, dass er den Künstler auf wichtige Details hinwies.

Ipomoea aquatica Forssk. (Convolvulaceae)
Wasserspinat
Künstler unbekannt, ca. 1820–1830
Wasserfarbe und Deckfarbe auf Papier
359 x 467 mm, Sammlung Reeves

Weil Blätter und Stängel des so genannten Wasserspinats, in der Pfanne zubereitet, ein schmackhaftes Gemüse ergeben, wird dieses Windengewächs in subtropischen Regionen gerne in Teichen ausgesetzt. Das hat freilich oft fatale Folgen, denn die Pflanzen wuchern hemmungslos. Sie ersticken die heimische Wasserflora und sind obendrein ideale Brutstätten für Moskitos.

Ipomoea alba L. (Convolvulaceae)
Mondwinde
Künstler unbekannt, ca. 1820–1830
Wasserfarbe und Deckfarbe auf Papier
365 x 465 mm, Sammlung Reeves

Die Mondwinde ist vermutlich in der Neuen Welt heimisch, mittlerweile aber in den tropischen und subtropischen Regionen beider Hemisphären weit verbreitet. Pflanzen, die für uns attraktive Eigenschaften besitzen – in diesem Fall der betörende Duft der sich nachts öffnenden Blüten –, gelangten mit dem Menschen schon früh in aller Herren Länder. Und das macht es schwierig, im Nachhinein den eigentlichen Ursprung zu bestimmen.

Ipomoea mauritiana Jacq. (Convolvulaceae)
Mauritius-Winde
Künstler unbekannt, ca. 1820–1830
Wasserfarbe auf Papier, 374 x 246 mm
Sammlung Reeves

Die Wurzelknollen dieser Pflanze, die auf Hindi »Bhilaykand« oder »Bhuyikohada« heißen, kommen in der ayurvedischen Medizin bei pitta- und vata-Problemen zur Anwendung. Pitta wird mit »Galle« übersetzt, vata mit »Luft«. Pitta ist für alle physiochemischen Vorgänge im Körper verantwortlich (den Stoffwechel etwa und die Erzeugung von Wärme und Energie), Vata beeinflusst Bewegung und Gefühle.

Ipomoea pandurata (L.) G. Mey. (Convolvulaceae)
Prunkwinde
Simon Taylor, Mitte 18. Jahrhundert
Wasserfarbe und Deckfarbe auf Pergament
460 x 320 mm

Zeichnen oder malen kann man nicht nur auf Papier oder Leinwand. Viele botanische Künstler des 18. Jahrhunderts bevorzugten Pergament als Malgrund. Pergament besteht aus ungegerbter Tierhaut, meist von Schaf oder Ziege, die gewaschen, enthaart, geglättet und auf unterschiedliche Stärken gezogen wird. Das cremeweiße Leder verleiht dem fertigen Werk besondere Leuchtkraft. Allerdings war sorgfältigstes Arbeiten geboten, denn eventuelle »Ausrutscher« mussten abgeschabt werden.

BOTANISCHE NOMENKLATUR

Botaniker klassifizieren Pflanzen mit einer ganzen Reihe unterschiedlicher Kategorien, doch ich beschränke mich in diesem Buch auf die drei wichtigsten: Familie, Gattung und Art (oder Spezies). Familien bestehen aus Gattungen, die gemeinsame Merkmale besitzen, die sie von einem gemeinsamen Vorfahren geerbt haben. So sind beispielsweise alle Magnolien Mitglieder der Familie Magnoliaceae (Magnoliengewächse). Eine Gattung wiederum vereint eine enger definierte Gruppe verwandter Arten mit zahlreichen gemeinsamen Merkmalen, während sich eine Art zusätzlich durch einzigartige Charakteristika auszeichnet, die sie von allen anderen unterscheiden.

Die wissenschaftlichen Namen der Pflanzen und Tiere sind fast immer lateinischen Ursprungs, was damit zusammenhängt, dass Latein zu Beginn des Wissenschaftszeitalters die Sprache der Gelehrten war. Auch wenn *Magnolia liliiflora* in China »Mu-lan« genannt wird, im englischen Sprachraum »Lily-flowered magnolia« und bei uns Purpurmagnolie, gewährleistet der wissenschaftliche Name, dass Menschen aller Nationalitäten wissen, dass tatsächlich dieselbe Pflanze gemeint ist.

Als die Taxonomie (die Einordnung von Lebewesen in ein Ordnungssystem) noch in den Kinderschuhen steckte, gaben Wissenschaftler den Organismen sehr lange deskriptive lateinische Namen, von denen der erste die Gattung bezeichnete. Es war das Verdienst des großen schwedischen Naturforschers Carl von Linné, die Benennung von Pflanzen und Tieren revolutioniert zu haben. Er schlug ein System vor, nach dem jede Art einen nur noch zweiteiligen Namen tragen sollte – Gattungs- und Artnamen nämlich. Der Gattungsname wird, anders als im Deutschen, vorangestellt, der Artname, in der Regel ein Adjektiv, nachgestellt. Man einigte sich darauf, Gattung und Art kursiv zu schreiben (Familiennamen hingegen nicht), wobei der Gattungsname mit einem Großbuchstaben beginnt, der Artname jedoch nur in Ausnahmefällen, etwa dann, wenn er sich auf eine Person oder einen geografischen Ort bezieht. Unser eigener wissenschaftlicher Name lautet übrigens *Homo* (die Gattung) *sapiens* (das die Art bezeichnende Adjektiv) in der Familie Pongidae.

Die wissenschaftliche Benennung von Pflanzen wird vom *Internationalen Code der Botanischen Nomenklatur* bestimmt, einer weltweit anerkannten Sammlung von Regeln und Empfehlungen, die alle sechs Jahre auf einem internationalen Kongress überprüft wird. Die zwei wichtigsten Grundsätze sind die erwähnte Schreibweise und das Prioritätsprinzip: Der älteste Name, also der, der zuerst für eine Gattung oder Art veröffentlicht wurde, hat Priorität vor allen anderen und muss folglich auch benutzt werden. Dies kann dann zu Verwirrungen führen, wenn Namen mit einer langen Geschichte plötzlich geändert werden, weil irgendwo eine früher gedruckte andere Bezeichnung auftaucht. Allerdings bietet der Kodex auch die Möglichkeit, Namen zu schützen und endgültig zu verwerfen. Diese Regel kann angewandt werden, um den Status quo zu erhalten – aber die Begründung muss schon sehr gut sein. Ein weiterer Grund für Namensänderungen kann sich ergeben, wenn sich neue Verwandtschaftsverhältnisse herausstellen. Dabei geht es meist um die Zugehörigkeit zu einer Gattung. Ein Beispiel dafür ist der wissenschaftliche Name der Tomate: Anfangs von Linné als *Solanum lycopersicum* beschrieben, erhob Philip Miller sie später zu einer eigenen Gattung, die er *Lycopersicon esculentum* taufte. Heute wissen wir, dass Tomaten in der Tat zur Gattung *Solanum* gehören (sie sind eng mit Kartoffeln verwandt!), und nennen sie wieder *Solanum lycopersicum*.

Abgesehen von ihrer kulturübergreifenden Verständlichkeit müssen sich wissenschaftliche Namen eindeutig zuordnen lassen, und deshalb wird, meist abgekürzt, der Nachname der Person angehängt, die ihn geprägt hat. Beispielsweise beschrieb Robert Brown eine bis dato unbekannte Art der Palmengattung *Livistona* und taufte sie *Livistona humilis*. Ihr vollständiger botanischer Namer lautet: *Livistona humilis* R. Br. (so die Standardabkürzung für Robert Brown). Damit ist diese Art von möglichen anderen Pflanzen, die den Namen *Livistona humilis* tragen, unterschieden. Steht das Namenskürzel eines Autors in Klammern, bedeutet dies, dass er diese Art als Erster benannte, sie aber einer anderen Gattung zuordnete. Zum Beispiel war der deutsche Botaniker Eduard Friedrich Poeppig der Erste, der die »königliche Seerose« beschrieb, und zwar als *Euryale amazonica*; sie hieß folglich *Euryale amazonica* Poeppig. Spätere Botaniker gelangten jedoch zu dem Schluss, dass sie sich genug von anderen *Euryale*-Arten unterschied, um eine eigene Gattung zu rechtfertigen. Sie wählten daher den Namen *Victoria regia* für dieselbe Pflanze. Da der Artname *amazonica* jedoch älter als der Artname *regia* war, hatte er Priorität. Folglich heißt diese Seerose heute *Victoria amazonica* (Poepp.) Sowerby – John Sowerby war es nämlich, der das ganze Durcheinander aufklärte und die korrekte Zusammensetzung aus Gattungs- und Artname bildete.

Der leichteren Lesbarkeit halber habe ich in diesem Buch (außer bei den Bildlegenden) die Namen ohne Autorenkürzel verwendet, aber wenn man es ganz genau nimmt, gehören sie dazu. Nur so nämlich können die Klassifizierer ihre Aufgabe korrekt erfüllen. Und das ist schließlich die Grundlage der universellen Sprache der Biologie.

BIOGRAFIEN & SAMMLUNGEN

JUDITH MAGEE, MISSOURI BOTANICAL GARDEN, ST. LOUIS, MISSOURI, USA

FRANZ BAUER, 1758–1840, Feldsberg, Österreich
Der Vater von Franz Bauer war Maler im Dienst des Fürsten von Liechtenstein; Franz und zwei seiner Brüder traten in seine Fußstapfen. Schon als Knaben malten alle drei für Norbert Boccius, Wundarzt und Prior des Konvents der Barmherzigen Brüder in Feldsberg (heute Valtice, Tschechische Republik), die Pflanzen ihrer österreichischen Heimat. Boccius gab den Jungen Malunterricht und lehrte sie, Pflanzen botanisch exakt darzustellen. Franz Bauer kam 1788 nach London, wo ihm Sir Joseph Banks eine Stellung als Illustrator am Botanischen Garten von Kew anbot, die er bis zu seinem Tod im Jahr 1840 innehatte. Kaum ein anderer Pflanzenmaler hatte eine so ausgefeilte Technik wie Franz Bauer, der auch ein ausgezeichneter Botaniker wurde und bei seinen höchst detaillierten Darstellungen mit dem Mikroskop arbeitete. Er und sein Bruder gelten als die größten botanischen Künstler aller Zeiten.

FERDINAND BAUER, 1760–1826, Feldsberg, Österreich
Wie sein Vater und der ältere Bruder wurde auch Ferdinand Maler. 1785 lernte er den Oxforder Botanikprofessor John Sibthorp kennen, der ihn für eine Forschungsreise in die Levante engagierte. 1801 begleitete Bauer als Naturkundemaler auf der *Investigator* Kapitän Matthew Flinders Expedition zur Erforschung des Küstenverlaufs des australischen Kontinents. In den rund vier Jahren, die Bauer in Australien verbrachte, entstanden über 2000 Darstellungen von Pflanzen und Tieren. Seine Aquarellbilder von der Flora und Fauna Australiens gelten als die schönsten ihrer Art. 1814 kehrte Bauer nach Wien zurück.

JAMES BOLTON, 1735–1799, Sowerby, Yorkshire
Bolton war der Sohn eines Webers und soll in jungen Jahren selbst von diesem Beruf gelebt haben. Seine botanischen Kenntnisse und malerischen Fertigkeiten erwarb er sich als Autodidakt; später fertigte er auch Stiche an. Wie sein Bruder Thomas besaß er fundierte botanische Kenntnisse, und die beiden Brüder legten große naturkundliche Sammlungen an. James interessierte sich besonders für die Niederen Pflanzen wie Moose, Pilze und Farne und erwarb sich mit deren Darstellungen die Hochachtung vieler Naturforscher seiner Zeit. Beide Brüder wurden von der Herzogin von Portland gefördert und korrespondierten mit Leuten wie Peter Collinson, Philip Miller und Edward Smith, dem Gründer der Linnean Society. James unternahm ausgedehnte Reisen in den Norden Englands, um die dort heimischen Pflanzen zu sammeln, zu katalogisieren und zu zeichnen. 1778 ließ er sich in Halifax nieder, wo er bis zu seinem Tod im Jahr 1799 lebte.

PETER BROWN, tätig um 1758–1799
Es ist zwar nicht erwiesen, dass Peter Brown Schüler von Georg Dionys Ehret war, aber bestimmt war er von dem großen Künstler beeinflusst. Brown stellte in den Jahren zwischen 1766 und 1791 an der Society of Artists und der Royal Academy aus. Fast alle seine Blätter stellen Blumen dar, aber er malte auch Vögel wie etwa den Braunhals-Säbelschnäbler für Thomas Penns *Arctic Zoology* (1784/1785). Auf dem Höhepunkt seines Erfolgs wurde er Hofmaler des Prinzen von Wales.

ARTHUR HARRY CHURCH, 1865–1937, Plymouth
Mit den 100 Pfund, die ihm seine Mutter hinterlassen hatte, studierte Church am University College in Aberystwyth, dann mit einem Stipendium in Oxford, wo er 1894 seinen Abschluss in Botanik machte. Er arbeitete bis 1930 als Demonstrator an der botanischen Fakultät am Jesus College. Church spezialisierte sich auf Komparative Morphologie der Pflanzen. Seine Arbeit auf dem Gebiet der theoretischen und praktischen Botanik wird von vielen als revolutionär angesehen, und seine Arbeit als Künstler steht dem in nichts nach. Seine Aquarellzeichnungen von der Struktur von Pflanzen wurden in sein 1908 erschienenes Buch *Types of Floral Mechanism* aufgenommen. Diese scharf konturierten Darstellungen sind von minutiöser Detailgenauigkeit und leuchtender Farbigkeit. Sie bilden den perfekten Kontrast zu seinen in Schwarz-Weiß gehaltenen Blütenquerschnitten.

JOHANN CHRISTOPH DIETZSCH, 1710–1768, Nürnberg
Dietzsch stammt aus einer Künstlerfamilie, deren Mitglieder fast alle Pflanzenmaler waren; Dietz selbst malte auch Landschaften. Sein Geburtsort Nürnberg gehörte im 18. Jahrhundert zu den Zentren botanischer Kunst, und die Familie Dietzsch war berühmt und hoch geachtet. Dietzsch selbst, sein Vater und zwei seiner Schwestern arbeiteten für die Freie Reichsstadt Nürnberg. Das Markenzeichen der Familie war der dunkelbraune oder schwarze Gemäldehintergrund. Durch den Kontrast kamen die Farben umso mehr zur Geltung.

GEORG DIONYS EHRET, 1708–1770, Heidelberg
Ehret war der Sohn eines Gärtners und selbst lange Jahre als Gärtner tätig. Die Technik der Aquarellmalerei brachte er sich selbst bei und beschloss mit 23, Maler und Botaniker zu werden. Nach großen Anfangsschwierigkeiten fand er schließlich Anerkennung bei dem Nürnberger Arzt Christoph Jacob Trew, der Ehrets Mäzen und lebenslanger Freund wurde. 1736 reiste Ehret nach Holland, wo er Linné kennen lernte und

mit ihm zusammen am *Hortus Cliffortianus* (1738) arbeitete. Schließlich übersiedelte er nach London, da er die englischen Gärten bevorzugte, die im Gegensatz zu den holländischen voll »echter und exotischer Pflanzen« waren, und wurde berühmt als einer der größten botanischen Künstler seiner Zeit. Auf seinen zahlreichen Zeichnungen auf Papier und Pergament sind aus allen Erdteilen eingeführte Pflanzen zu sehen. 1757 wurde er als einziger Ausländer Fellow der Royal Society.

WALTER HOOD FITCH, 1817–1892, Glasgow
Fitch, der als ständiger botanischer Maler am Königlich Botanischen Garten von Kew tätig war, gilt als einer der produktivsten botanischen Künstler. Zwischen 1834 und 1877 war er der wichtigste Beiträger von Zeichnungen für das von William Curtis herausgegebene *Botanical Magazine*. Er fertigte auch Lithographien seiner Arbeiten an. Andere wichtige Arbeiten waren Zeichnungen für *Icones Plantarum* (1836–1876) *Rhododendrons of Sikkim-Himalaya* (1849–1851) von W. J. Hooker und für H. J. Elwes' Monographie *Genus Lilium* (1877–1880). Fitch schrieb mehrere Artikel zum Thema Pflanzenillustrationen, die 1869 im *Gardener's Chronicle* veröffentlicht wurden. 1880 gewährte ihm Disraeli ein staatliches Altersruhegeld von jährlich 100 Pfund.

JOHN FLEMING, 1747–1829
Fleming arbeitete als Chirurg im indischen Gesundheitsdienst in Bengalen. Als zudem ausgebildeter Botaniker wurde er 1793 zum kommissarischen Direktor des Botanischen Gartens von Kalkutta ernannt. Sein Hauptinteresse galt den Heil- und Nutzpflanzen, weshalb er ausgedehnte Sammelreisen in verschiedene Regionen Indiens unternahm. Die Blätter der Sammlung Fleming sind ausgewählte Kopien von über 2000 Zeichnungen, die einheimische indische Künstler für William Roxburgh angefertigt hatten. Unterstützt von Sir Joseph Banks und der Ostindienkompanie, begann Roxburgh Teile seines Buches *Plants of the Coast of Coromandel* (1795–1819) zu veröffentlichen. Die Originalzeichnungen lagen um 1795 komplett vor. Die Kopien der Zeichnungen entstanden für die Freunde von Roxburgh, unter ihnen auch John Fleming; sie stammen etwa aus der Zeit zwischen 1795 und 1805. Die Sammlung Fleming besteht aus mehr als 1160 Zeichnungen, die 1882 vom Natural History Museum erworben wurden.

ANDREAS FRIEDRICH HAPPE, 1733–1802, Aschersleben
Der Naturforscher und Maler Happe arbeitete an der Berliner Akademie der Wissenschaften. Die Abbildungen in diesem Buch stammen aus seinem sechsbändigen Werk *Botanica Pharmaceutica* (1785). Es handelt sich um zwei der sechs handkolorierten Stiche in diesem Buch, alle anderen Abbildungen sind Originale.

JAKOB VAN HUYSUM, 1687–1740, Amsterdam
Jacob war der jüngere von zwei Brüdern, die beide berühmte Blumenmaler waren. Die letzten 20 Jahre seines Lebens verbrachte er in England, wo er Illustrationen für John Martyns *Historia Plantarum Rariorum* (1728–1736) und den *Catalogus Plantarum* (1730) der Society of Gardeners lieferte. Er war zeitweilig mit Ehret befreundet, und die gebundene Mappe von Huysums Zeichnungen im NHM enthält auch einige Arbeiten von Ehret. Als Pflanzenmaler fertigte Huysum auch Kopien alter Meister an, aber seine Fähigkeiten auf diesem Gebiet reichen bei weitem nicht an die seines älteren Bruders Jan van Huysum heran.

WILLIAM KING, tätig um 1755–1765, Totteridge, Hertfordshire
King war ein Zeitgenosse von Ehret, und wie dieser malte er viele Pflanzen im Garten von Peter Collinson in Mill Hill. Seine Blumenbilder stellte er bei der Free Society of Artists in London aus.

JOHN LINDLEY, 1799–1865, Norfolk
Zu Beginn seiner Laufbahn arbeitete Lindley als Hilfsbibliothekar für Sir Joseph Banks, später für die Horticultural Society of London. Er war Botaniker und von 1829–1860 Professor für Botanik am University College in London. Lebende Pflanzen zu zeichnen hielt er für einen unverzichtbaren Bestandteil seines Faches. 1820 wurde er Fellow der Linnean Society, 1828 Fellow der Royal Society. 1841 gründete er zusammen mit Sir Joseph Paxton *Gardener's Chronicle*. Von 1858 bis 1863 war er zudem Schriftführer der Royal Horticultural Society.

OLGA MAKRUSCHENKO, Moskau
Die junge Moskauer Künstlerin arbeitet mit verschiedenen Airbrush-Techniken. Ihre Werke fangen die Ausstrahlung und die Vitalität der Pflanzen ein, die man in anderen zeitgenössischen botanischen Illustrationen so häufig vermisst. Diese hier gezeigte Arbeit, die das Natural History Museum 2001 direkt von der Künstlerin erwarb, fand als erstes Kunstwerk im neuen Jahrhundert Aufnahme in die Sammlung botanischer Kunst.

MARGARET MEEN, tätig um 1770–1820, Suffolk
Um 1775 zog Meen nach London, wo sie Blumen- und Insektenmalerei lehrte. Zwischen 1775 und 1785 stellte sie ihre Arbeiten an der Royal Academy aus, 1810 in der Watercolour Society, deren Mitglied sie war. Einen Großteil ihrer Zeit verbrachte sie damit, Pflanzen in Kew Gardens zu malen. 1790 veröffentlichte sie die erste Ausgabe von *Exotic Plants from the Royal Gardens at Kew*, die sie Königin Charlotte widmete. Obwohl ursprünglich zwei Ausgaben pro Jahr geplant waren, blieb es bei dieser ersten Ausgabe.

Anna Maria Sibylla Merian, 1647–1717, Frankfurt
Merian war die Tochter eines Kupferstechers. Nach seinem Tod heiratete die Mutter wieder einen Künstler. Merian heiratete auch einen Künstler und zog mit ihm 1670 nach Nürnberg, wo sie als Pflanzenmalerin arbeitete. Da sie in ihrer Ehe unglücklich war, verließ sie ihren Mann und ging mit ihrer Tochter erst nach Amsterdam, 1699 dann nach Suriname, wo sie, mit Unterstützung der holländischen Regierung, zwei Jahre lang Pflanzen und Insekten sammelte und malte. Nach ihrer Rückkehr veröffentlichte sie ihr Suriname Buch *Metamorphosis insectorum Surinamensium* (1705). In der Folgezeit entstanden im Auftrag zahlreicher Bewunderer ihrer Arbeit, unter ihnen Zar Peter der Große, weitere Abbildungen von Pflanzen und Insekten. Berühmte Naturwissenschaftler des 18. Jahrhunderts wie Linné zogen ihre Zeichnungen und die von ihr gesammelten Objekte zu Studienzwecken heran.

Gertrude Metz, tätig um 1775, Bonn
Wie viele andere deutsche botanische Künstler übersiedelte auch Metz nach London, wo sie von 1775 bis 1793 für Sir Joseph Banks malte. Sie dokumentierte die neu eingetroffenen Pflanzen in Kew Gardens und in dem speziell für die Aufzucht von Jungpflanzen angelegten Garten in Hammersmith, der James Lee und Lewis Kennedy gehörte.

John Frederick Miller, tätig um 1770–ca. 1795, London
Miller war der Sohn des Pflanzenmalers Johann Sebastian Müller, der 1744 von Nürnberg nach London übersiedelt war. Sir Joseph Banks wusste ihn als Künstler zu schätzen und engagierte ihn zusammen mit anderen Künstlern, um die von Sydney Parkinson während der *Endeavour*-Reise (1768–1770) angefertigten Skizzen fertig zu stellen. 1772 begleitete er Sir Joseph Banks auf seiner Reise nach Island und zeichnete viele der dabei gesammelten Pflanzen.

Frederick Polydore Nodder, tätig 1770–1800, London
1776 schieden John Frederick Miller, sein Bruder James und John Clevely aus Banks' Diensten aus, und Nodder übernahm es, die restlichen Skizzen von Sydney Parkinson auszuarbeiten und fertig zu stellen. Rund fünf Jahre arbeitete er mit Unterstützung von drei Kupferstechern als einziger Aquarellmaler daran, Banks' *Florilegium of the Endeavour Voyage* zu vollenden. Nodder lieferte auch Bilder zu Erazmus Darwins *Botanic Garden* (1789) sowie zu zwei Werken von Thomas Martyn: *Thirty-eight Plates, with Explanations; Intended to Illustrate Linnaeus' System of Vegetables* (1794) und *Flora Rustica* (1792–1794). Bei Letzterem vollendete er sowohl die Zeichnungen als auch die Stiche. Er stellte in der Royal Academy aus und wurde 1785 zum Botanischen Maler Ihrer Majestät Königin Charlotte ernannt.

Sydney Parkinson, 1745–1771, Edinburgh
Parkinson, Sohn einer Quäkerfamilie, lernte den Beruf des Tuchhändlers. Auf sein künstlerisches Talent wurde Sir Joseph Banks aufmerksam; für ihn malte Parkinson Pflanzenproben aus Neufundland und kopierte die Zeichnungen, die John Loten auf Ceylon angefertigt hatte. Auch in Kew Gardens zeichnete er im Auftrag von Banks und begleitete ihn 1768 auf der Reise mit der *Endeavour*. Viele Darstellungen von Pflanzen und Tieren, die er an den Küsten des Pazifiks gesehen hatte, konnte er noch fertig stellen, starb aber dann auf der letzten Etappe der Rückreise an den Folgen von Ruhr und Malaria.

Clara Pope, ca. 1768–1838
Clara Pope stellte zwischen 1796 und 1838 in der Royal Academy aus und wurde vor allem durch ihre spektakulären großen Formate berühmt. Sie illustrierte Samuel Curtis' Monographie über die Gattung *Camellia* und dessen Werk *Beauties of Flora* (1806–1820). In ihrer Anfangszeit als Künstlerin malte sie Miniaturen und stand Modell. Später malte sie auch lebensgroße Porträts und gab den Töchtern von Adeligen Kunstunterricht. Zu ihren herausragendsten Arbeiten zählen ihre kraftvollen, in leuchtenden Farben gemalten Pfingstrosen-, Kamelien- und Rosenbilder.

John Reeves, (1774–1856, West Ham, Essex)
Reeves kam 1812 als Tee-Inspektor im Auftrag der Ostindienkompanie nach Kanton. Das war damals die einzige für Schiffe aus dem Westen offene chinesische Hafenstadt; alle Aktivitäten europäischer Kaufleute standen unter strikter mandschurischer Aufsicht. Handel war nur in den Wintermonaten gestattet. Von April bis August wichen europäische Kaufleute nach Macao aus. In dieser Zeit konnte sich Reeves seinem Hobby, der Naturgeschichte, widmen. Er absolvierte drei Einsätze in Kanton, die jeweils etwa fünf Jahre dauerten; der letzte endete 1831. 1817 nahm die Horticultural Society in London Reeves' Angebot an, Zeichnungen und einzelne Pflanzen zur Verfügung zu stellen. Unter seiner Aufsicht fertigten einheimische Künstler Abbildungen vieler exotischer Pflanzen an, die man im Westen noch nie gesehen hatte. Die nach ihm benannte Sammlung im Natural History Museum umfasst mehr als 900 botanische Blätter verschiedener Künstler.

T. Reichel, tätig um 1787
Von Reichel gibt es im Natural History Museum elf Aquarelle, die zwischen 1787 und 1789 in Indien entstanden sind. Der Botanische Garten in Madras in Indien gehörte zu den drei bedeutendsten Gärten im Besitz der britischen Ostindienkompanie.

Frank Howard Round, 1879–1958
Round war Zeichenlehrer am Charterhouse College. Seine Irisbilder malte er hauptsächlich nach Feierabend. Die in der botanischen Bibliothek des NHM aufbewahrten Irisbilder stammen aus dem Besitz von Nathaniel Charles Rothschild (1877–1923), der seine Kunstsammlung dem Museum vermachte. Zu Rothschilds Anwesen in Ashton Wood gehörte auch ein prächtiger Garten, in dem zahlreiche Irisarten wuchsen, die Round als Vorlage dienten. Er bekam die Pflanzen per Post, in der Regel drei bis vier Stück pro Sendung, weshalb sie bei ihrer Ankunft nicht immer in bestem Zustand waren. Die Zeichnungen entstanden zwischen 1911 und 1920.

William Roxburgh, 1751–1815, Craigie, Ayrshire, Schottland
Roxburgh war Arzt im Dienst der britischen Ostindienkompanie und wurde 1766 nach Madras beordert. Seine große Liebe galt der Botanik, und so wurde er Direktor des Botanischen Gartens von Samalkot (1781–1793), später Direktor des Botanischen Gartens in Kalkutta und Erster Botaniker der Ostindienkompanie (1793–1813). Er engagierte einen Maler, der ausschließlich Pflanzen malte, während er selbst detaillierte Beschreibungen lieferte. Die Blätter wurden der Kompanie vorgelegt, und eine Auswahl davon veröffentlichte Roxburgh unter dem Titel *Plants of the Coast of Coromandel* (1795–1819). Die hier enthaltenen Palmen-Darstellungen entstanden um 1790.

Johann Gottfried Simula, tätig ca. 1720–1730
1720 erarbeitete Simula das Werk *Flora Exotica* für den Grafen von Dernatt. Das einbändige Konvolut enthält Gouachen von mehr als tausend verschiedenen Blumen, die damals in Kultur waren. Florilegien wie dieses waren nicht als wissenschaftliche Werke gedacht, sondern als »Bilderbücher für den Gartenfreund« (W. Blunt). Manche Pflanzen sind mit Insekten vor einem Landschaftshintergrund dargestellt; die meisten sind mit Namen versehen und geben somit Aufschluss über die gängigsten Sorten der jeweiligen Zeit.

James Sowerby, 1752–1822, London
Sowerby war ein sehr produktiver Künstler, der eine Menge Zeichnungen zu Curtis' *Botanical Magazine* (ab 1787) sowie zu dessen *Flora Londinensis* (1777–1787) und zu Aitons *Hortus Kewensis* (1789) beisteuerte, außerdem über 2500 Zeichnungen zu James Edward Smiths *English Botany*. Für sein eigenes Werk, *Coloured Figures of British Fungi*, fertigte er 440 Zeichnungen an. Davor hatte Sowerby an den Royal Academy Schools Kunst studiert, sich aber bald der Blumenmalerei gewidmet. Ehe Curtis ihn anheuerte, musste er sich mehrere Jahre als Lehrer über Wasser halten. Er war der Erste in einer langen Reihe botanischer Künstler in seiner Familie und entwickelte sich zu einem anerkannten Fachmann in vielen Bereichen der Naturgeschichte. Er war ein hervorragender Maler, Zeichner und Kupferstecher.

Gerard van Spaendonck, 1746–1822, Tilburg, Niederlande
Im Alter von zehn Jahren begann Spaendonck eine Lehre als Innenausstatter in Antwerpen. Dort studierte er auch Malerei bei dem flämischen Maler Herreyns dem Älteren. Spaendonck war erfolgreich und hatte sich bereits 1770 in Paris als Maler etabliert. 1774 ernannte ihn das Musée du Jardin du Roi zum »peintre en miniature du roi« und zum »professeur de fleurs«. Nach Nicolas Robert und Claude Aubriet wurde er offizieller Hofblumenmaler. Diese Funktion trat er später an seinen Schüler Pierre Joseph Redouté ab. Für die Arbeiten im Besitz des NHM verwendete er holländisches Papier aus dem Jahr 1769. Wilfred Blunt vermutet, dass sie kurz vor Spaendoncks Aufbruch nach Paris oder kurz nach seiner Ankunft entstanden sind.

Ralph Stennett, tätig ca. 1800–1820, Bath
Stennett war Zeichner für Naturkunde; seine Arbeiten waren 1803 in der Royal Academy ausgestellt. Sein Interesse galt nicht nur der Botanik, sondern der Naturgeschichte insgesamt.

Simon Taylor, 1742–1796
Taylor ließ sich zum Pflanzenmaler ausbilden und verbrachte viel Zeit in Kew. Er arbeitete für Lord Bute, später für die Herzogin von Portland und John Fothergill, der gleich mehrere Künstler damit beauftragt hatte, die Pflanzen in seinem Garten zu malen. Taylor arbeitete meist auf Pergament, und sein Stil war dem von Ehret sehr ähnlich, auch wenn er die Leichtigkeit des Farbauftrags, für die Ehret so berühmt war, nie ganz erreichte. Nach Ehrets Tod 1770 bezeichnete John Ellis in einem Brief an Linné Taylor als denjenigen Künstler, von dem man noch am ehesten sagen könne, »er arbeite halbwegs gut«.

Margaret Tebbs, geb. 1948, Middlesex, England
Die freiberufliche Illustratorin Margaret Tebbs arbeitete zwischen 1969 und 1991 als Kustodin und Klassifiziererin in der Botanikabteilung des Natural History Museum und fertigte mehrere Darstellungen von Piperaceae (Pfeffergewächsen) für eine Flora Mesoamericana und andere Publikationen an. Auf weiten Reisen besuchte sie die Herbarien in Europa und Nordamerika und sammelte in Mittelamerika Pflanzen. Zu ihren Auftraggebern zählen u. a. Kew Gardens und die Botanical Society of the British Isles. Ihre Arbeiten umfassen eine Flora Ägyptens, Band 1 bis 3 (1999–2002), *The Leguminosae of Madagascar* (2002) und *The Wild Flowers of Britain and Europe* (1993).

Elizabeth Twining, 1805–1889, London
Als Spross der berühmten und reichen Tee-Dynastie konnte Elizabeth Twining es sich leisten, ihr Interesse für die Botanik und ihre Liebe zur Malerei zu verbinden. Von Kind an bekam sie Zeichen- und Kunstunterricht und entwickelte sich zu einer begabten Pflanzenmalerin. Bis 1849 erschienen unter dem Titel *Illustrations of the Natural Order of Plants* zwei Bände mit ihren Zeichnungen. Einen Großteil ihrer Zeit widmete Twining den Armen und Bedürftigen. Sie renovierte das von ihr finanzierte Armenhaus in Twickenham, gründete das Twining Hospital, in dem mittellose Menschen medizinische versorgt wurden, und das Bedform Home for Girls. Daneben befasste sie sich mit der Botanik und Malerei und suchte in Kew Gardens die Themen für ihre künstlerische Arbeit.

Nathaniel Wallich, 1786–1854, Kopenhagen
Der Arzt und Botaniker Wallich reiste zu Beginn des 18. Jahrhunderts nach Indien. 1817 wurde er Direktor des Botanischen Gartens in Kalkutta und hatte diese Position mit einigen Unterbrechungen bis 1817 inne. Seine ausgedehnten Sammelreisen führten ihn nach Nepal, Singapur, Pinang, an das Kap und quer durch Indien. Aber seine Leidenschaft beschränkte sich nicht auf Pflanzen; er häufte auch eine große Sammlung botanischer Zeichnungen an, die von indischen, aber auch englischen Künstlern wie John Lindley und Miss Drake stammten. Viele dieser Zeichnungen erschienen als Reproduktionen in Wallichs Werken, u. a. in *Plantae asiaticae rariores* (1829–1832) und *Tentamen florae nepalensis illustratae* (1824–1826).

William Young, 1742–1786, Kassel
Young wanderte mit seinen Eltern 1744 nach Amerika aus. 1755 erwarb die Familie eine Farm in Kingsessing, etwa vier Meilen von Philadelphia entfernt. Ihr Nachbar war John Bartram, der von seinem botanischen Garten am Schuykill River aus Pflanzen und Samen an Kunden in Europa verkaufte. Beeindruckt von dem Erfolg dieses Unternehmens beschloss William Young, es Bartram gleichzutun und ebenfalls Pflanzensammler und Gärtner zu werden. Kühn und gewitzt, wie er war, schickte Young ein Paket mit seltenen und exotischen Samen an die frisch vermählte, aus Deutschland stammende Königin Charlotte. Sie nahm sich seiner an und sorgte dafür, dass er nach England kommen konnte und dort als Botaniker ausgebildet wurde. Er wurde zum Botaniker Ihrer Majestät ernannt und erhielt ein Jahresgehalt von 300 Pfund. Young kehrte nach Amerika zurück und verbrachte das ganze Jahr 1767 im Gebiet des heutigen North Carolina, wo er Pflanzen sammelte und zeichnete. Auf 96 Bögen entstanden so an die 300 Zeichnungen. Er ließ sie binden und widmete sie dem englischen Königspaar. Young handelte weiter mit Pflanzen und Samen bis zu seinem tragischen Tod im Jahr 1785, als er während einer Sammelreise im Gunpowder Creek ertrank.

Holländische Sammlung
Im 18. Jahrhundert umfasste die niederländische Blumenmalerei botanische Studien, aber auch die traditionell üppigeren Stillleben, deren Ziel es war, die Pflanzen naturgetreu, aber vor allem in ihrer Schönheit wiederzugeben. Im Bereich der botanischen Studien machten sich insbesondere die Familien van Huysum und van der Vinne einen Namen. Beide waren weit verzweigt, und in beiden gab es viele Blumenmaler. Die Tulpe als Gegenstand künstlerischer Darstellung war seit der Mitte des 17. Jahrhunderts besonders populär, als das so genannte Tulpenfieber in Mitteleuropa grassierte. Einige dieser Blätter sind bis ins letzte Detail ausgearbeitet, und auf dem Aquarell von M. J. Barbiers dürfen nicht einmal die Tautropfen auf den Blütenblättern fehlen. Hier vertreten sind Darstellungen von Pfingstrosen, Iris und Tulpen aus der Sammlung des NHM.

IDM-Sammlung
Diese Sammlung besteht aus ungefähr 600 botanischen Illustrationen aus den Anfängen des 19. Jahrhunderts. Sie stellen Pflanzen dar, die in jener Zeit in den botanischen Gärten Indiens zu sehen, aber nicht unbedingt in Indien heimisch waren. Viele der Pflanzen wurden von Sammlern und Botanikern eingeführt, die weite Reisen bis nach China, zum Malaiischen Archipel und nach Sumatra unternommen hatten. Wie bei den Sammlungen Fleming und Saharunpore Garden sind die Künstler dieser Zeichnungen unbekannt.

Sammlung Saharunpore Garden
Der Botanische Garten in Saharunpore befand sich mehr als 800 Meilen nördlich von Bengalen, südlich der Siwalik-Ketten und des Himalaya. Nach Kalkutta war er der bedeutendste botanische Garten in Indien. 1823 setzte die Ostindische Kompanie John Forbes Royle als verantwortlichen Chirurgen für die beiden Hospitäler in Saharunpore und als Direktor ihres Botanischen Gartens ein. Die Pflanzen, die dort wuchsen, dienten medizinischen Zwecken. Royle schickte Sammler in entlegene Regionen wie Kaschmir und Kunawar und beauftragte einheimische Künstler, die dort gefundenen Pflanzen zu malen. 1831 kehrte Royle nach England zurück; seine Nachfolger ließen auch weiterhin die neu in den Garten aufgenommenen Arten malen. Die Aquarelle der Sammlung Saharunpore Garden im NHM entstanden unter der Ägide des verantwortlichen Chirurgen William Jameson (1815–1883) und wurden 1850 fertig gestellt.

BIBLIOGRAFIE

Anderson, E.F. 2001. *The cactus family*. Timber Press, Portland, Oregon.

Anderson, E.F., S. Arias Montes & N.P. Taylor. 1994. *Threatened cacti of Mexico*. Royal Botanic Gardens, Kew, Richmond, Surrey.

Attenborough, D. 1995. *The private life of plants: a natural history of plant behaviour.* BBC Books, London.

Bailey, L.H. 1977. *Manual of cultivated plants.* (17. Aufl.) MacMillan Publishing Co., New York.

Bartlett, M. 1981. *Gentians* (überarbeitete Ausgabe). Alphabooks, Sherbourne, Dorset.

Bates, D.M. 1965. Notes on the cultivated Malvaceae 1. *Hibiscus*. *Baileya* 13: 57–96; Notes on the cultivated Malvaceae 1. *Hibiscus* (Fortsetzung). *Baileya* 13: 97–130.

Blanchard, J.W. 1990. *Narcissus: a guide to wild daffodils.* Alpine Garden Society, Woking, Surrey.

Blunt, Wilfred 1993. *Art of Botanical Illustration*, Dover Publications Inc., Mineola, NY.

Bonta, M.M. 1991. *Women in the field: America's pioneering women naturalists.* Texas A&M Press, College Station.

Bradlow, F.R. (Einführung und Anmerkungen) 1994. *Francis Masson's account of three journeys at the Cape of Good Hope, 1772–1775*. Tablecloth Press, Cape Town.

Bremer, K. 1994. *Asteraceae: cladistics and classification.* Timber Press, Portland, Oregon.

Brickell, C., Barthlott, W. 1998. *The Royal Horticultural Society – Dumonts große Pflanzenenzyklopädie*. 2 Bde. Dumont, Köln.

Brown, D. 2000. *Aroids: plants of the arum family.* (2. Aufl.) Timber Press, Portland, Oregon.

Burbidge, F.W. 1875. *The narcissus: its history and culture.* L. Reeve & Co., London.

Callaway, D.J. 1994. *Magnolias.* B.T. Batsford Ltd., London.

Campbell-Culver, M. 2001. *The origins of plants; the plants and people that have shaped Britain's garden history since the year 1000.* Headline Book Publishing, London.

Carlquist, S. 1974. *Island biology.* Columbia University Press, New York und London.

Chapman, G.P. 1996. *The biology of grasses.* CAB International, Wallingford.

Chin, H.F. 1986. *The hibiscus: queen of tropical flowers.* Tropical Press Sdn. Bhd, Kuala Lumpur.

Coats, A.M. 1969. *The Plant Hunters.* McGraw-Hill Book Company, New York, St. Louis, London.

Cobb, J.L.S. 2989. *Meconopsis.* Christopher Helm, London & Timber Press, Portland, Oregon.

Corner, E.J.H. 1966. *The natural history of palms.* Weidenfeld & Nicolson, London.

Cowling, R. & D. Richardson. 1995. *Fynbos: South Africa's unique floral kingdom.* Fernwood Press, Capetown.

Dakin, S.B. 1954. *The perennial adventure: a tribute to Alice Eastwood 1859–1953.* California Academy of Sciences, San Francisco.

Dampier, W. 1998. *A new voyage around the world: adventures of an English buccaneer*. Hummingbird Press, London.

Danert, S. et al. 1993. *Urania Pflanzenreich, Blütenpflanzen*. 2 Bde. Urania, Leipzig, Jena, Berlin.

Dannenfeldt, K.H. 1968. *Leonhard Rauwolf: sixteenth century physician, botanist and traveller.* Harvard University Press, Cambridge, Massachusetts.

Darwin, C. 1875. *The movements and habits of climbing plants.* John Murray, London.

Dash, M. 1999. *Tulipomania.* V. Gollancz, Orion Books, London.

Davidse, G., T.R. Soderstrom & R.P. Ellis 1986. *Pohlidium petiolatum* (Poaceae: Centotheceae), a new genus and species from Panama. *Systematic Botany* 11: 131–144.

Dash, Mike 1999. *Tulpenwahn – Die verrückteste Spekulation der Geschichte*. Claassen, München.

Desmond, A. & J. Moore. 1991. *Darwin.* Michael Joseph, London.

Dillistone, G. (Hg.). [1931]. *Dykes on Iris: a reprint of the contributions of the late W.R. Dykes L.-es-L., to various journals and periodicals during the last 20 years of his life.* Veröffentlicht für die Iris Society von C. Baldwin, Grosvenor Printing Works, Tunbridge Wells.

Dorf, P. 1956. *Liberty Hyde Bailey: an informal biography.* Cornell University Press, Ithaca.

Encke, F., Buchheim, G., Seybold, S. 1993. *Zander Handwörterbuch der Pflanzennamen*, Eugen Ulmer, Stuttgart.

Farjon, A. & Page, C.N. (Hgs.) 1999. *Conifers. Status survey and conservation action plan.* IUCN/SSC Conifer Specialist Group. IUCN, Gland, Schweiz und Cambridge, UK.

Farrelly, D. 1996. *The book of bamboo.* Thames & Hudson, London.

Fearnley-Whittingsall, J. 1999. *Peonies: the Imperial flower.* Weidenfeld & Nicolson, London.

Fisher, J. 1982. *The origins of garden plants.* Constable, London.

Fisher, J. 1986. *The companion to roses.* Viking, Penguin Books Ltd., London.

Fryxell, P.A. 1988. Malvaceae of Mexico. *Systematic Botany Monographs* 25: 1–522.

Fryxell. P.A. 1978. *The natural history of the cotton tribe.* Texas A&M University Press, College Station und London.

George, A.S. 1996. *The Banksia book.* (3. Aufl.) Kangaroo Press, New South Wales, Australia.

Gilbert, L.E. 1982. The coevolution of a butterfly and a vine. *Scientific American* 247: 110–121.

Goethe, J.W. von 1981. *Zur Morphologie. Die Metamorphose der Pflanzen*. (Hamburger Ausgabe, Bd. 13) C. H. Beck, München.

Grey-Wilson, C. 2000. *Poppies: a guide to the poppy family in the wild and in cultivation.* (2. Aufl.) B.T. Batsford Ltd., London.

Hallam, A. 1994. *An outline of Phanerozoic biogeography.* Oxford University Press, Oxford (Oxford Biogeography series no. 10).

Hamilton, Jill, Duchess of & J. Bruce. 1998. *The flower chain: the early discovery of Australian plants.* Kangaroo Press, (Simon & Schuster, Australia), New Rosevill, NSW.

Hanks, G.R. (ed.) 2002. *Narcissus and daffodil.* Taylor & Francis, London.

Hunt, D. (ed.) 1998. *Magnolias and their allies.* International Dendrological Society/ The Magnolia Society, Sherbourne.

Jefferson-Brown, M.J. 1951. *The daffodil.* Faber & Faber Ltd., London.

Jepson, W.L. 1926. *A Manual of the Flowering Plants of California.* University of California Press, Berkeley.

Judziewicz, E. J. & T. R. Soderstrom. 1989. Morphological, anatomical and taxonomic studies in *Anomochloa* and *Streptochaeta* (Poaceae: Bambusoideae). *Smithsonian Contributions to Botany* 68: 1–52.

Kingdon Ward, F. 1913. *The Land of the Blue Poppy: Travels of a Naturalist in Eastern Tibet.* Cambridge University Press, Cambridge.

Kingdon Ward, F. 1937. *Plant Hunter's Paradise.* Jonathan Cape, London.

Knapp, S. & J. Mallet. 1984. Two new species of *Passiflora* (Passifloraceae) from Panama, with comments on their natural history. *Annals of the Missouri Botanical Garden* 71: 1068–1074.

Knott, R. 2002. *Fibonacci numbers, the golden section and the golden string.* Homepage von R.Knott, Universität Surrey (www.mcs.surrey.ac.uk/Personal/R.Knott/Fibonacci/fib.html).

Köhlein, F. 1981. *Iris.* Eugen Ulmer, Stuttgart.

Köhlein, F. 1986. *Enziane und Glockenblumen.* Eugen Ulmer, Stuttgart.

Lawson, G. 1851. *The Royal Water-Lily of South America and the water-lilies of our own land: their history and cultivation.* James Hogg, Edinburgh.

Leese, O. & M. Leese. 1959. *Desert plants – cacti and succulents in the wild and in cultivation.* W.H. & L. Collingridge Ltd., London; Transatlantic Arts Inc., Florida.

Lewington, A. 1990. *Plants for people.* The Natural History Museum, London.

Mabey, R. 1996. *Flora Britannica.* Sinclair-Stevenson, London.

Manniche, L. 1989. *An ancient Eygptian herbal.* University of Texas Press, Austin.

Mason, H.L. 1947. Willis Linn Jepson (Nachruf). *Madroño* 9: 61–64.

Mathew, B. 1981. *The iris.* B.T. Batsford Ltd., London.

Maunder, M., M.M. Bruegmann & V. Caraway. 2002. A future for the Hawaiian flora? *Plant Talk* 28: 19ff.

Mauremootoo, J. & R. Payendee. 2002. Against the odds: restoring the endemic flora of Rodrigues. *Plant Talk* 28: 26–28.

McClure, F.A. 1966. *The bamboos: a fresh perspective.* Harvard University Press, Cambridge.

Merlin, M.D. 1984. *On the trail of the ancient opium poppy.* Fairleigh University Press, London & Toronto.

Mirov, N.T. & J. Hasbrouk. 1976. *The story of pines.* Indiana University Press, Bloomington, Indiana.

Mitchell, A.L. & S. House. 1999. *David Douglas: explorer and botanist.* Aurum Press, London.

Moggach, Deborah 2001. *Tulpenfieber*, Droemersche Verlagsanstalt, München.

Musgrave, T., C. Gardner & W. Musgrave. 1998. *The Plant Hunters: two hundred years of adventure and discovery around the world.* Seven Dials, Cassel & Co., London.

Needham, J. 1986. *Science and civilisation in China. Volume 6. Biology and biological technology, part 1. Botany.* Cambridge University Press.

Niklas, K.J. 1994. *Plant biomechanics: an engineering approach to plant form and function.* University of Chicago Press, Chicago & London.

Oliver, I. & T. Oliver. *A field guide to the Ericas of the Cape Peninsula.* Protea Atlas Project, National Botanical Institute, Capetown.

Paterson-Jones, C. 2000. *The Protea family in Southern Africa.* Struik Publishers (Pty) Ltd, Capetown.

Pavord, A. 1999. *Die Tulpe – Eine Kulturgeschichte.* Insel Verlag, Frankfurt a.M.

Peterson, R. 1980. *The pine tree book: based on the Arthur Ross Pinetum in Central Park.* The Brandywine Press, Inc., New York.

Phillips, R. & M. Rix. 1993. *The quest for the rose.* BBC Books, London.

Principes – Zeitschrift der International Palm Society (jetzt *Palms*); insbesondere der H.E. Moore, Jr.-Gedenkband, Band 26 (1982).

Putz, F.E. & H.A. Mooney (Hgs.) 1991. *The biology of vines.* Cambridge University Press, Cambridge.

Rebelo, T. 2000. *Field guide to the Proteas of the Cape Peninsula.* NBI and Protea Atlas Project, Sharenet, Capetown.

Recht, C. & Wetterwald, M.F. 1994. *Bambus.* Eugen Ulmer, Stuttgart.

Rose, G. & P. King. 1990. *The love of roses: from myth to modern culture.* Quiller Press, London.

Rowley, G.D. 1997. *The history of succulent plants.*

Strasburger, E. 2002. *Lehrbuch der Botanik.* (35. Aufl.) Spektrum, Heidelberg.

Strawberry Press, Mill Valley, California.

Schultes, R.E. & A. Hofmann. 1980. *The botany and chemistry of hallucinogens.* Charles C. Thomas, Springfield, Illinois.

Sitwell, S. 1939. *Old fashioned flowers.* Country Life Ltd., London.

Soderstrom, T.R., K.W. Hilu, C.S. Campbell & M.E. Barkworth (Hgs.) 1987. *Grass systematics and evolution.* Smithsonian Institution Press, Washington, D.C.

Stuart, D. 2002. *The plants that shaped our gardens.* Frances Lincoln, London.

Swindells, P. 1983. *Waterlilies.* Croom Helm, London & Canberra (Timber Press, Portland, Oregon).

Tooley, M. & P. Armander (Hgs.) 1995. *Gertrude Jekyll: Essays on the life of a working gardener.* Michaelmas Books, Witton-le-Wear, County Durham, England.

Treseder, N.G. 1978. *Magnolias.* Faber & Faber, London.

Uhl, N.W. & J. Dransfield. 1987. *Genera palmarum: a classification of palms based on the work of Harold E. Moore, Jr.* The L.H. Bailey Hortorium & The International Palm Society, Allen Press, Lawrence.

Underhill, T.L. 1971. *Heaths and heathers:* Calluna, Daboecia *and* Erica. David & Charles, Newton Abbott.

Valder, P. 1999. *The garden plants of China.* Weidenfeld & Nicolson, London.

Vanderplank, J. 1996. *Passion flowers.* (2. Aufl.) Cassell Publishers Ltd., London.

Wallace, A.R. 1853. *Palm trees of the Amazon and their uses.* Van Voorst, London.

Wang Lianying et al. (The Peony Association of China) 1998. *Chinese tree peony.* China Forestry Publishing House, Beijing.

Wilson, F.D. & M.Y. Menzel. 1964. Kenaf *(Hibiscus cannabinus)* and roselle *(Hibiscus sabdariffa)*. *Economic Botany* 18: 80–91.

ZITATNACHWEISE

S. 42 Beide Zitate aus Patrick O'Brian, *Joseph Banks. A Life*, Chicago 1988.

S. 56 Zit. aus Jane Fearnley-Whittingsall, *Peonies: the Imperial Flower*. New York 1999.

S. 70 Zit. aus *Lyrik des Ostens*, München 1978 (Übersetzung: Annemarie Schimmel).

S. 102 Zit. aus Ovid, *Metamorphosen*, III. Buch Narcissus, München 1977 (Übersetzung: Erich Rösch).

S. 139 Zit. aus Margaret Mitchell, *Vom Winde verweht*, Reinbek bei Hamburg 1980 (Übersetzung: Martin Beheim-Schwarzbach).

REGISTER

Kursive Seitenzahlen verweisen auf Bilder

Hortus Floridus, Garten, Crispian van de Passe, 1614

DANK

Dieses Buch wäre nie zustandegekommen ohne die Hilfe und den Rat vieler Menschen, vor allem meiner Kollegen in der Abteilung Botanik im NHM. Geduldig und mit viel Humor haben sie meine zahllosen Fragen ertragen. Mein besonderer Dank gilt meiner Mitarbeiterin Judith Magee von der Botanischen Bibliothek, ohne deren wertvolle Unterstützung dieses Projekt nicht zustande gekommen wäre. Dank schulde ich auch meinen Kollegen, die mir geholfen haben, die abgebildeten Pflanzen zu identifizieren (oft keine leichte Aufgabe), besonders Gerrit Davidse vom Botanischen Garten Missouri; Simon Mayo, Nick Hind und John Dransfield von den Royal Botanic Gardens in Kew; Jim Mallet vom University College London; Jenni Stewart von der Abteilung Zoologie im NHM; Mike Gilbert und Chris Humphries von der Abteilung Botanik im NHM. Bob Press, Vanessa Pike, Charlie Jarvis, Joanna Glyde, Rachel Craddock, Sarah Hoyle, Debbie Chapman, Jenni Stewart und Kristy Jones – alle vom NHM – haben den Text in Auszügen gelesen, und ihre aufschlussreichen Anmerkungen haben sehr zu seiner Verbesserung beigetragen. Sämtliche Fehler gehen auf mein eigenes Konto. Lynn Millhouse von der Publikationsabteilung des NHM hat mich an die Termine erinnert – keine einfache Aufgabe! Mein größter Dank jedoch gebührt meiner Familie: meinen Schwiegereltern, Philip und Mary Mallet, in deren Haus in Kent ein Großteil der Texte entstanden ist, und meinem Mann und den Kindern – Jim, Alfred, Isabel und Victor Mallet –, deren Leben plötzlich von Geschichten über Pflanzen bestimmt war.